U0304238

集装箱与预制建筑
设计手册

集装箱与预制建筑设计手册

[德] 科妮莉亚·多利斯 (Cornelia Dörries)
[德] 莎拉·扎拉德尼克 (Sarah Zahradnik) / 编著
贺艳飞 / 译

广西师范大学出版社
·桂林·

引言

原理与方法

建筑与项目案例

长方体模块

板材模块

定制单元模块

引言

新系统理论

具有预制精神的建筑

制造集装箱

生产、运输与装配

新系统理论

具有预制精神的建筑

科妮莉亚·多丽丝 / 文

图片来源：伯阿特建筑事务所

图片来源：伯阿特建筑事务所

小屋，由伯阿特建筑事务所设计（2001），采用简洁的小型纯木结构

近年来，预制模块建筑经历了出人意料的繁荣发展，甚至高档家居杂志《房屋》也盛赞了一栋看似两个叠加在一起的集装箱的住宅。这座漂亮的小屋长 11 米，宽 4.4 米，高 6.5 米，属于预制模块建筑，由瑞士的伯阿特建筑事务所设计。它的预制模块设计简洁，适宜大规模建造，方便运输，几乎可以在任何场地上快速地建造起来。小屋采用了完全标准化的、可重复生产的简单木结构，能够提供 75 平方米以上的两层居住空间，还能在其两侧墙体上各开一扇窗户。它还能根据使用者的品位和需求进行扩建和装饰。然而对专业人士而言，该项目虽然是适于重复建造的模块建筑，却经常被误认为品质优良的小型住宅。这种建筑方式以一种质朴的方式，将普通住宅所有的优良品质简化到极致，但实际上它与技术上的可复制性存在一种对话关系，这一事实目前看来还没有引起人们的兴趣。

同时，以串联方式建造的建筑不再像以前那样受到忽视。随着近年来移民和难民数量的迅猛增加，对廉价快建住宅的潜在需求已经成为一个严重的问题。很多人认识到了这一点，却未能找到可行的解决方案。但有一件事可以确定：我们必须快速建造很多住宅，只是过去的错误需要避免。大规模简易住宅项目必须解决由社会等级隔离造成的供需不均和矛盾——也被称为贫民窟问题。而这种预制模块建筑群将取代那些功能单一的大型边缘地带聚居区——通常是充斥着不堪入目的建筑的城市遗留空间——相信大部分城市的居民都愿意看到这样的情景。任何想要从之前的教训中吸取经验的人和那些必须为如何提供更多住宅而殚精竭虑的人，都面临一个两难的境地。因为要满足大量迫切的需求，需要进行协调一致的系统调整。其中就包括对饱受非议的标准化工业预制模块进行审查和评估。粗略地说，建筑行业在进行审查评估时有两个参照物——集装箱和预制模块，无论是从建筑学角度还是从美学角度来看，这两者的“名声”都不怎么好，有时还会被混为一谈。这些不受保护的术语并没有一个有约束力的定义，因此偶尔出现的“模块集装箱村”的提法往往令人困惑，因为它将“预制模块”和“集装箱”在结构上的差异等同于技术上的差异。尽管在这种情况下，集装箱确实可以成为“集装箱村”的独立模块或模块单元，但预制模块结构不应被误认为是集装箱。在科学界和相关权威机构以及投资圈内针对串联式住宅的建筑与城市方面的争论中，区分集装箱和预制模块结构尤为重要。因为除了（空间）政策意义外，还有足够多的技术和设计因素能将两者清晰地区别开来。

临时住宅

严格说来，我们所讨论的集装箱是一种原本用于储存和运输货物的大箱子。它们的规格符合国际 ISO 标准（该标准始于 1961 年）。一般用于建造简单房屋的集装箱规格分为两种：长约 6 米或 12 米，其宽和高分别为 2.2 米和 2.6 米。

标准集装箱采用坚固的考顿钢制造，底面非常稳固，边角采用“角铸钢”加固。较薄的箱壁通常以梯形钢加固，而木地板则固定在支架上。用于建筑的集装箱模块直接在工厂生产，经过全面的保温措施处理后组装完成。这些集装箱模块之前主要作建筑之用，但在过去几年里，它们又有了新的用途，即作为临时增建建筑，特别是在扩建工程中或临时使用时。一个轻质标准办公集装箱的堆载负荷是有限的，因此，建造层数较多的建筑时需要采用具有相应静态属性的集装箱模块。

集装箱采用标准尺寸，能够进行多种组合，也能进行扩建，其墙体系统非常灵活，因此，其内部表面也可以有相对简单

来源：波利斯·格伦德档案馆

图片来源：菲利普·穆泽

震后紧急救援
1966年：乌兹别克斯坦首都塔什干，人们正在从货车上卸载木制模块，这些模块将被安装到木框架结构上（上图）
2008年：中国成都，叠放的木板用于组装轻质模块结构，无须采用吊车（下图）

设计原则1
采用堆叠起来的集装箱建造的苏联串联式集体住宅（混凝土空间建筑模块）

设计原则2
采用封装式集装箱建造的哈瓦那德国大使馆（穆泽建筑事务所）

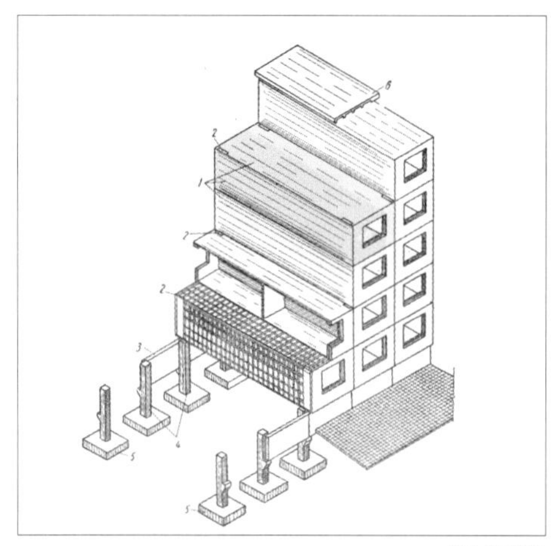

设计原则1

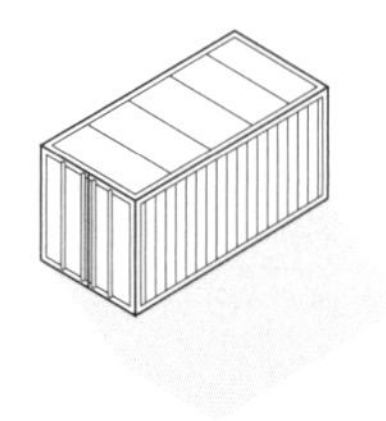

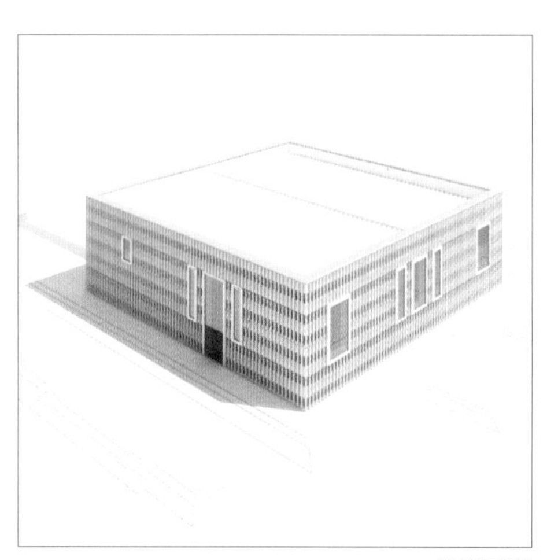

设计原则2

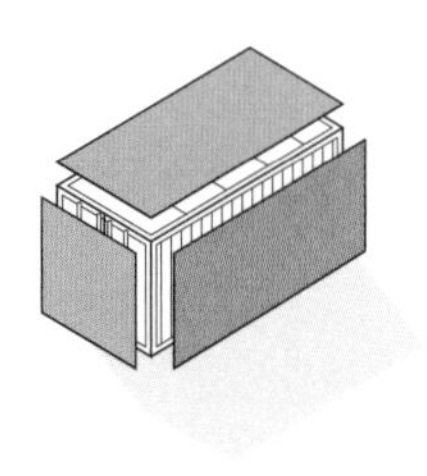

的分化。然而，随着可见的框架结构和金属外壳的移除，空间也会消失不见。此外，经过设计的窗户几何结构也几乎未能给设计师留下任何创造空间。集装箱建筑的好处在于显著的经济和组织特性，即只要标准化的基本设备未作改动，就能实现方便、快速、低廉的建造。集装箱可以用货车运送到现场，用吊车安装到位。集装箱构件也很容易拆卸和运输，完全可以在以后重新利用，因此也是可持续的。根据各种用途要求，制造商如今也提供各种类型的集装箱，如保温性能良好、融入了住宅技术的模块，它们可供人们长期使用。近年来，集装箱制造商还升级了产品，使之能够应用于军事领域。不过，尽管人们已经重新认识了集装箱建筑的质量和结构，空间战略集装箱建筑仍然是临时性的。作为临时住宅，集装箱告诉公众，它的庇护所功能并不是永久性的。

可复制生产时代的建筑

在现代社会预制建筑黯淡的灰色混凝土传统被揭示之后，在很长一段时间里住宅建筑都采用了标准预制元素，这是人们对城市和建筑犯下的恶行。此外，人们似乎都认为在德国不会再出现20世纪七八十年代的集体住宅项目。然而，因为德国一年内涌入了一百多万移民，人们对公寓建造条件的认识发生了变化，那就是如何快速、廉价地建造大量住宅。人们达成的一致意见是预制模块建筑。但这到底意味着什么？从根本上说，显然需要把不同于集装箱的预制模块建筑设计成一个永久解决方案，还要使其在质量上媲美固体建筑。这通常应该是指模块建筑，指用工业预制模块建造的建筑，建筑模块往往是由可变的钢框架构成的，木制框架的模块往往也能经受住考验。

目前建筑项目的复杂程度与经济条件相关，因此专家预估，一栋预制模块建筑的最小面积是500平方米。事实证明，在采用多个相似模块单元建造建筑时，这个原则永远不会让人失望。预制模块是工业预制并在现场组装的，根据功能、设备标准和细节要求，需要在平衡项目的各项经济参数后进行成本规划。

一般而言，工厂提供的预制模块大多由钢框架结构加干式墙构成。长方形封闭式框架结构通常利用热轧型钢制造，因此能够稳定地满足不同的静态要求。简单的预制模块建筑可达到6层楼，允许自由选择以下外观和平面规格（网格系统除外）：宽2.6~4米，长7.85~16.85米，高3.2~3.9米。此类建筑必须符合所有适用于标准建筑的建筑法律要求，包括《能源节约条例》和无障碍规定。这些条件非常容易满足，因为预制模块建筑也为建筑技术和暖通空调系统提供了可持续的技术支持。

规格、模块与可能性

本书收录的设计和项目说明，在住房部门遇到紧急任务或突发状况时，便预示着现代预制模块建筑面临众多机遇。这些设计和项目应该给予人们启发，并证明系统结构与高度预制相结合也能很好地创造出迥然不同和独一无二的功能，而且这些设计同样需要大量的创造力和精心规划。今天，许多建筑的工业起源痕迹已经很难寻觅。从长久以来饱受非议的预制模块建筑看，驱动创新的住房政策才是具有真正建筑标准的建筑任务。这些也将塑造城镇未来的形象。因此，即便听起来怪异，但以这种方式建造的建筑和聚居区应秉持坚固、实用和美观的基本原则，因为它归根到底还是建筑。

科妮莉亚·多丽丝

1969年生人，在柏林和曼彻斯特学习城市社会学，主要从事城市发展、城市历史、建筑与室内设计方面的写作。

设计原则3
勃兰登堡（萨布）格兰塞，组装流水线上以饰面板包覆的空间模块

设计原则4
委内瑞拉的公益住宅，采用自承重墙体和天花板模块（南美苏玛逆温进口公司）

图片来源：詹妮弗·托波拉

设计原则3

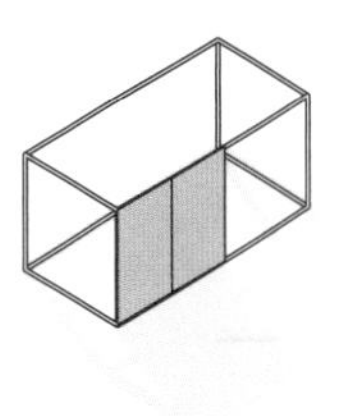

设计原则4

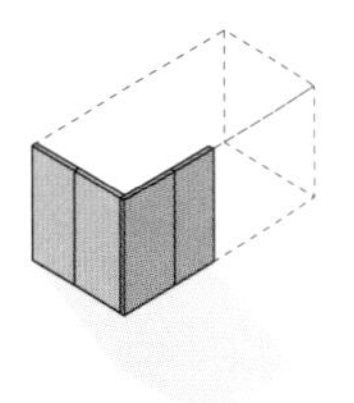

制造集装箱

生产、运输与装配

莎拉·扎拉德尼克 / 文

图片来源：迪亚哥·赛尔沃

图片来源：詹妮弗·托波拉

图片来源：詹妮弗·托波拉

图片来源：马丁·拉西格

在世界各地的港口，有超过1500万个集装箱构成了众多全球化的模块场地。如果你认为这些标准规格的集装箱能够轻松地转变成公寓等建筑的结构模块，那就大错特错了，因为只要承运者同意，几乎没有什么货物是不能用这些铁箱来运输的。实际上，这意味着船运集装箱的箱体空间就如同一个各种细菌的理想国——一个真正的微生物世界。因此，建造集装箱建筑通常指采用全新集装箱。而且，令许多初次使用者惊讶的是，集装箱建筑通常是根据订单独立焊接完成的。除了ISO 668集装箱外，极少有标准集装箱能够满足使用者的需求。所以在接下来页面中，那些图片将解释集装箱是如何制造的，以及为什么集装箱建筑也属于模块建筑。

流水线正在生产的ISO标准集装箱：首先焊接带有加固边角的钢结构，然后在喷涂间像喷涂车身一样涂漆。之后在通常也是由钢材制造的楼板肋上铺装耐磨硬木板。预制屋顶也是在工厂里安装到箱体上的。对角撑的功能是保证结构的稳固性，会在箱壁安装完成后被拆除。

同时，钢框架的覆面材料也可以有多种选择。以不同方式增加的箱壁和门窗也可以创造出不同的效果。在选择材料方面，设计师几乎不受任何限制。根据制造标准和使用者需求，可以为集装箱建筑增加保温板或安装太阳能电池板。设计师同样也可选择玻璃、木材、再生材料、金属、塑料，不仅能够将集装箱的支撑结构隐藏起来，还能给予简单的盒状结构一种全新的外观。

图片来源：詹妮弗·托波拉

集装箱模块的规格要根据可用的运输工具和吊车的起重能力，以及运输途中的障碍和隧道、桥梁、车道确定。模块宽度超过一定数值时需要采用重型运输工具，此时，可以在现场采用吊车独立完成大型模块的组装。

集装箱或预制模块单元的精确组装需要周详的规划。施工现场的组织规划是预制模块建筑施工现场的重要设计参数，也就是说需要整合从运输到组装的所有程序，并在时间和空间方面达到极高的精确度。运输的模块应放置在现场上事先建造好的板式地基上。如此一来，一个星期内就可完成一栋三层建筑的组装。如果还为集装箱或模块配置了预制内部装置，那么只需再用一个星期，就能实现入住。

莎拉·扎拉德尼克
1990年生人，建筑师，毕业于南澳大利亚大学，建筑学硕士，目前在墨尔本工作。

图片来源：詹妮弗·扎波拉

图片来源：马丁·拉西格

原理与方法

类型与设计参数

预制建筑的10个设计参数

设计施工技术基础

木材/混凝土/钢材

类型与设计参数

预制建筑的10个设计参数

菲利普·穆泽 / 文

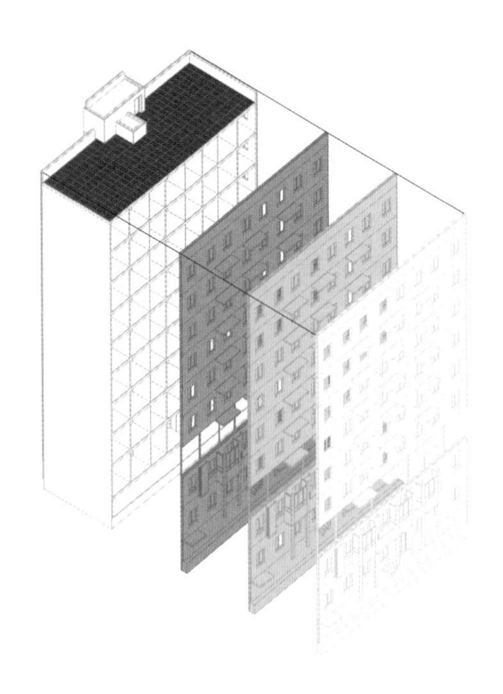

个性与标准化：各种立面设计的标准化施工方法的概念
来源：因捷科集团

预制指在工厂系统性地批量制造独立构件，然后在施工现场进行组装。预制的基本原则引发了这样的一个问题，那就是技术进步是否促进了产品的多样化。建筑师常常无法心平气和地面对标准化建筑的开发提案。这种建筑方案被认为受到了政治和公益计划的过度影响，或在行业内被贬为过于简单。但事情的发展完全背道而驰，并具有继续下去的趋势。在预制住房施工中，所有设计都必须极其精准，才能使设计原型经受得住成百上千次重复建造的考验。当然，预制过程涉及大量技术，这意味着建筑师不能在其工作室内做出外形和结构方面的决定。建筑师需要与土建和结构工程师合作，后者能够在初步设计阶段对规划和施工提出宝贵的意见。组织过程的完善使得板块地基规模越来越大，让建筑师能够发挥前所未有的高度自主性。建筑师如今能够设计越来越有个性的预制模块建筑。

但我们今天站在何处呢？接受委托设计一栋预制建筑的建筑师今天很容易为各种不确定性而忧心忡忡。竣工后的建筑能够表现出多少个性？是否能够参与建筑奖项的角逐？人们能够理解这样的建筑吗？我们的建筑文化总是偏颇地认为住房系列规划和工业预制意味着劣质建筑。这种先入之见由来已久。事实上，它几乎渗透了整个20世纪建筑史。第二次世界大战后，作为大规模重建工程的一部分，各地急需快速而廉价地建造大量新住宅。源于成功的汽车制造业的工业建筑方法效率更高，似乎理应比耗时的传统施工方法更受欢迎，特别是在供需压力过大的建筑行业。但是，标准化建筑的名声却日渐败坏，因为建筑师感觉自己被剥夺了作为高质量住宅规划者和设计师的实际工作权利。

标准化系列住宅开发仍然被视为一种纯粹的降低成本的方法，它是住房政策的一种工具，旨在以低成本建造尽可能多的新住宅。这种成见已经存在了70多年。大多数人认为预制住宅千篇一律，简单乏味，但这并不能归咎于预制方法本身。一栋建筑不能仅仅因为它是用混凝土模块组装而成的就应该被视为丑陋。只有当建筑与统一的城市格格不入时，或当它们看起来像是意外掉落在火车站附近时，又或者当城市设计的原则被技术专家一味追求标准和低成本取而代之时，它们才会显得丑陋。

在设计预制建筑时，建筑师的创造自由不限于决定窗户开在哪里。当然，大多数设计参数是由土建工程师规定的，他们将材料质量和建筑结构凌驾于社会因素或形式和谐之上。尽管如此，我们不能将预制建筑的成功或失败简单地归因于土建工程师。

下面的文字解释了影响预制住宅建筑设计的十个参数。无论是设计串联式住宅还是独立住宅，建筑师、土建工程师和财务分析师，以及国家委派的房地产专家都应该通力合作，以发掘预制方法的全部潜力。一栋预制建筑具有成为一栋广受欢迎的建筑的潜力。换句话说，可能是某个建筑奖项的有力候选者，这种能力不需要政客和房地产掮客的夸大。如果下文列出的设计参数能够促进住宅行业相关人士之间的对话，那么其本身则代表着朝向正确方向的一种进步。

1 **建筑类型**

2 **建造方法**

3 **运输与物流**

4 **元素与形式**

5 **材料与物质性**

6 **转角问题**

7 **接缝**

8 **表皮设计**

9 **色彩和构图**

10 **建筑服务设施**

1 建筑类型

预制住宅不限于某种特定的建筑类型。“预制”这个术语指一系列的建筑技术，“类型”是其结果，必须根据其结构优缺点和其与周边城市结构的关系进行评估。标准化设计并不一定导致千篇一律、立面缺乏个性的高楼城市，也不一定会产生由相似的住宅单元和花园构成的独立式住宅区。预制是一种灵活的施工方法，适用于在城市的绿地和填空式开发区建造高层建筑。因此，建筑师不能完全基于技术和结构可行性进行平面布局设计。相反，他们必须运用城市设计原则并将其应用在承接的每个独立项目上。

这种看似显而易见的事实需要清楚地说明，因为土建工程师和投资商往往采用越来越有效的施工方法，盲目地追求开发越来越廉价的住宅。自然，高产量会降低住房的单位价格——在预制住宅行业与在其他行业中，这种情况没有什么不同。但如果人们希望创造一座人性化的城市，而不是由混凝土板构成的高耸的城堡，就必须清晰地区分预制木块的预制过程和

莫斯科建筑形式的类型研究：从社会主义住宅类型到欧洲住宅类型的转型
来源：因捷科集团

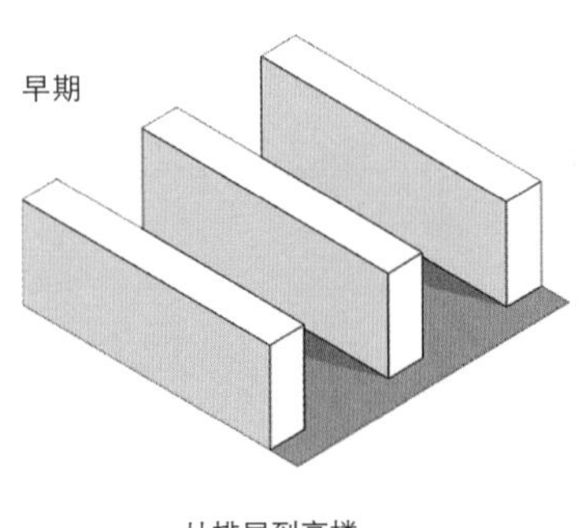

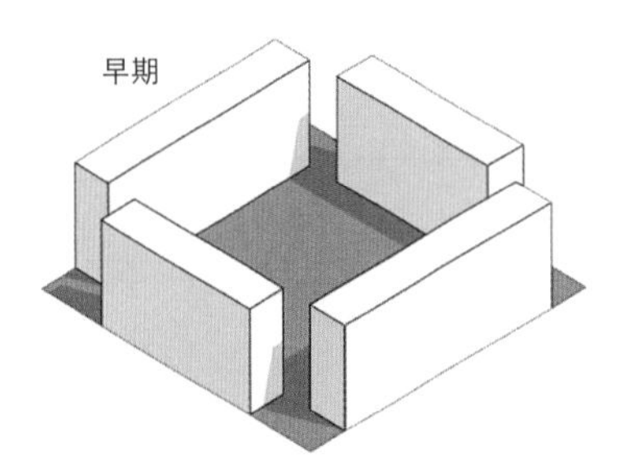

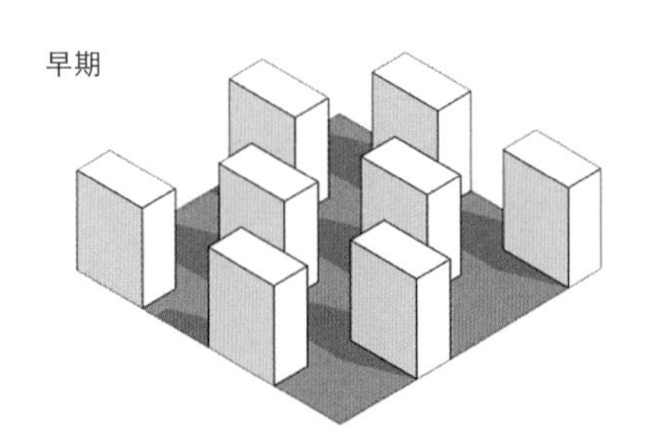

从排屋到高楼

从开放庭院到封闭式住宅区

从独立建筑到城市街区

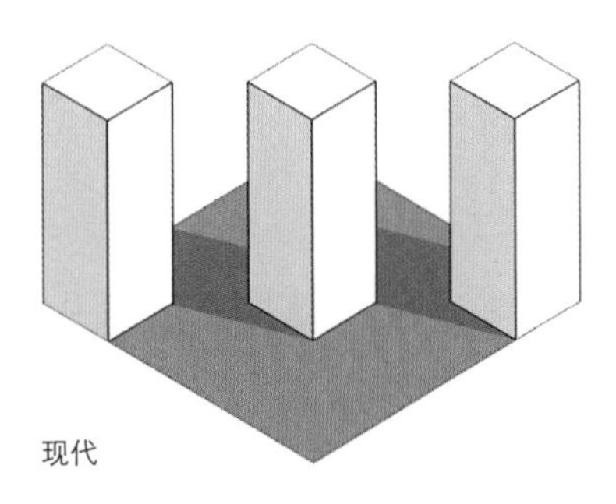

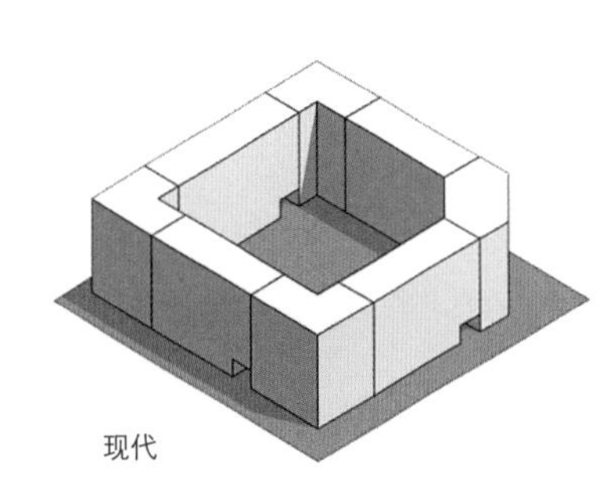

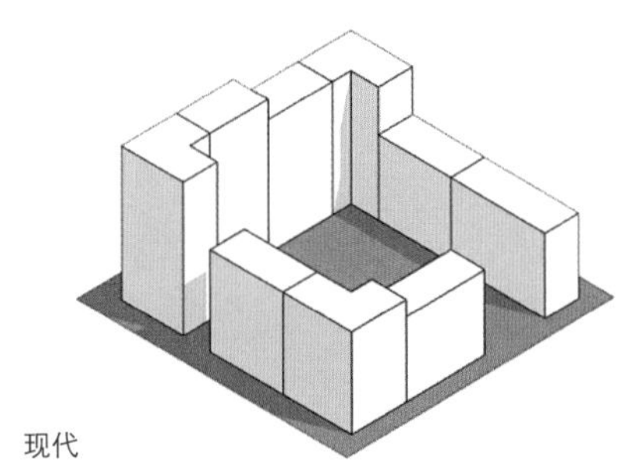

莫斯科新高层住宅建筑的类型：能够融入城市街区的16~25层楼建筑

来源：Moskom建筑事务所

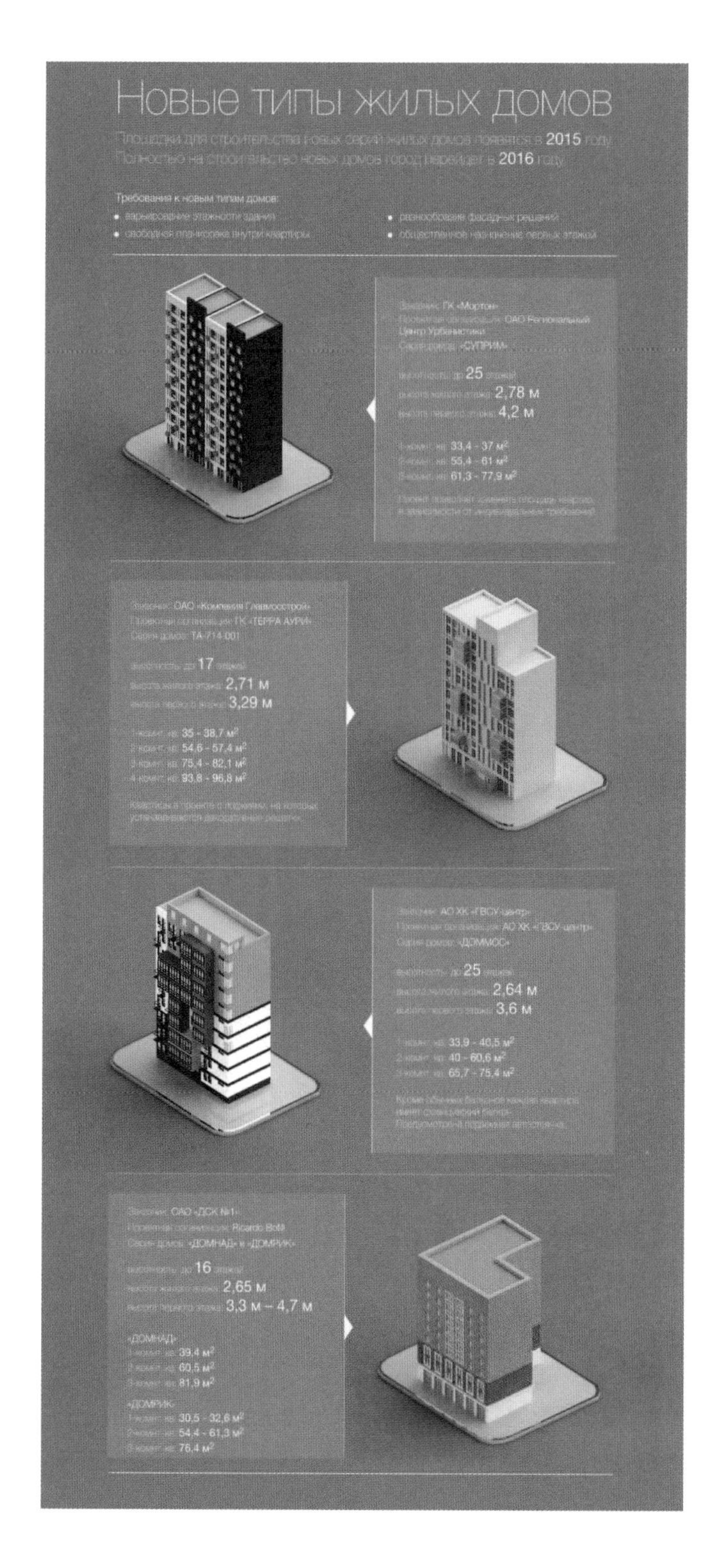

低层排屋：莫斯科附近地区，采用预制方法建造的带山墙的双层住宅

来源：KROST

组装过程——重点仍然在最终产品的质量上，而不是生产过程中的产量上。

蔓延的超级建筑已是过往之物，即便在俄罗斯，今天也有超过10%的建筑属于工业预制结构。在莫斯科，建筑师和开发商一直致力于提高集体住宅的质量。这里如今流行的哲学是如何使不同的建筑部分具有个性，并以一种形成城市街区而不是独立建筑的形式进行规划布局。

这种方法标志着对现代主义基本原理之一的偏离，即在绿色景观中创造独立式建筑。这种形式变化在某些地方提升了住宅环境的质量。如今看来，似乎有可能在保证高密度结构的同时，建造出具有特别建筑身份且受居民喜爱的住宅。但是，最重要的信息仍然是：预制住宅不能仅以技术和结构条件定义，不能自动产生拥有20层高层建筑的密集房产。因此即便大批量建造建筑，也可能创造出不一样的街区，即人性化的街区。

图片来源：理查德·马纳尔

图片来源：理查德·马纳尔

系统住宅1号，奥地利劳特阿赫

ARTEC建筑事务所，2007

独立式住宅。设计基于一栋简单的两层立方体结构。周界的中心板块连同楼梯井向外凸出。利用外墙封闭空隙，从而创造出一栋设计复杂的独立式住宅。住宅采用预制混凝土模块和交错层压木板作为结构元素。

图片来源：Udo Ziegler建筑事务所

图片来源：海尔穆特·哈森吕克/Velux股份公司

位于斯图加特的贝顿 2+预制模块住宅

Udo Ziegler建筑事务所，2012

半独立式住宅。该建筑采用空心保温预制混凝土墙，因而比采用复合墙体成本更低。接点和立面开口的相互作用为建筑增加了一种特别的气质。该住宅含有大型的开放空间，能够根据居民不断变化的需求进行灵活改变（比如增加墙体和吊顶）。

小型预制住宅建筑：建造系统中的模块不一定要设定最小尺寸，但为了节省成本，应当限制模块的数量

图片来源：布尔克哈特合伙人建筑事务所

图片来源：保尔穆斯·克鲁克建筑事务

图片来源：让·米歇尔·兰德西

图片来源：乔治·艾尔尼

日内瓦经济适用房

梅耶联合建筑事务所/布尔克哈特合伙人建筑事务所，2011

公寓建筑。该住宅楼包括6层楼，共120套公益住宅单元（2~5室公寓，采用灵活的楼层平面布局）。一楼作为商用和配备基础医疗设施的外科医生处理室。该住宅采用半预制模块建造，其长条形外观由镶板立面和明亮的阳台栏杆构成。

苏黎世特雷米尔的合作住宅小区

保尔穆斯·克鲁克建筑事务所，2011

住宅小区。这个多层住宅小区拥有194套公寓，采用大板块建造。外墙以一种特别的接缝技术和预制混凝土模块构成的凹进和凸出部分。立面结构由柱子、矮墙和楼层元素构成，分解成不同的几何形模块，以降低建造成本。

2 建造方法

一般而言，所有传统建筑材料——从木材到钢材再到混凝土——都能应用于预制住宅（实际上，木材和钢材的建筑构件极少在施工现场制作，大多在工厂预制而成），但当代住宅行业最流行的预制方法以混凝土为主要材料。如今在用的共有四种不同的建造方法：大方块结构（大板块结构的前身）建造、大板块结构建造（天花板高度、自承重元素）、框架结构的建造（由钢筋混凝土或木材制造的框架，采用以预制板、木材元素或复合板制作的填充墙），以及空间模块结构建造（预制三维空间模块或集装箱）。不过，也可以将这些建造方法联合起来使用。无论采用何种建造方法，所有建筑系统都有一个共同的特征：其规划和建造均以一种独特的方式融合在一起。周密的规划——通常来说只有周密的规划才能应用于标准设计——是设计定义清晰的建造方法、确定正确的材料用量和准备精确成本计划的基础。这意味着规划者必须确保详尽的细节设计和无缝连接的生产。毕竟一栋预制建筑必须经历几十次甚至上百次制作、运输和组装。

直至近期，专家才通过可行的生产技术和运输方式对预制住宅行业的建造系统做出了初步定义，并逐步推行。不过，现如今这四种建造方法还是被同时使用着。甚至连大方块结构建造方法也再次流行起来。这种方法起源于20世纪90年代，最初包括在建筑现场预制不同类型的砖，以制作墙体。比如，Redbloc系统公司便拥有制造墙体结构的总控车间和生产许可。何种建造方法最适合某个特定的建筑规模取决于各自的结构要求。根据经验，框架结构建造方法一般用于建造9层及9层以上的实体建筑和木结构系统。如果模块需要具有较高的预制程度，以满足特别的组装条件——如短施工期或技术饰面的敏感度高，模块建造方法则更具优势。

图片来源：KK Law

框架结构的建造

来源：Redbloc系统公司

大方块结构的建造

来源：GLB Astana

大板块结构的建造

图片来源：弗兰克·萨乌纳能/KODA

空间模块结构的建造

来源：I.A.舍列舍夫斯基，《民用建筑施工》，列宁格勒，1981；P.P.舍宾诺维奇，《城市建筑与工业建筑》，第二卷，莫斯科，1967

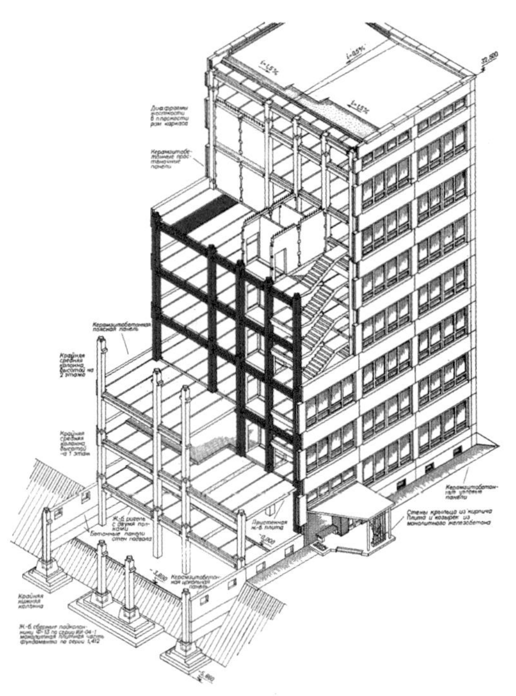

7层高钢筋混凝土住宅建筑的框架结构的建造原则

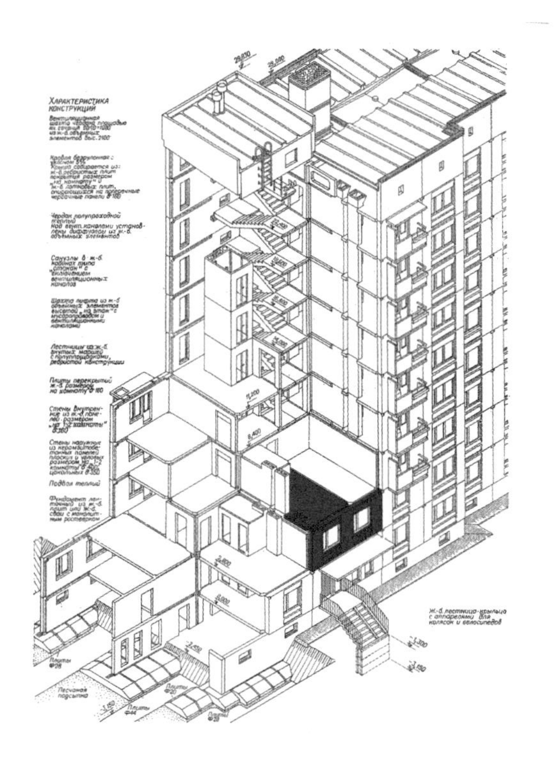

采用房间规格楼板的9层高住宅建筑的板块结构建造原则

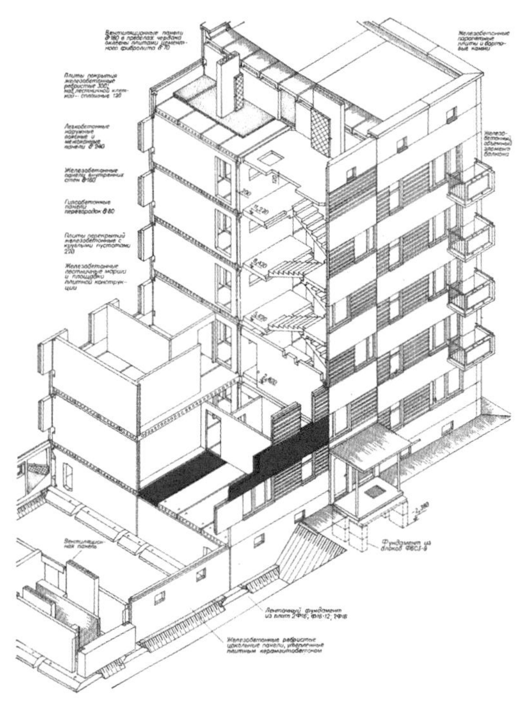

5层高住宅建筑的半层高板块结构建造原则

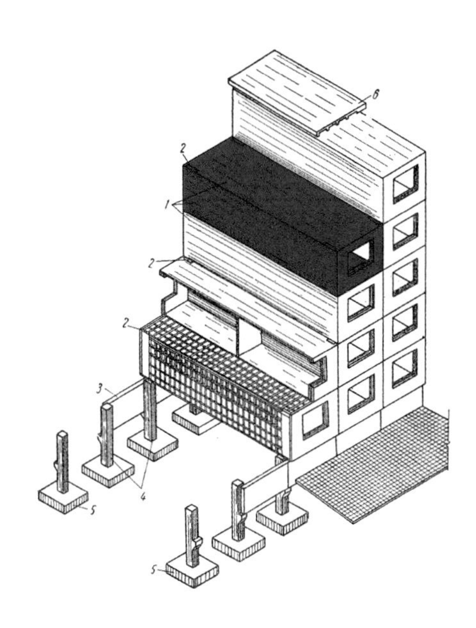

采用与建筑深度相同的元素的独立式模块结构建造原则

Burov-House, USSR, 1940

I-335, USSR, 1959

I-464, USSR, 1958

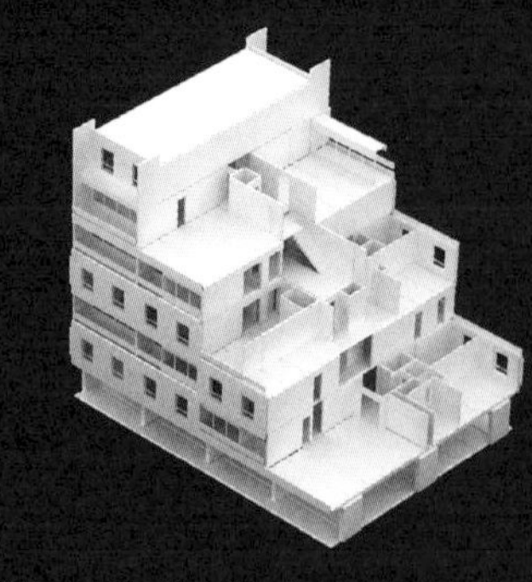

IGECO, Switzerland, 1961

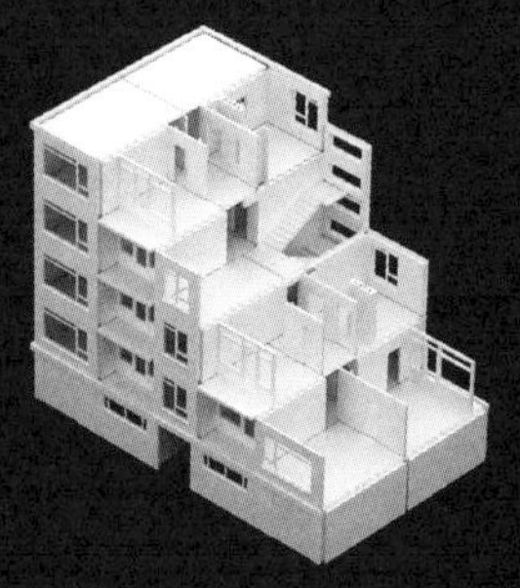

Coignet, France, 1949

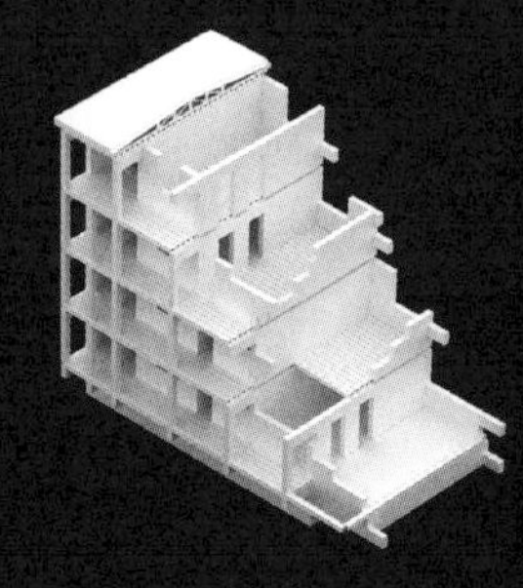

Ernst May, USSR, 1932

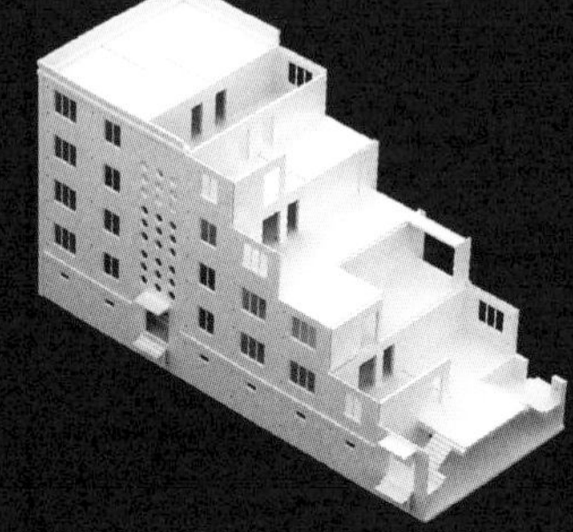

G-57, Czechoslovakia, 1957

Gran panel soviético, Cuba, 1963

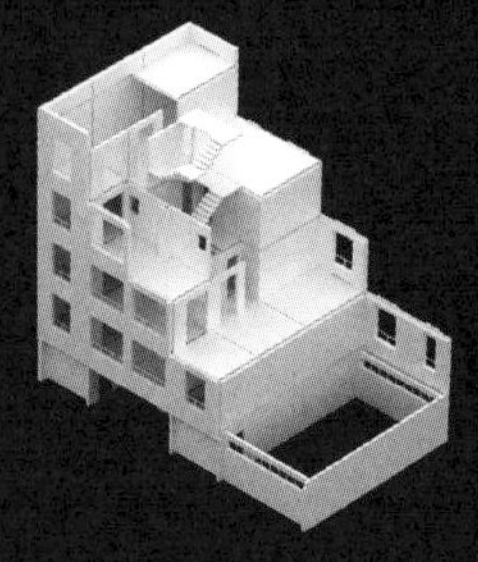

Larsen & Nielsen, Denmark, 1960s

Paul Bossart, France, 1959

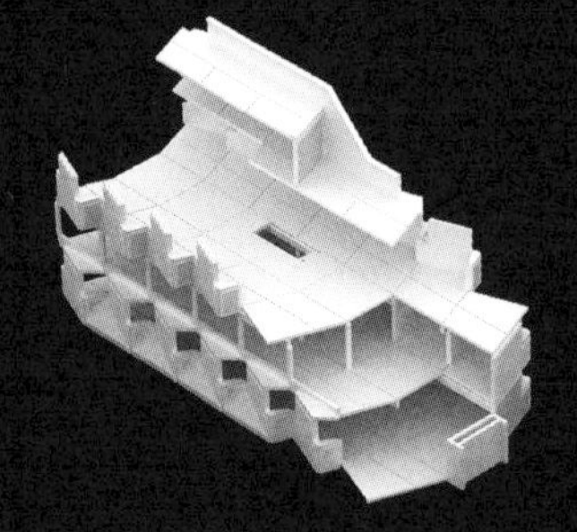

James Stirling, UK, 1964

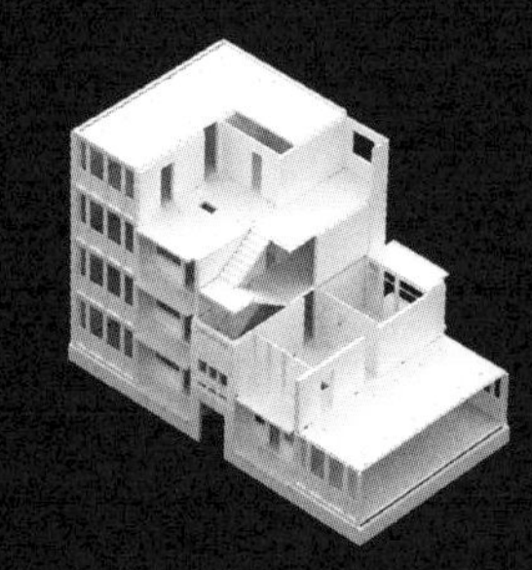

VAM, Netherlands, 1961

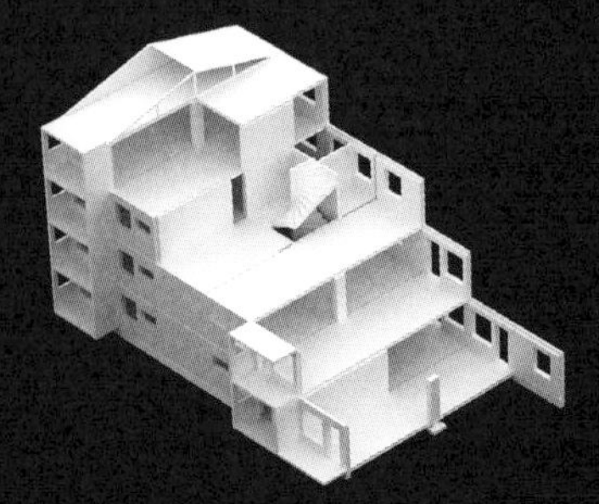

Skarne S66, Sweden, 1966

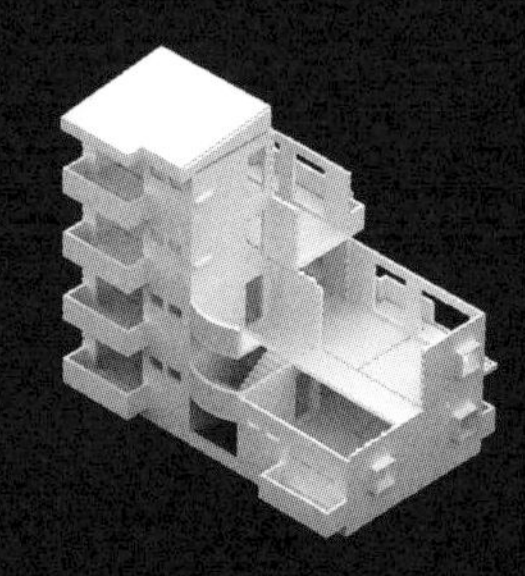

Taisei, Japan, 1958

VEP, Chile, 1975

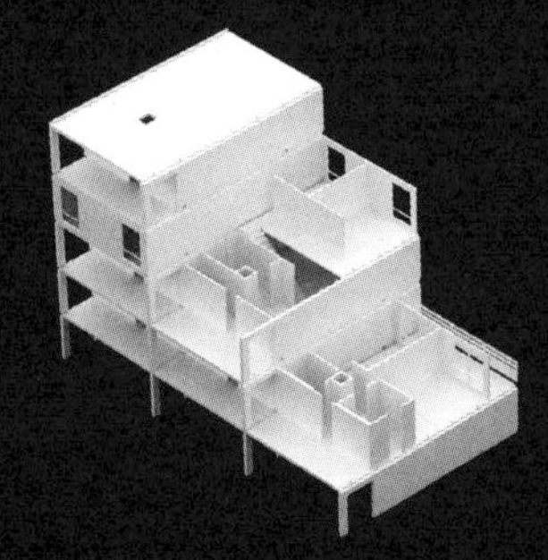

Descon-Concordia, US, 1972

II-35, USSR, 1959

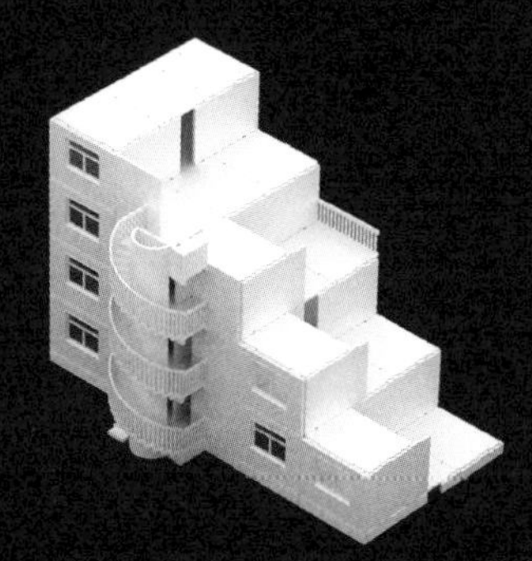

Brecast, UK, 1970er

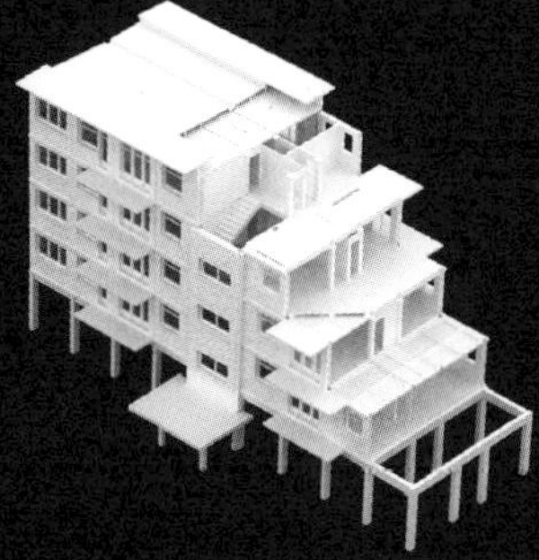

Camus, France, 1948

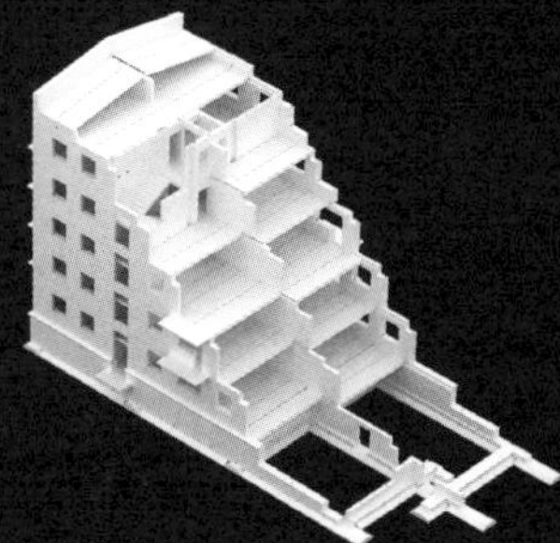

I-510, USSR, 1957

Jugomont 61, Yugoslavia, 1961

KPD, Chile, 1972

WBS70, GDR, 1973

Ital-Camus, Italy, 1960s

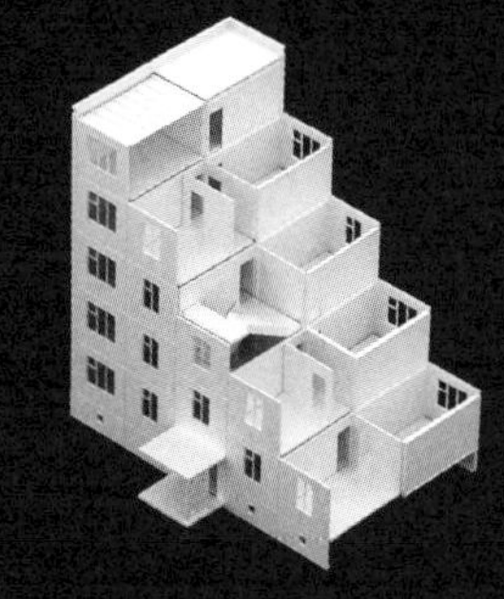

K-7, USSR, 1958

Göhner G-2, Switz., 1966

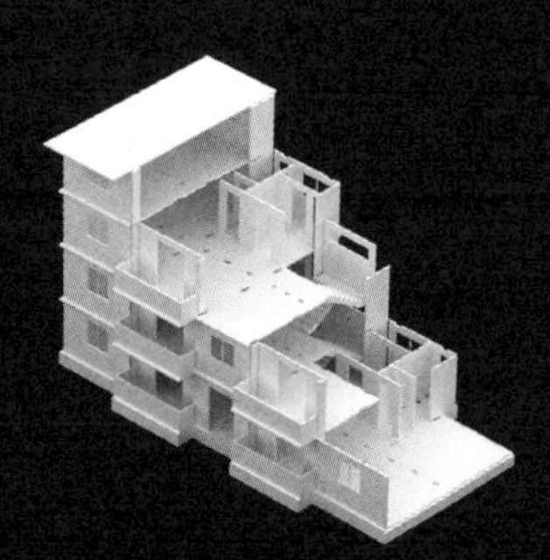

Gran Panel IV, Cuba, 1963

Gran Panel 70, Cuba, 1975

1930年后开发的28个建筑系统的轴测模型。该对比研究是2011—2014年间在智利天主教大学的佩德罗·阿朗索和何塞·埃尔南德斯的指导下开展的

来源：
佩德罗·阿朗索和雨果·帕尔马罗拉（编辑）:《独块巨石》《争论》，柏林出版社，2014，第182页
佩德罗·阿朗索和雨果·帕尔马拉：《面板》，伦敦出版社 2014，第254—257页

MODUL
BAU

利用预制空间模块组装一栋3层高住宅建筑。木制模块围绕一个“通行核心”组织，“通行核心”由预制混凝土模块制造并进行抹灰处理

来源：西蒙·比尔瓦尔德/Vonovia SE

3 运输与物流

预制住房的技术可能性受到运输和物流方面的极大限制。即便可能在工厂建造如规划建筑一样高的 20 米长支柱，也几乎无法运输，即便运输到了建筑现场，组装成本也过于高昂。这就是为什么无论建造何种类型的住宅，几乎所有预制模块的高度都极少超过一层楼的高度。但工厂和桥梁属于例外，因为这些结构所包含的元素要远远少于住宅建筑，需要的构件要少得多。

其他影响预制住房建筑规格的因素包括拼装吊机的作业范围和类型。拼装吊机分为移动式吊机和轨行式吊机。轨行式吊机还可分为龙门式吊机和塔式吊机。龙门式吊机同时在一栋建筑的两边运行，一边一根轨道。塔式吊机在建造过程中安装在一个椭圆形的圆弧或线形双轨上。

用于升降混凝土构件的金属环

图片来源：菲利普·穆泽

钢索金属环

图片来源：格拉泽尔建筑事务所

采用板块建造一栋五层高住宅建筑的施工现场平面图和时间表。轨行式吊机的半径对建筑形状具有极大的影响。拼装时间从5月初到9月末，共4个月

来源：菲利普·穆泽，《美学通行证：斯大林到开放时期的苏联住房》，柏林出版社 2015，第370页

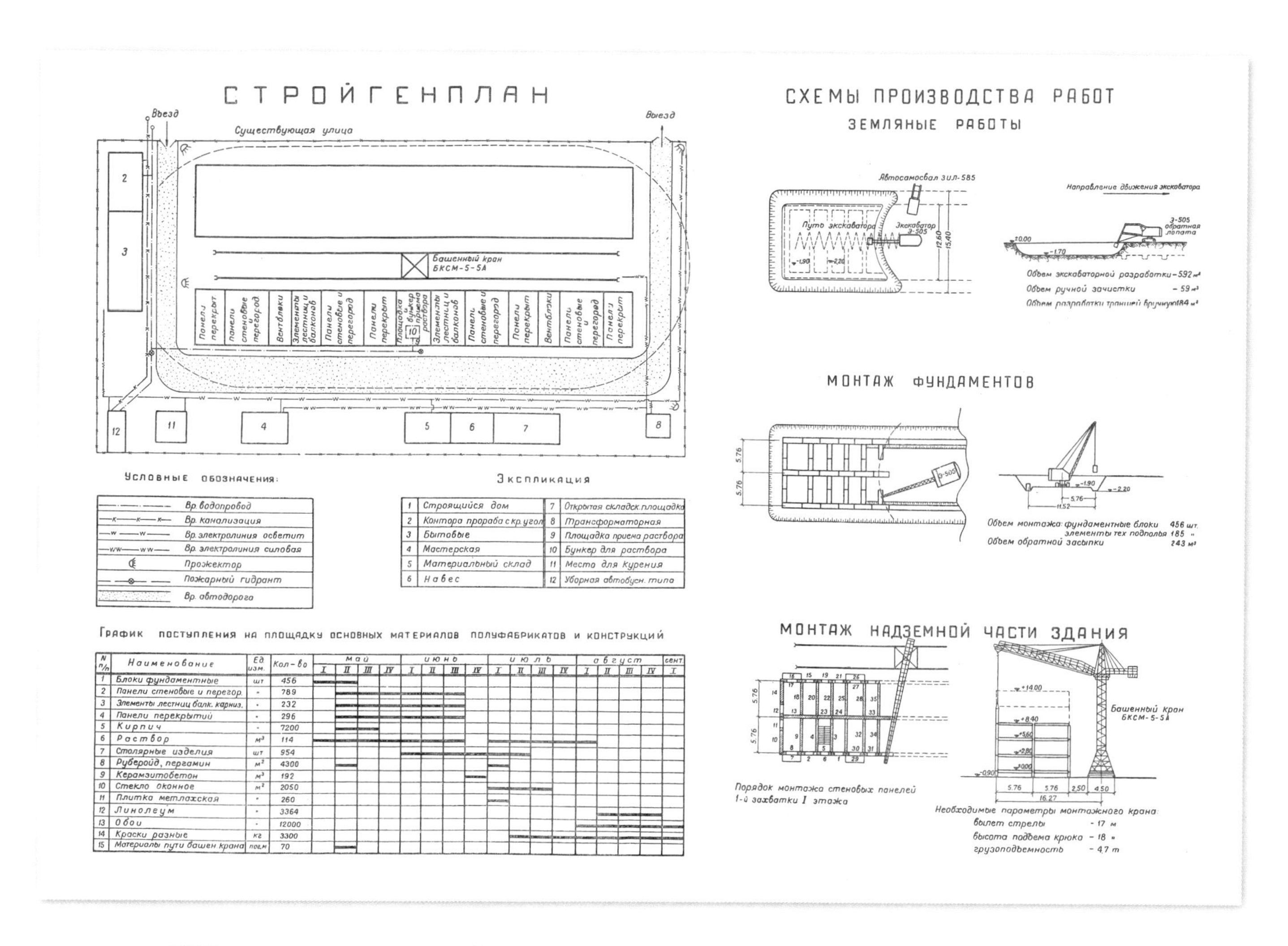

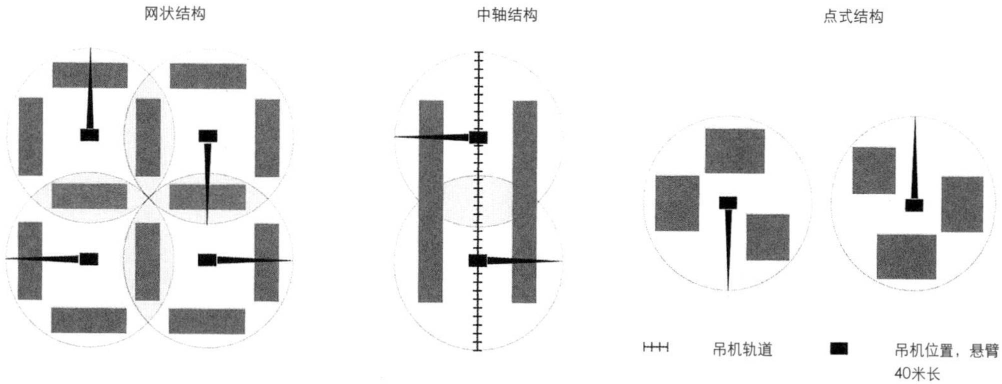

厄内斯特·格纳股份公司1966款G-2系列吊车半径图

来源：费边·宓尔特尔等人，《兴奋增长与预制建筑》，巴登出版社，2013，第51页

狭小施工现场的物流：荷兰赫尔辛基，2017，将建筑立面结构直接存放在街边
图片来源：菲利普·穆泽

内部庭院具有更大的灵活性：俄罗斯喀山，2015，将室内墙面板堆放在施工现场
图片来源：菲利普·穆泽

塔式吊机的性能取决于三大参数：吊机操作者必须拥有良好的视野；吊机的摇摆不得影响吊机操作者的能力；最好能够以两到三种不同的速度升降吊机。吊机的运输也是一个重要因素。

拼装多栋建筑时，吊机应沿着尽可能多的建筑部分按照固定间距布置。这种设置是为了节省成本。关注成本的规划者希望尽可能有效地将昂贵的轨道和吊机系统布置在施工现场上，避免住宅区竣工之前的移动。这意味着不同建筑通常布局成一长列（尽可能增加吊机轨道的长度）、平行行列（以使每台吊机能够同时在两栋建筑上作业）或蜿蜒的蛇形（在弧形轨道发明后）。由此可见，单一长列建筑并非总是城市设计师选择的风格，它们通常是利用吊机拼装建筑时努力降低成本的结果。实际上，预制住房的最大争议之一便是施工现场的组织安排在定义城市形状上扮演着重要的角色。

运输和物流对设计和规划产生的直接影响还有另外两种方式。其一，建筑师必须找到一种方式，以尽可能隐蔽的方式将金属环融入混凝土板。这些金属环是升降板块所必需的（见第30页图片）。其二，需要大量空间临时存放送到施工现场的混凝土构件。如果在建的建筑将形成一个大型的城市街区（如第33页图片），那么这些板块必须存放在内部庭院中。但是，如果是一个狭窄空间，比如在一个封闭式城市街区（如第32页左图）拼装一栋转角建筑时，拼装元素应遵循及时原则，在临组装前再运送到现场。

吊机半径作为城市设计的参数之一：莫斯科附近的什托尔博娃，PIK集团的大型施工项目

图片来源：丹尼斯·艾萨科夫

4 元素与形式

如果一栋建筑的构件是在工厂预制以方便在较短时间内在施工现场拼装的话，那么建筑系统中的相同结构元素的数量则在决定该项目的成本和工期方面扮演着重要角色。一种预制模块建筑类型中特殊元素的数量越少，其建造成本越低。相反，特殊元素的数量越多，竣工后的建筑就越有个性。这一点同时适用于采用混凝土构件以及木材或钢材构件建造的建筑。建筑师面临的挑战是设计出安装尽可能灵活的建筑元素。“Jugomont61”是现如今最成功的案例之一。这是一种设计于 20 世纪 60 年代的预制串联式建筑类型，仅包括 10 种不同的板块。在预制住房历史中，只有恩斯特 · 梅做到了少于这个数字的设计。他设计的俄罗斯住宅建筑仅需要 4 种不同的大方块以及 10 种柱和梁。但他的每栋建筑都需要约 8000 个构件，而 Jugomont61 系列每栋建筑所需的构件只有 2500 出头。在建筑历史上，大多数预制住宅需要 20~40 种不同的建筑元素。不过，那些比较著名的标志性预制建筑需要的建筑元素都要远多于这个数字。例如：莫斯科的阿舒尔尼住宅楼（第 35 页左上图）就采用了 74 种不同的元素。雷蒙德 · 加缪作为第二次世界大战后的预制技术先锋，其设计的加缪系统需要 85 个不同元素。瑞士 IGECO 系列需要 113 个不同元素，这个数据可能刷新了当前记录。但是，该系列后来结合了 G–2 系列，后者仅包括 45 种不同元素。

今天，计算机规划工具使得设计师可以更加灵活地定义每个元素的形状和规格。现代制造技术已经发展到了能够独立制造每个建筑元素的程度。过去采用重型钢管浇筑构件，限制了形状的种类。而在今天，可调模衬被用在流水线上，极大地提高了设计过程的自由度（见第 36~37 页插图）。

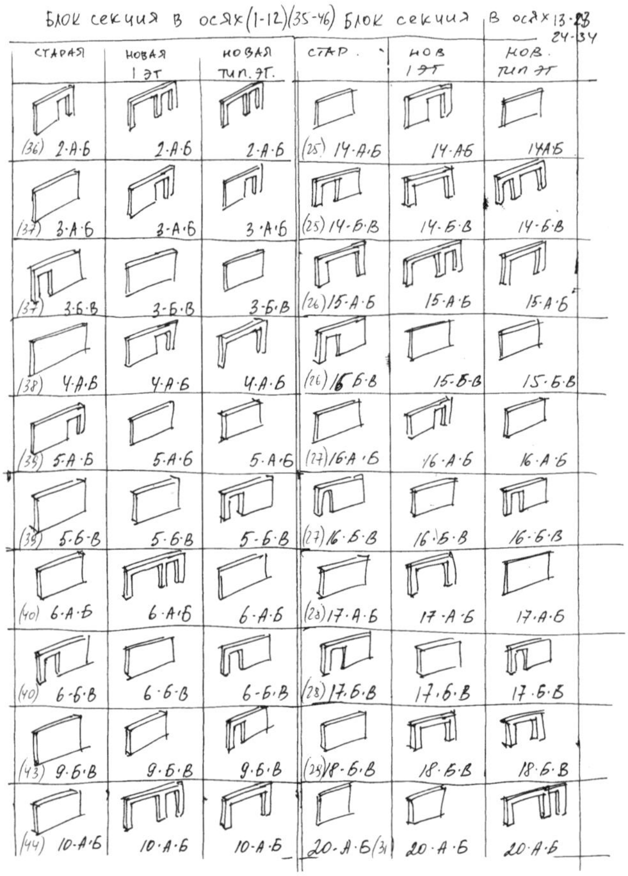

墙体与框架的构件目录草图

图纸来源：弗拉基米尔 · 马赫穆多夫

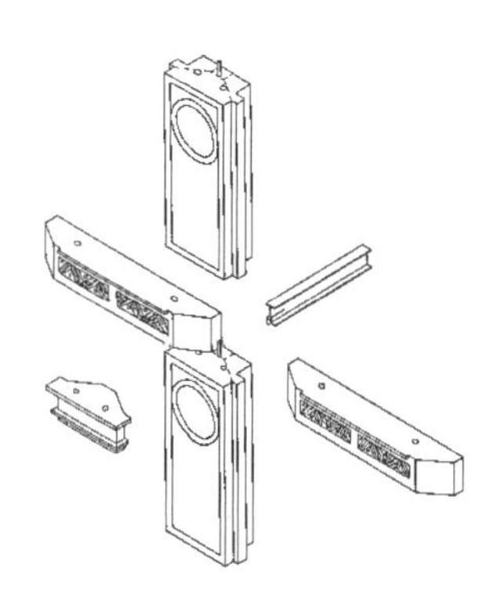

出自安德烈·K. 布罗夫、帕维尔·N. 布洛辛之手的莫斯科阿舒尔尼住宅楼，立面细节和元素分解图（1941）
图片来源：菲利普·穆泽/丝翠卡学院

德国斯图加特维森霍夫区建筑工艺联盟展览（1927）的一栋二层楼住宅的模型立面
来源：莱布尼茨区域发展与结构规划研究所，厄克纳

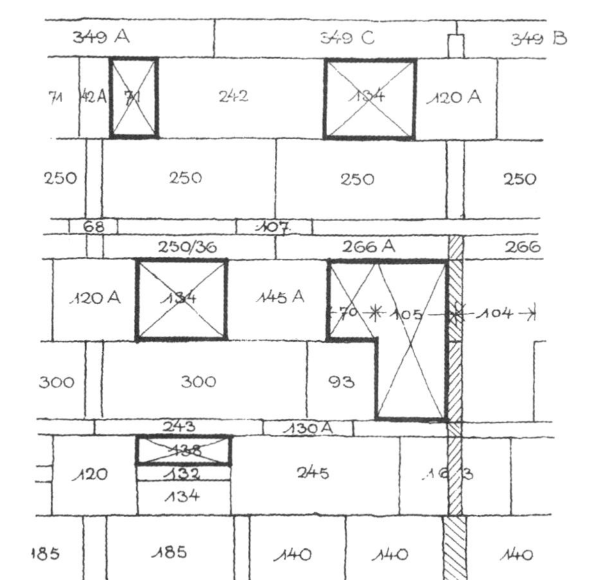

出自恩斯特·梅之手的德国法兰克福建筑类型6号外墙设计的布置图（1925）
来源：库尔特·荣汉斯，《共有的房子》，柏林出版社 1994，第127页

钢桶内制造限制了可用板块元素的种类，因为该技术不能带来灵活的形式，但这种传统制造方法在今天某些地方仍在使用
来源：DSKBlok/RIA Novosti

今天的生产方法使得板块形式能够得到灵活的调节，也可单独在平台床上调节板块尺寸。相反，底铸技术几乎未发生变化，而这种技术主要用于浇筑直立式室内墙板

图片来源：菲利普·穆泽

405
404

WAGT BIZIN
ÝURDUMYZYŇ
SAÝLAP ALAN
ÝOLUNYŇ
DÜRSLÜGINI HEM-DE
ESASLYLYGYNY
GÖRKEZDI.
«DÖWLET
ADAM ÜÇINDIR»
DIÝEN SYGAR
BIZIŇ
IDEOLOGIÝAMYZYŇ
ESASY BOLMALYDYR!

现如今的混凝土构件包括无穷无尽的变体种类。斜向构件（如用于楼梯的构件，如左页图片）的生产相对更加容易。凸出形状的构件可一步铸成，而在过去却需要分成两种元素（本页上图）。本页下图显示了带遮阳构件的立面板块

图片来源：菲利普·穆泽/布尔克哈特合伙人建筑事务所（本页上图）

5 材料与物质性

建筑理论学家对建成结构的物质性进行了大量思考。所有专家都一致认为，每种建筑材料应以适合其本身的方式加以利用，以避免引起竣工建筑使用者不必要的不满。形式和物质性的相互作用与我们对它们的认识紧密相关。而我们的认识又与我们的记忆和情感紧密相关。人们对美丑总是很敏感。

当我们谈论物质性时，我们指的是一种模糊而定义不清的东西。无论我们采用混凝土、木材、钢材，还是不同材料的组合，材料本身从内到外都是中性的。材料只有经过加工，被赋予形式之后，才能充满感情。混凝土表面在脱模后如果打磨光滑，能产生一种如丝绒般的柔滑感。但如果板坯叠加在一起构成水平木纹图案，也能呈现出地层形式。混凝土约为木材的四倍重，它在城市中的应用比任何其他材料都要多。诸如“混凝土堆”和“混凝土覆面”的贬称掩饰了混凝土表面可能散发诗意的潜能。

混凝土已经成为欧洲预制住房的主要材料。工厂只要安装一条流水线，就能大量生产板块，每块板块被高效地从一个工作站传送到下一个工作站。相反，在北美，木材是主要的住宅建材。但近年来，城市木结构成了一个越来越受关注的话题，因此，木结构在欧洲住房市场所占的比例也有所增加。

对当前住房趋势的综合评述显示，采用钢材、塑料和复合材料建造的预制住房已经趋于边缘化。钢材主要用于建造方便运输和堆叠的标准化集装箱模块。在住房部门，钢制集装箱用于建造诸如建筑工人住房、难民住房和急救站等临时建筑。几年前，瑞典家具制造商宜家与联合国合作开发了一种可折叠住房以取代赈灾帐篷。据称，这种住房一旦投入大量生产，每个住宅单元的建造成本将不到1000美元。

图片来源：伯阿特建筑事务所

木材：其运输重量是钢筋混凝土板块的四分之一

图片来源：伯阿特建筑事务所

小屋，由伯阿特建筑事务所设计

图片来源：詹妮弗·托波拉

钢材：精确加工和细长设计

图片来源：詹妮弗·托波拉

杜宾根避难者住房，由海菲尔建筑事务所设计

图片来源：宜家基金会

塑胶：伊拉克赈灾行动中使用的一种替代材料

图片来源：宜家基金会

宜家基金会在埃塞俄比亚建造的造价1000美元的住宅

混凝土生产综合设施

加工钢筋的车间

钢条网的自动切割和焊接

工作流程：从往钢筋中混合混凝土开始，将强化后的混凝土灌注到模具之中使之成型，然后再运输到施工现场（SU-155, KROST, PIK集团）

图片来源：菲利普·穆泽

在加工车床上制作模板

生产扭结特殊构件

在确定钢筋和立面开口位置后浇筑混凝土

临时存放一面大型脱模板块

户外存放区的吊机系统

运输

KODA系统：在3厘米厚的木制基板上浇筑6厘米厚的混凝土层

在爱沙尼亚建造的预制空间模块样板间

位于爱沙尼亚首都塔林的工厂

爱沙尼亚KODA系统包括一个用木材与混凝土混合制造的26平方米空间模块，能在4小时内完成安装，无须地基。拼装时间短使它能用作临时用途

来源：Kodasema

待混凝土层硬化后竖立主墙

将板块拼装成一个空间模块

运输拼装完整的模块，每个重26吨

图片来源：迈里·胡德玛

6 转角问题

建筑转角的设计自古以来就一直是建筑师的关注重心。转角问题只有在建造封闭式住宅且这种建筑从街道上看只有一个立面可见时才可避免。否则，在外墙板需要接合时，寻找转角问题的合理解决方案就显得非常重要。一般而言，转角板块是特殊构件，不同于构成立面的其他构件。而转角表示了不同墙体之间的关系。建筑的主体是否覆盖了一层统一的表皮以强调建筑的封闭性质？或者，边缘是否清晰地表现了有两面不同的墙体连接在一起以及该建筑提供了不同于相邻结构的风景？转角的构成也能揭示一个立面是否重叠，或是否由不同固体构件相互叠加构成。

设计转角的方法不计其数。人们对于糖山楼那样构成锯齿状系列的转角有什么看法？当面砖的宽度与板块的厚度相同时，建筑师想要取得何种效果？

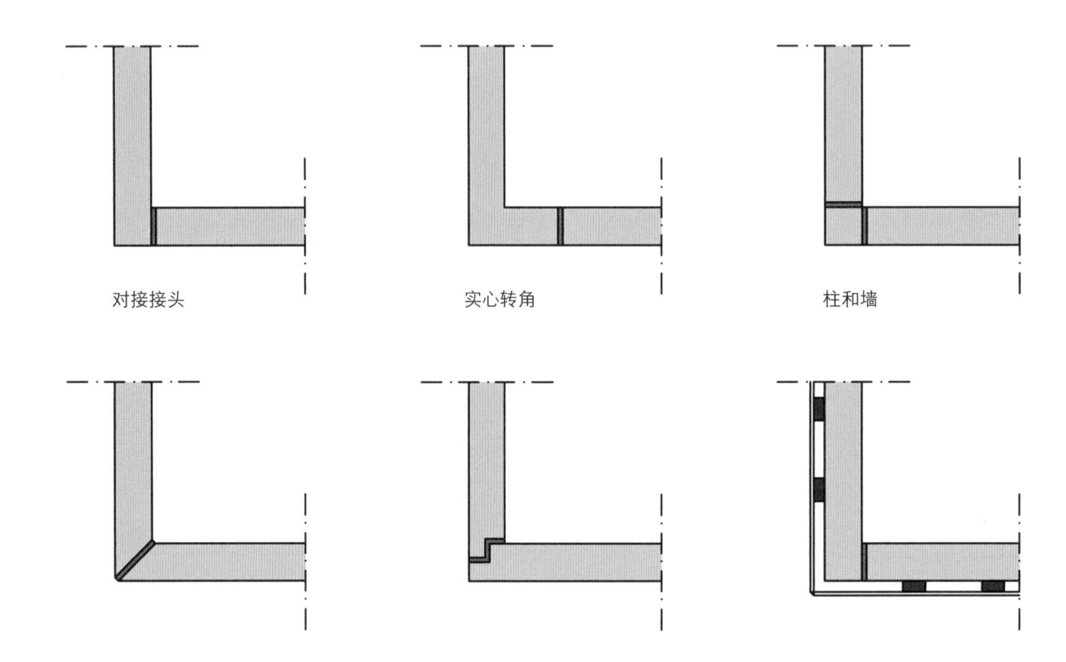

图片来源：丹尼斯·艾萨科夫

精确过渡：面砖在建筑转角处变化颜色

同质过渡：面砖的颜色在转角处不变

板块厚度与面砖宽度相同

胶印板块在建筑转角营造出一种特别的韵律感

图片来源：卡赞斯基DSK

图片来源：卡赞斯基DSK

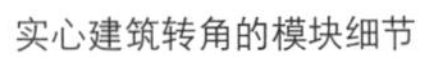

实心建筑转角的模块细节

带窗户建筑转角的模块细节

图片来源：卡赞斯基DSK

图片来源：因捷科集团

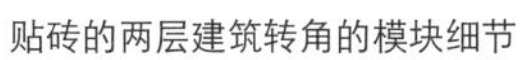

贴砖的两层建筑转角的模块细节

拥有自己的转角结构的因捷科系统细节

7 接缝

拼装立面板之间的接缝是预制建筑最重要的细节。建筑表面的接缝就像细条纹西装上的细线——至少从远处看确实如此。但因为需要确保建筑外壳的良好密封效果，接缝也具有重要的结构功能。重型板块之间的接缝距离应在 2 厘米以内。接缝必须进行处理以预防倾盆大雨，补偿不同立面元素在炎热的夏日和寒冷的冬季里发生的膨胀和收缩运动，还要避免成为鸟类和昆虫的繁育温床。接缝最好在拼装立面板的时候就密封，因为事后填充缝隙需要搭建脚手架，成本高昂。

建筑维护不当和材料下垂在数年内便能破坏接缝处的结构。沥青基底填充材料在过热条件下会熔化并滴落。永久性塑料接缝会变干，失去隔热性。如果混凝土覆面厚度不够，边缘也会剥落。

和转角一样，接缝也是设计的一个重要部分。如果建筑师决定强调板块之间的分离，可在每个立面的周围附加一个框。建筑师还可通过增加接缝的宽度或给予边缘一种特别的形状来创造不同的视觉效果（比如倒角）。但建筑师也有很多方式将接缝“隐藏”起来。瑞士公司巴斯卡瑞拉建筑事务所在日内瓦的拉夏贝尔住宅区项目中将可见混凝土表面进行了平整处理，使板块看起来几乎与密封接缝一模一样。结果每栋建筑看起来像是由一整块浇筑混凝土建造而成。另外，大卫·阿加耶建筑事务所在纽约糖山楼建筑表面上切割出竖槽，并在立面上增加了一种装饰性的花卉图案。因此，人们几乎看不到隐藏在大量视觉刺激物后面的接缝。当然，这些案例只代表了众多设计可能性中极小的一部分。最后，一栋建筑的板块之间的接缝，就像其他任何设计任务一样，能够反映出建筑师的努力和认真的态度。

接缝处理：柏林马灿，一栋预制建筑上单独翻新的大板块

图片来源：菲利普·穆泽

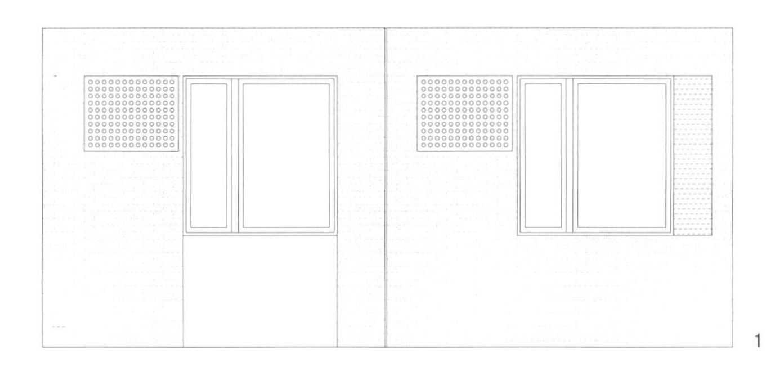

1

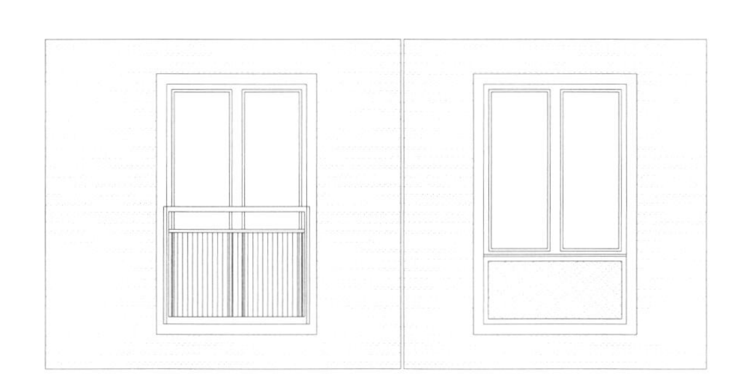

2

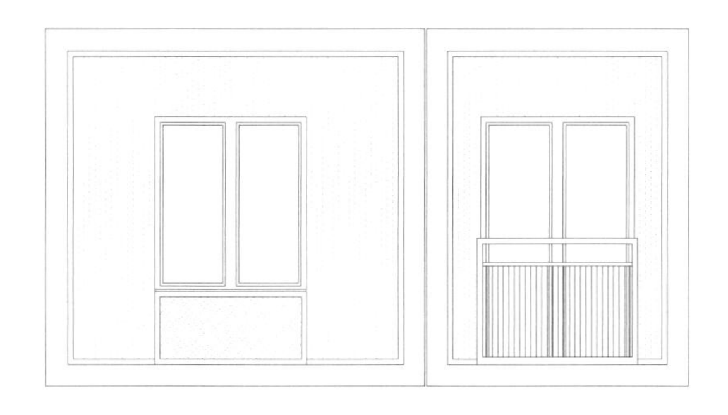

3

4

不同接缝设计的对比

1/2 立面元素共同构成一种均质表面

3 增加边框突出了立面板块之间的接缝

4 接缝隐藏在建筑全高装饰线条后面

来源：因捷科集团/DSK7

图片来源：菲利普·穆泽

一条永久弹性接缝（卡赞斯基DSK）

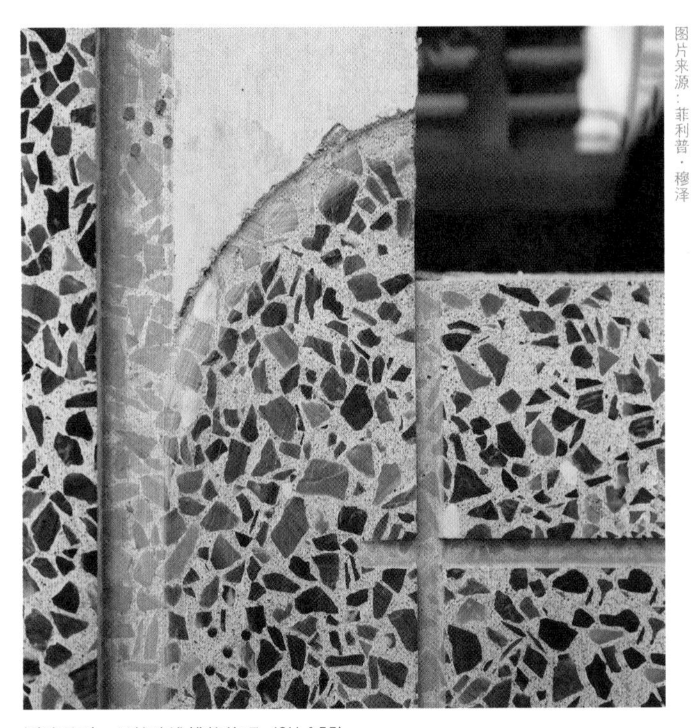

图片来源：菲利普·穆泽

测试系列，以检验浅槽的外观（SU-155）

图片来源：因捷科集团

浅槽和裸缝的结合（因捷科集团）

图片来源：因捷科集团

建筑地基和第一层板块之间的裸缝

因捷科集团设计的预制住房结构系统外墙板的模型展示

图片来源：因捷科集团

8 表皮设计

可见的混凝土表皮处理方法可分为三类。第一，建筑师可在表面印制一种图案，或在板块脱模后进行机械处理。第二，建筑师可在浇筑混凝土之前在模板中预埋橡胶冲模或模具。第三，建筑师可在板块生产阶段在瓷砖或马赛克拼板上浇筑混凝土。

脱模混凝土板的表皮处理包括人工处理和技术处理。重点是在往钢筋上浇筑混凝土时要确保混凝土层的厚度足够。表皮可采用以下方法在完全硬化之前将其加工成所需的最终状态：切掉装饰边缘、喷砂、修削、粗面石工、打磨、抛光等。但是，这些脱模混凝土表面的加工方法耗时耗力，成本较高，因此不太常用。

更加常用的脱模混凝土表皮处理方法是采用一种用丝网印刷法制作的印花。这种方法甚至能够在预制构件拼装完成后采用，只要不需要水平列印即可。很多制造商专门从事混凝土印刷服务，并提供众多标准化印花类型。但是，这些印花必须像创造剪影一样被分解成许多填充的和非填充的区块，或者说最终效果的分辨率很低。这意味着除非观看者与建筑保持特定的距离，否则无法辨认图案。模衬也能用于创造与众不同的表皮图案。模衬固定在模具床上，可浇筑任何图案（但要保证足够低的分辨率）。根据制造商的选择，橡胶冲模可浇筑多达 100 次。

如果最终表皮元素，如瓷砖，是在混凝土浇筑过程中直接附加到混凝土上，所需的后期处理程度最小。但是，这些加工程序需要精心制作的模板。一块瓷砖或一个模具的极其细微的变化都能影响最终的立面效果。

图片来源：格拉泽建筑事务所

切掉装饰边缘

图片来源：祖伯尔混凝土工程公司

喷砂

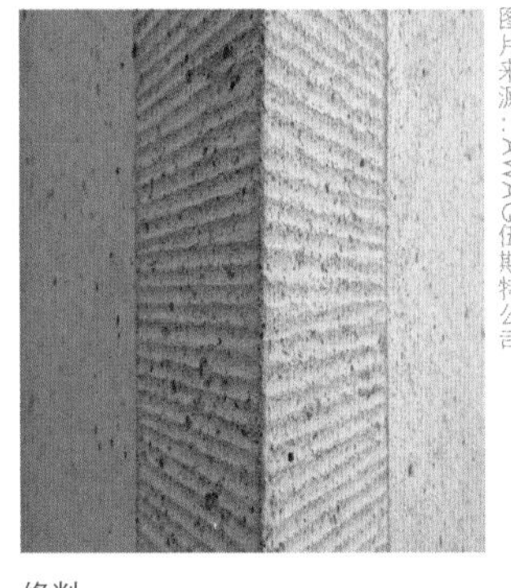

图片来源：AWAG伍斯特公司

修削

图片来源：墨西哥柏林大使馆

粗面石工

图片来源：巴斯卡雷拉建筑事务所

打磨

图片来源：因捷科集团

抛光

来源：图案混凝土立面材料公司

桦林图案

蔬菜图案

大雁图案

指南针图案

可见混凝土表皮印花可印刷或用不同宽度的槽（右侧上图）或交替的光面和糙面（右侧下图）构成

来源：德国莱利公司

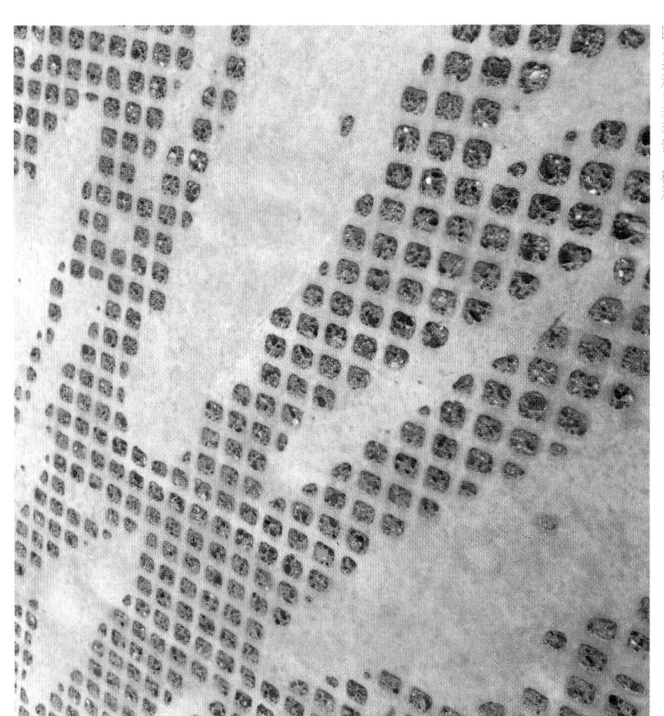

图片来源：菲利普·穆泽

预制混凝土表皮设计案例

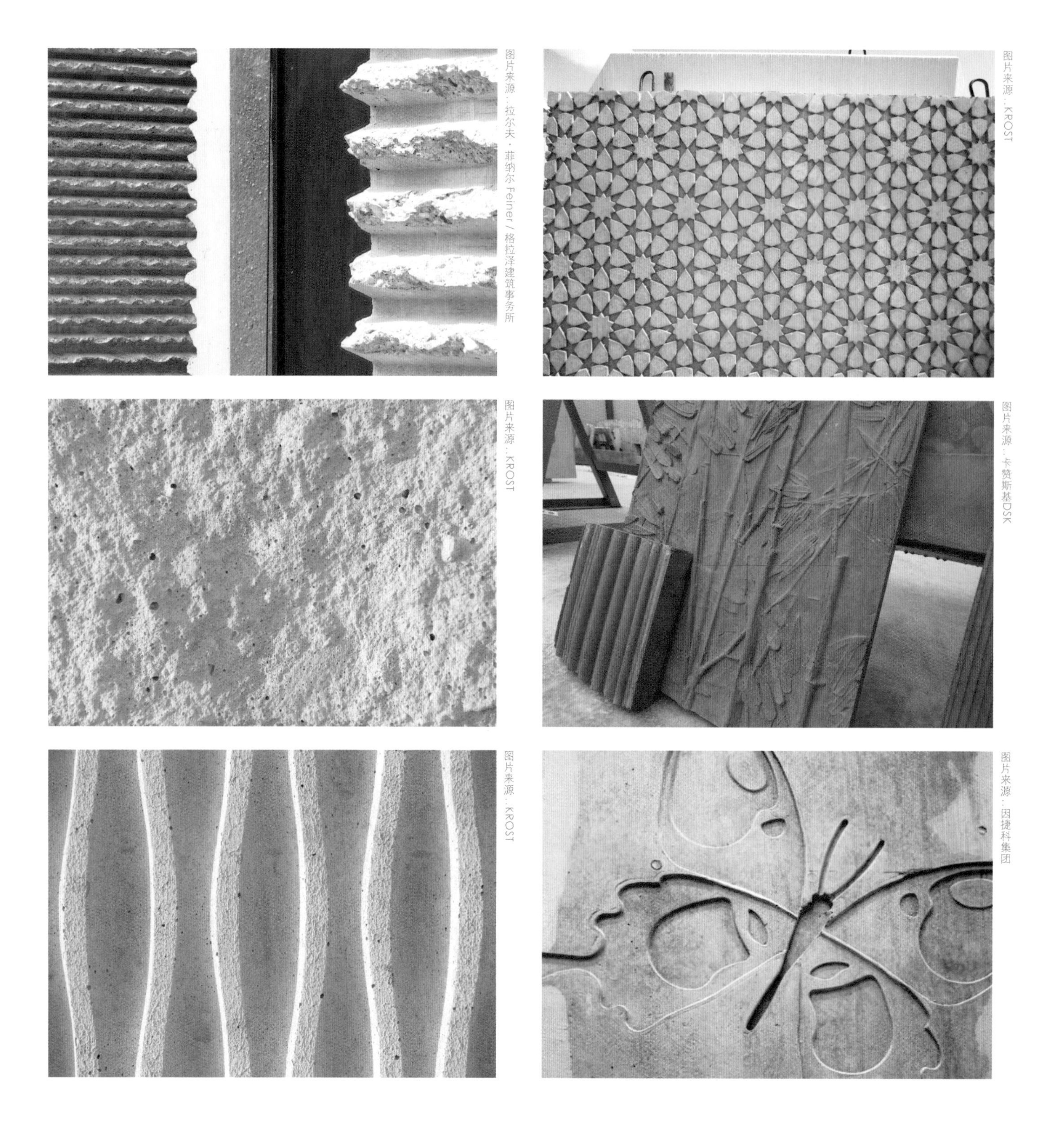

图片来源：拉尔夫·菲纳尔 Feiner / 格拉泽建筑事务所

图片来源：KROST

图片来源：KROST

图片来源：卡赞斯基DSK

图片来源：KROST

图片来源：因捷科集团

利用冲模的生产加工过程（德国莱利公司）：

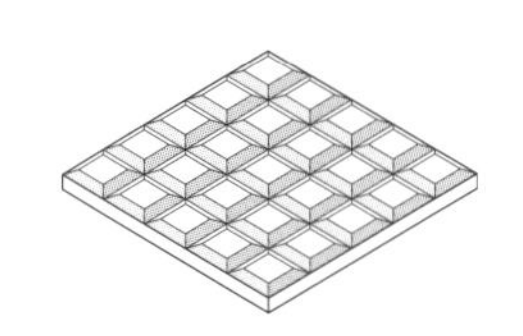

步骤1

利用石膏或在电脑工具的辅助下制造一个所需形状的模具：图片和数字图纸转变成CNC加工文件。利用机器将该结构轧成板材。

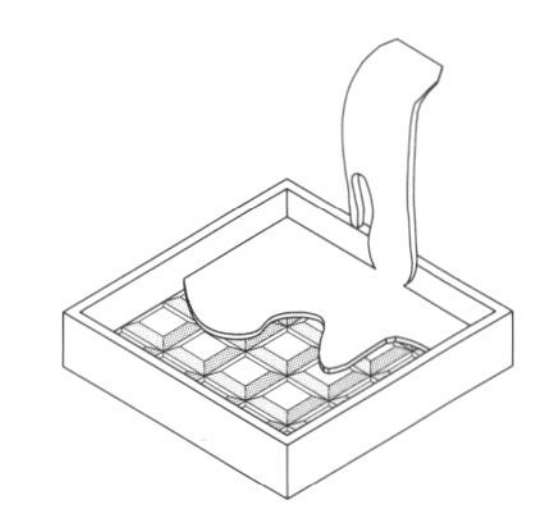

步骤2

将石膏或轧制模具固定到打了一层脱模蜡的模板框中，然后将液态弹性体浇注到模具中，以制作冲模。

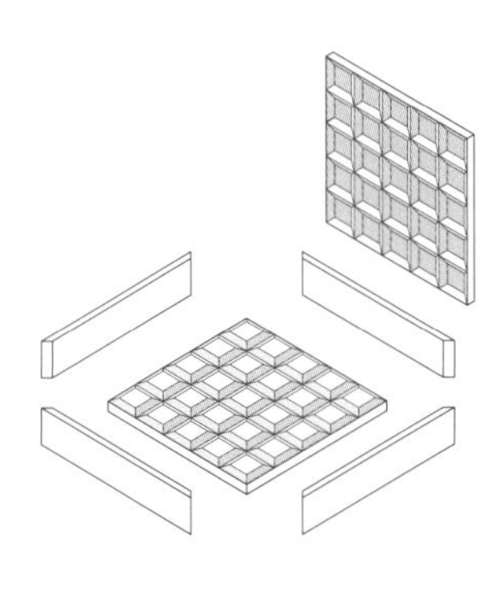

步骤3

冲模硬化后拆除模具框。冲模的高弹性使得人们能够精确地复制结构。

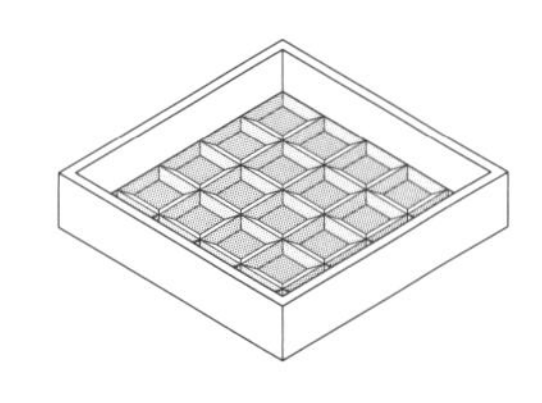

步骤4

将冲模固定到支撑框上。在浇注混凝土前打一层脱模蜡。

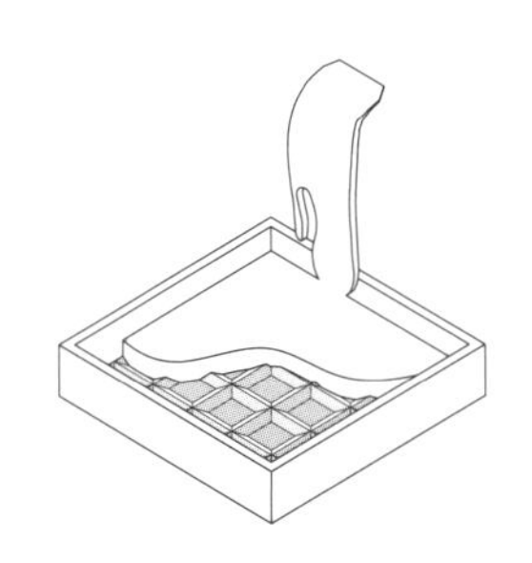

步骤5

将混凝土浇注到模具里。冲模可在工厂或施工现场使用。

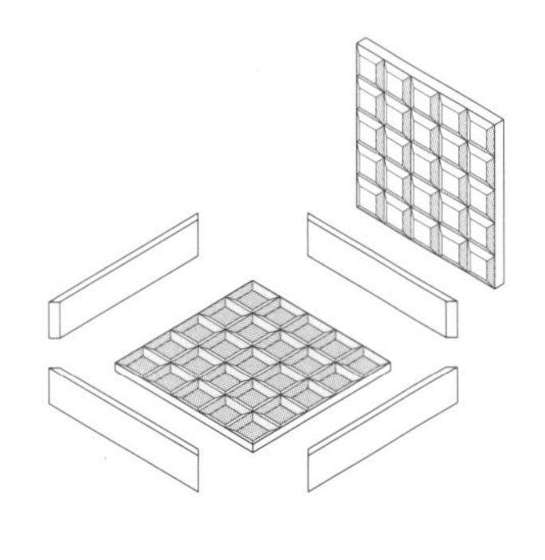

步骤6

混凝土硬化后将构件脱模。冲模可重复利用多达100次。

3

4

6

图片来源：菲利普·穆泽

贴砖表皮的外墙板的工作流程：瓷砖被自动传送到硅胶床上，并在加工床上做好模制准备。在往钢模中浇注混凝土之前，工人铺设钢筋和管道，建筑服务电缆可在之后插入（莫斯科 Tsentr的生产设施 GVSU）
图片来源：菲利普·穆泽

9 色彩与构图

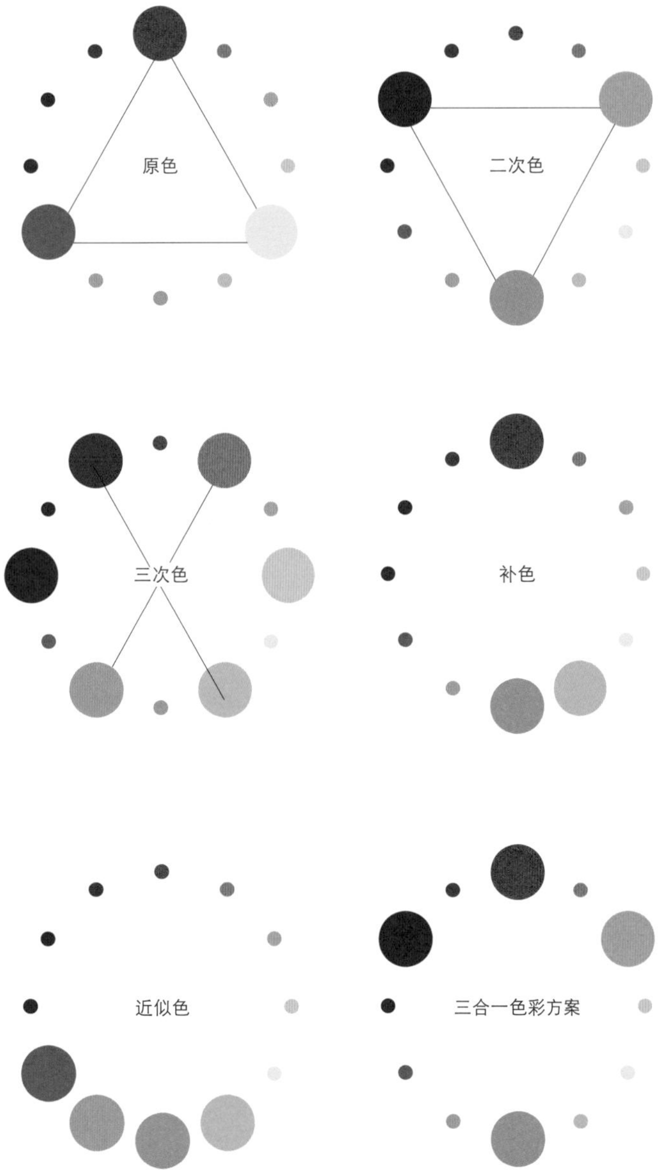

原色

二次色

三次色

补色

近似色

三合一色彩方案

从色环上选择的协调分组

很多人将1990年前建造的预制住房与灰色联系起来，头脑里会不由自主地浮现出由陈旧的混凝土板构成的古板形象。但在1990年后，人们发现很难说出能够定义预制建筑的颜色。在东欧和苏联社会主义体制解体后，建筑师们呈上了令民众眼花缭乱的色彩大餐。然而，缺乏限制有时候会产生过于花哨的住宅区，犯下不亚于过去的黯淡灰色板块所犯下的美学错误。多层集体住宅结构因庞大而鹤立于城市空间。因此，立面设计需要高超的能力。

色彩在建筑及其立面的构造中扮演着重要角色，即便色彩的选择具有极高的主观性，每种颜色在每个人眼中都是不同的。一种颜色蕴含的意义因文化而异，还会对目标群体造成巨大影响。每种文明通过不同的颜色表达其神话和社群意识。有史以来，色彩在描述人类的宗教、自然和文化方面都具有举足轻重的作用。

米歇尔·尤金·法弗雷尔、约翰·沃尔夫冈·冯·歌德和艾萨克·牛顿都对色环做出了自己的独特诠释，直至今日，他们仍然是最具影响力的色彩大师。常见色系如1925年德国人发明的RAL以及瑞典人发明的NCS（自然色彩系统）都建立在三种历史原色（红、黄、蓝）和补色（红／绿、黄／紫、蓝／橙）的基础上。

这种组织系统也成了建筑色彩构图的基础。建筑师应遵循的基本原则是避免用原色填充立面的整个表皮。这种没有写进教科书的原则的意思是，比如说，人们普遍认为弗莱堡学生公寓楼的巧妙色彩构图和莫斯科的Grad-1 M系列建筑的精选色彩对比(两个案例见第62页）要比乌兰巴托的住宅建筑(第65页）更加协调。同样的设计原则适用于建筑改造活动，居民在任何时候选择颜色时都应征询建筑师的建议。

原色

原色无法通过混合其他颜色产生，独立于其他颜色。三种原色分别为红、黄、蓝。

二次色

两种原色混合就会产生一种二次色。三种二次色分别为橙、绿、紫。

三次色

三次色是通过将一种原色与色环上相邻的二次色混合产生的。共有六种三次色。原色、二次色和三次色构成 12 种基本色，这些基本色经过组合后能够形成不计其数的色彩、色调和色度。

补色

色环上相对的两种颜色为补色（比如红和绿）。补色并置时可创造鲜明的对比，特别是色彩完全饱和时。

近似色

近似色是在色环上相邻的颜色。近似色一般可以相容，放在一起时能营造一种平静的感觉。它们一般可在自然中找到，具有美感。

三合一色彩方案

三合一色彩方案指在色环上等距的任何三种颜色的组合方案。三合一协调色能够创造一种充满活力的外观。一种成功的三合一色彩方案需要经过仔细的平衡，尽管会突出某种颜色色调。

1

2

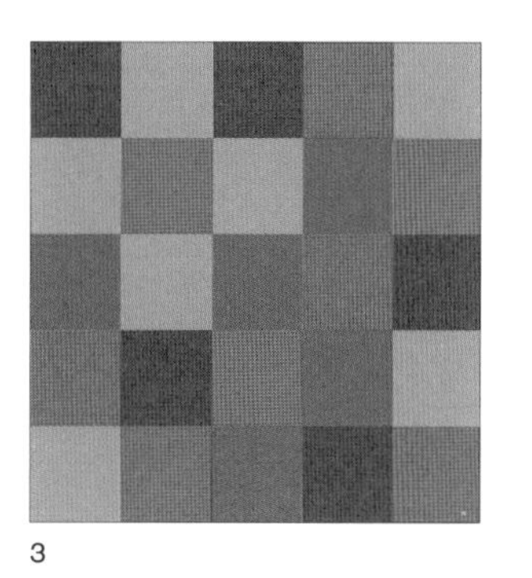
3

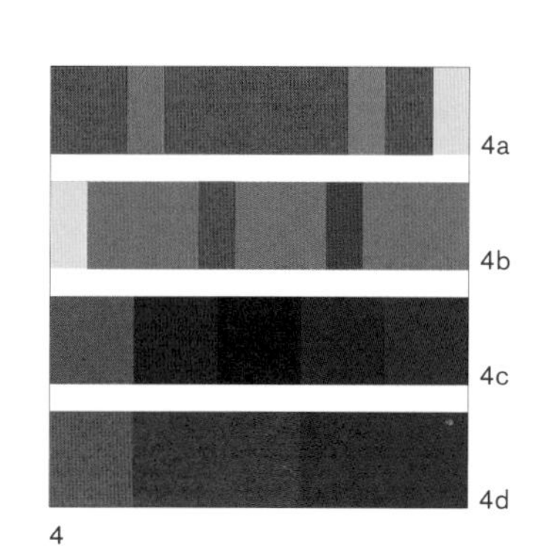

4

5

6

7

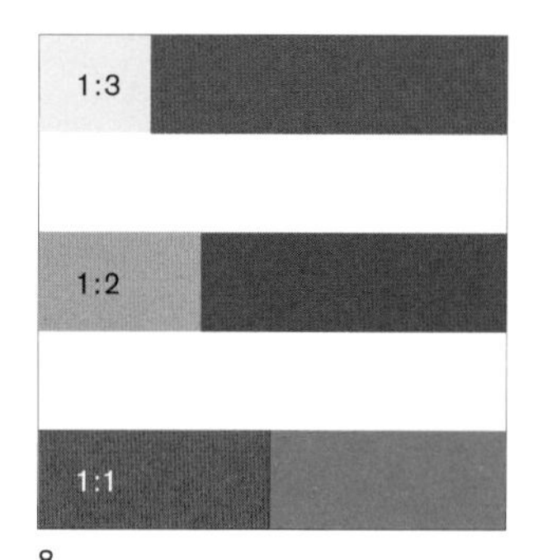

8

1　红色的冷暖渐变
2　绿色的冷暖渐变
3　冷暖对比的方格构图
4a/b　红、黄、蓝构成一种极致的色彩对比
4c　红—紫感觉比蓝色更暖
4d　红—紫感觉比橙色更冷
5　六对补色的色场
6　我们感受色彩的不同方式
7　灰色和黄色的渐变以及混合
8　补色延伸的协调对比

色环：莫斯科 PIK 1系列

图片来源：丹尼斯·艾萨科夫

色彩强度的鲜明对比：莫斯科Grad1 M系列

图片来源：丹尼斯·艾萨科夫

浅色调的协调：弗莱堡学生公寓楼

图片来源：约翰·泽尔顿建筑事务所

色彩对比

色彩并置时，原色的效果最醒目。黄、红、蓝三色能够构成最鲜明的色彩对比，堪比黑与白、亮与暗之间的极致对比。

浅—深色对比

浅—深对比指同一种色彩的色调变化。

冷—暖色对比

最鲜明的冷暖对比是橙—红（暖）和蓝—绿（冷）。所有其他颜色产生的效果是冷是暖，取决于其与更暖或更冷颜色的对比。

补色对比

补色对比是指色环上彼此相邻的颜色组合。如果两种颜色的色素是互补的，将其混合起来就会产生一种中性灰黑色。

同时色对比

同时色对比是指色环上位置大致相反的非补色的并置。

色饱和度对比

饱和度指一种颜色的纯度。色饱和度对比是纯粹强色和灰暗非饱和色的对比。

延伸色对比

延伸色对比指两种或以上颜色的相对色区。一种颜色占据更多空间，另一种更少。

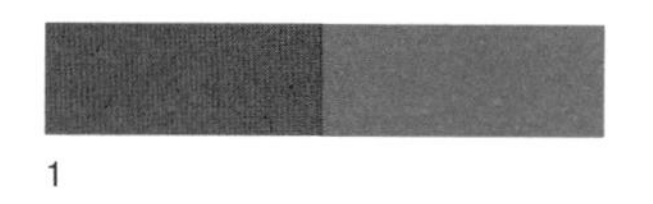

1

2

3

4

5

6

7

8

1　一种颜色的延伸会影响色彩协调
2　黑白是最鲜明的对比，适合与红色搭配
3　橙、绿、紫强度较低，三次色不太醒目
4　黄、红、蓝构成鲜明的色彩对比
5　黑、白、灰的浅—深色调组合
6　不同蓝色调的组合
7　同一浅色调的颜色
8　同一深色调的颜色

采用不同色调的蓝、红和绿的协调配色方案

来源：DSK1/理查德·鲍费尔

威尔顿公园的一栋住宅建筑的配色方案（右图）和完工后的立面效果（下图）

来源：KROST/buromoscow

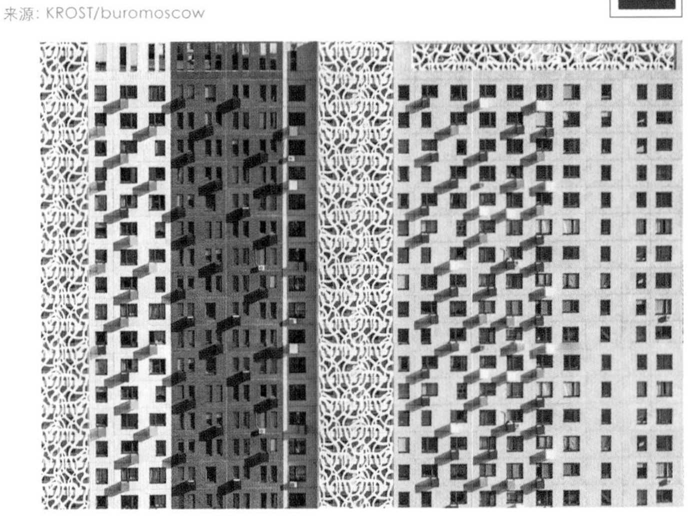

单色的大量运用：因捷科集团的预制住宅施工系统（下图）和蒙古国乌兰巴托一栋预制住宅建筑的色彩研究

来源：因捷科集团/AO ‘ZNIIEP Zhilishcha’

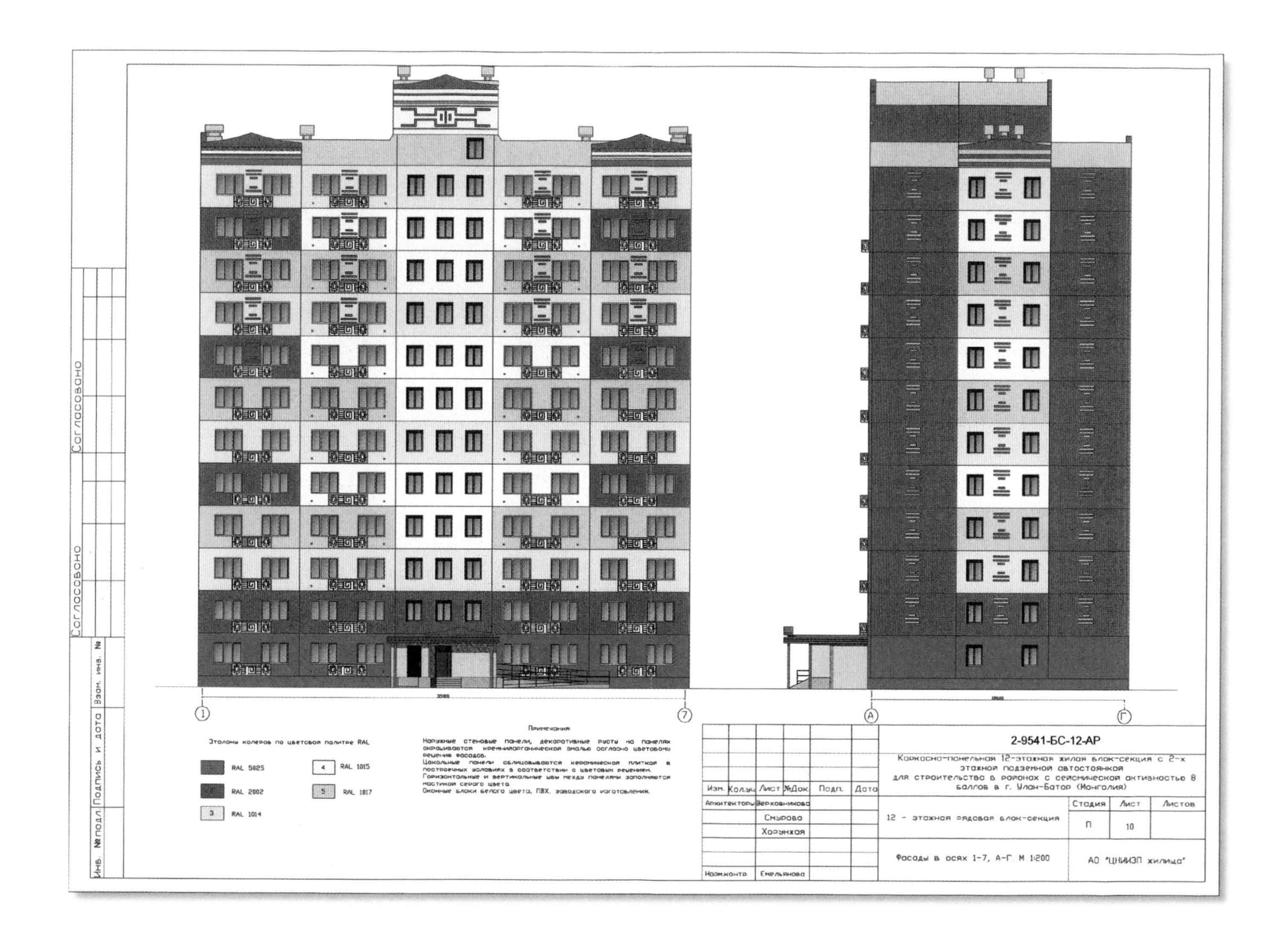

10 建筑服务设施

任何建筑设计如要实用，就必须在一开始就考虑建筑服务设施。建筑师如能在较早阶段就开始探索融入技术设施的最佳方式，便更有可能画出合理的平面图，从而节约成本。磨损、维护和耐用是建筑师需要考虑的重要元素。总建筑成本中用于建筑服务设施的部分近年来有所增加，目前大约为40%。因此，业主有必要在设计开始时详细说明竣工建筑将提供多少技术服务。值得一提的是，尽管建筑规范强制规定必须安装特定的技术设施，但最先进的产品往往都是实际上并非必需的新鲜事物。

壁挂式装置和预埋电缆能够帮助减少大量成本。此外，人们还能通过谨慎地规划竖管安装，减少总长度并将它们放在一起——如将采用相同平面图的住宅模块堆叠起来，从而优化技术装置空间，并进一步减少成本。人们还能巧妙地规划湿室，从而使安装变得简单高效。热水器也能通过巧妙的布置进而缩短供水管。当电缆和管道以合适的方式安装到墙面上时，它们本身还能变成设计元素，提升空间外观的美感。壁挂式装置也能减少成本，因其使直接将电缆和管道嵌入预制墙体成为可能。样本计算得到的数据可用于标准平面图和建筑类型，也能在给一栋建筑的技术装置标注尺寸时提供参考。

建筑技术装置还有一个能够对最终外观产生极大影响的特征。独立公寓不与中央空调系统连接的情况非常常见，特别是在俄罗斯和亚洲。每户居民都安装自己的空调机，往往因为错误安装而导致立面上设备过多和混乱不堪。在某些地区，空调是住宅建筑的一个标准部分。因此，当设计师为这些地区设计建筑时，应为每个居住单元设计一个室外框架，方便居民放置空调冷却器。

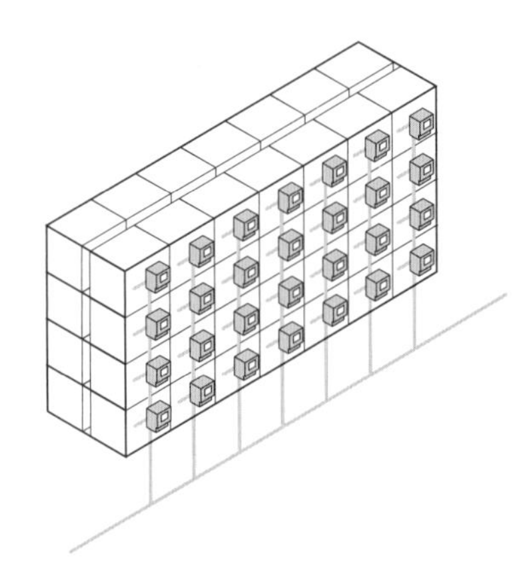

将水表安装在地上结构中而不是地下室，缩短了电缆的总长度

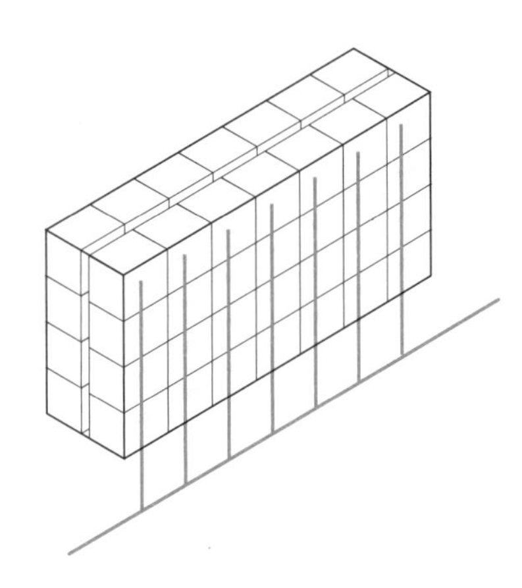

采用标准楼层平面图能够提高管道铺设效率
来源：穆泽建筑事务所

菲利普·穆泽
1969年生人，德国建筑师、出版人，拥有丰富的国际规划与建造项目经验，也是预制建筑咨询师。

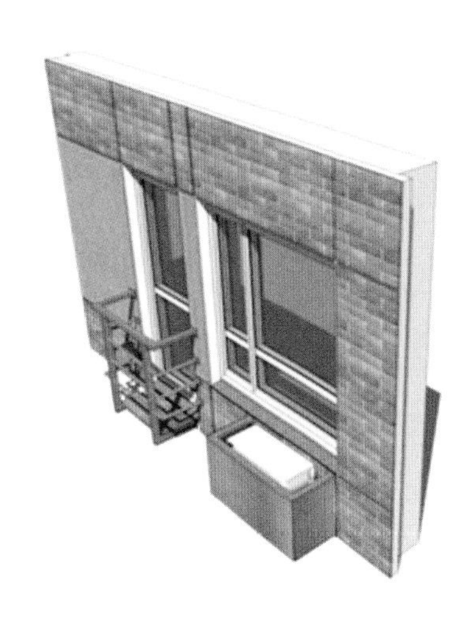

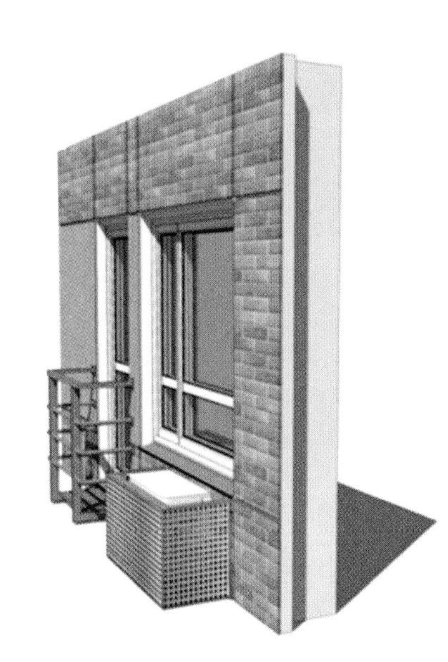

在一个新住宅系统的立面上安装户外装置的案例研究
来源：GVSU

来源：Moskom建筑事务所

莫斯科，工人正在安装户外装置

来源：LSR

来源：KROST

用于安装户外空调机的框架

来源：KROST

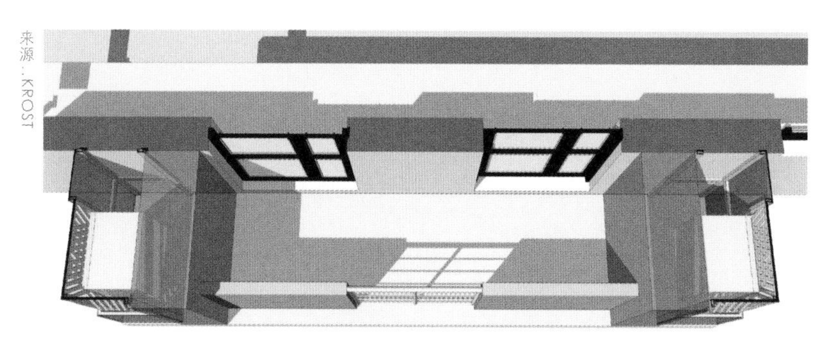

设计案例研究：在阳台安装单框架或双框架，旨在隐藏暖通空调设备

设计施工技术基础

木材/混凝土/钢材

尤塔·阿尔布斯 / 文

本章探索了预制住宅建筑的建造技术和三种重要材料：木材、混凝土和钢材——尽管金属建筑到目前为止在住宅领域一直只扮演着一种边缘化角色。用于框架和大板块结构的预制混凝土是预制住宅的主要建筑材料。但是，木材能够提供更多类型的建筑系统，具有数百年的传统。近期完工的工业预制建筑案例展现出了各种各样的设计，也标明了这样一个事实：预制建筑的个性和创意也能够与采用传统方法建造的建筑相媲美。

如果在初步设计阶段开始就考虑工业生产过程，预制结构建造方法将获得更多的成功。了解预制结构的各种应用方式和如何采用不同系统能够完善规划过程，同样也能优化拟建的建筑项目及其建造过程。

预制建筑的起源

速度和效率是预制住房历史的重心。预制方法一直沿用至今，特别是在危机时期——如第二次世界大战后住宅短缺时期——以快速扭转不利形势。预制住房的历史案例通常牺牲了美学和个性特征，以换取更高的效率，并因此而败坏了预制住宅的声誉。

然而，建筑师和规划师一直致力于这项颇具争议的任务，在考虑经济因素外，还努力提高建筑质量和预制构件的多样性。他们采取新颖、具有创意和长远规划的方法，成功地设计和建造了物有所值的建筑形式。在某些地方，传统预制技术不仅改善了建筑的结构和设计，同时清楚地表明其建筑形式是基于某种预制建造方法。著名案例有第二次世界大战后芬兰的阿尔瓦·阿尔托住宅和世界各地广泛应用的坂茂建筑事务所提出的紧急住宅概念。预制建筑在过去纯粹被视为一种达到某种目的的手段，而这些案例却充分展示了预制建筑的多样性。

建筑师在寻找建筑形式和规划建筑施工时，必须考虑每个项目的周边环境、地方条件和功能需求。一种建筑类型及其结构逻辑的清晰程度能够影响其组装过程的效率。因此，建筑师不能仅仅基于美学原则设计一种形式。他们必须考虑材料、技术以及施工和加工过程，以确保设计和规划方案的完整。只有如此，他们才能系统性地建造一栋建筑。

一种预制建筑类型的规模及其构件的质量将影响采取何种加工过程，决定该预制项目的经济成本如何。建筑师在进行规划时必须仔细思考材料和加工过程，以设计出节约的程序，同时改善规划过程，促进高质量预制建筑的建造。

建筑设计应最大程度地满足各种需求，无论其是否与造价、环境、技术特征、地形、气候，或者仅仅是预期使用者的需求有关。尽管建筑规划始于考虑地方条件、创意决定和用户

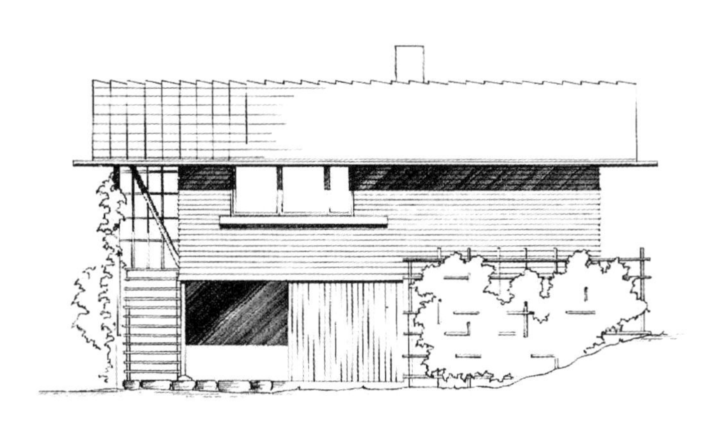

芬兰住宅，建筑师：阿尔瓦·阿尔托（1941）
来源：阿道夫·斯蒂勒，《20世纪芬兰建筑》，维也纳，2000

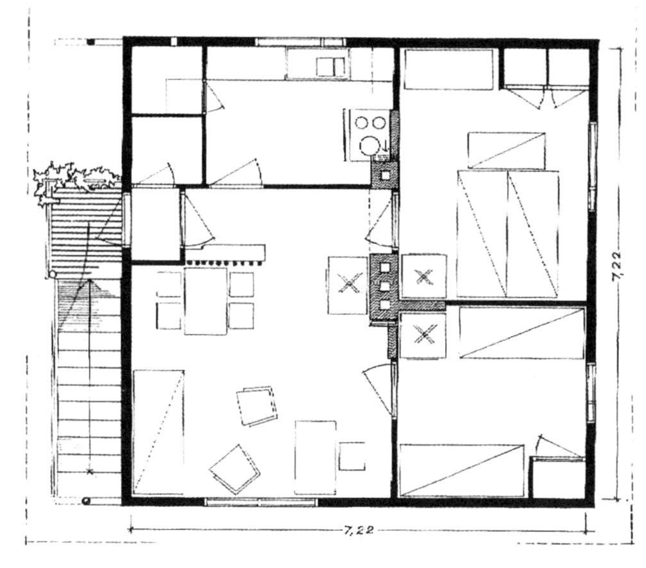

的具体要求，但还有其他一些重要因素需要考虑，以确保建筑的实用与高效。这些因素包括：投资回报、技术能力、使用周期和可持续性。脊柱框架和骨架框架建造方法在北欧、英国、美国和地震发生率较高的地区如日本和中国应用较多。而实心结构施工方法的采用往往是出于成本效益考虑，或因为实心结构更适用于该地区的气候，或干脆采用地方建筑类型。建筑的建造和组装方法的分类方式多种多样，其中之一是根据生产承重构件所采用的建造材料分类，可分为三类：轻型、中型和重型。

木材一般用作轻型材料，如作为框架结构的构件。实心木材的采用日渐普及，特别是在过去的10年里。5级实心木材建筑如今能够达到20层楼的高度。实心构件的另一个优点是它们的横截面更大，这意味着它们能够满足更高的隔音防火要求，为多层施工提供了一种有效的方案。大型木制承重板由木板交叉胶合而成，其承重能力相当于钢筋混凝土预制

日本神户（1995）和印度布吉（2001）的经济住宅纸木房，建筑师：坂茂
来源：坂茂建筑事务所

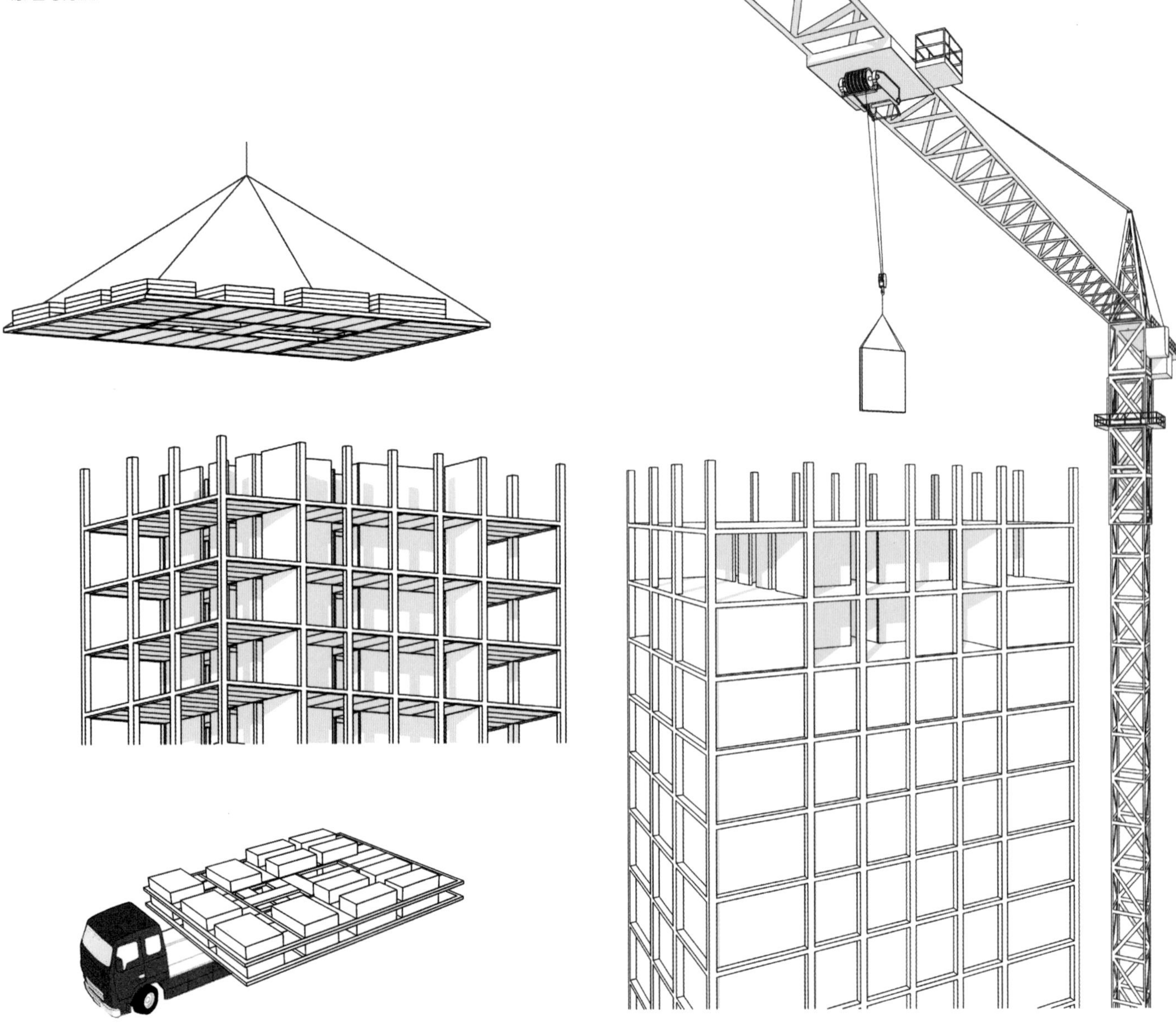

一栋多层建筑的预制木结构系统的运输和拼装
来源：尤塔·阿尔布斯

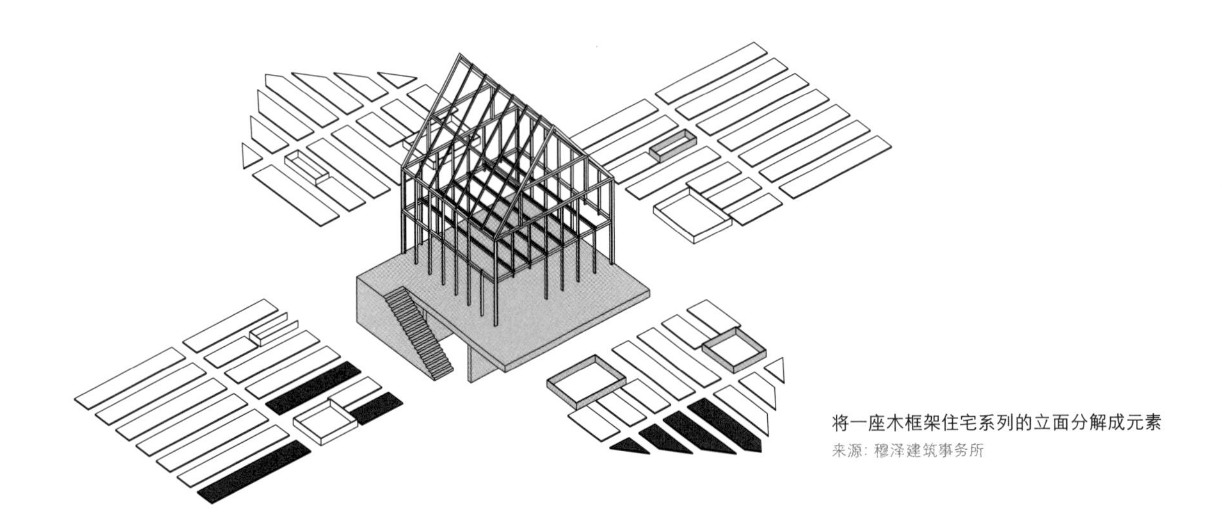

将一座木框架住宅系列的立面分解成元素
来源：穆泽建筑事务所

预制住房结构的拼装技术说明

来源：I. I. 伊先科，《石材技术与安装》，莫斯科出版社，1984，第317页及以后

板。脊柱框架和板块结构被视为轻型结构，因其承重柱之间的跨距更大。而实心木构件被视为中型材料。所有的建造方法都具有不同的优势，主要取决于各自的规划方法和建筑类型。住宅结构的最大跨距一般为10~12米。承重横墙板块特别适用于大型立面或窗户表面，能够为安装提供足够的空间。如采用二维构件，必须提前考虑和规划预制程度，以确保有效地拼装和安装。三维构件的采用，如公寓或卫生设施构件，能为施工现场的拼装过程提供便利。由于构件具有较高的预制程度，因而有助于快速简单地拼装，特别是在多层建筑的情况下。预制的另一大优势是其生产设施与施工现场不同，不受天气的影响，因而能够预制标准极高的构件。

决定最适合实施特定计划的建造方法要考虑各种不同的因素。因此，在设计阶段就考虑建造过程非常重要，只有如此，规划方法才算是完整的。这种预先规划将努力在建造的最初阶段减少错误，能够避免因大量不同的专业相继参与项目而导致的缺陷。

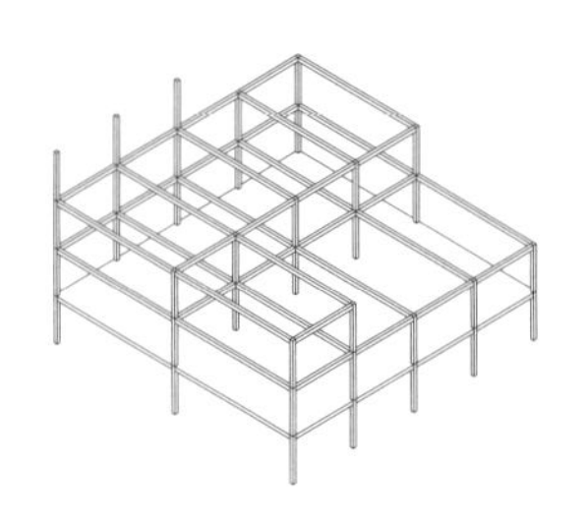

骨架结构（柱梁）

木材
· 层压板（软木）
· 榉木（硬木）

混凝土
· 预制混凝土
· 复合钢筋混凝土

钢材
· L形和T形钢
· 钢混复合结构

墙体和地面

木材
· 木框架结构
· 实心交叉层压板（CLT）
· 空心箱型构件（LENO）

混凝土
· 预制混凝土构件
· 半预制构件
· 混凝土夹层结构

钢材
· 轻钢构件或柱子结构

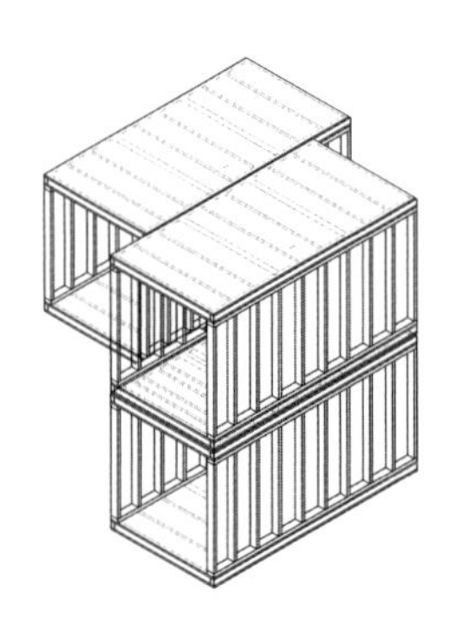

预制空间单元（空间模块）

木材
· 木框架结构
· 交叉层压板（CLT）

混凝土
· 预制单元
· 混凝土肋结构

钢材
· 轻钢单元
· 钢结构（集装箱或混合单元）

结构系统分类
来源：尤塔•阿尔布斯

结构系统的分类

我们可以根据每个系统的承重元素将结构系统划分为不同的类型。如此，一栋建筑的结构类型可以决定建筑的构件如何生产和拼装。预制住宅的承重元素包括三种不同类型：框架、横墙板和预制空间模块。我们可以根据钢筋混凝土或砖是否用作承重材料来确定结构类型。同样，我们可将轻型和中型结构方法划分成以下三类：骨架结构（柱梁）、横墙结构（承重墙板）和三维模块结构。在实心木结构中，采用胶合板、原木、交叉层压板或层压饰面板建造二维构件，作为横向或竖向构件以用于拼装。箱型墙体和天花板构件因其结构高度和组合横截面优势而主要用在需要大跨度的地方。因为横截面是空心的，所以所需材料的重量和数量也有所减少。这些构件还能用于加强横向或竖向元素，以满足更加严格的防火和隔音要求。完全线形元素的尺寸和可能用途需要在早期规划阶段就加以考虑，以创造高质量的设计。

我们还可以将钢混结构分为不同的结构类型。钢筋和混凝土主要用于满足住宅功能需求，这意味着这类材料的结构类型要比木材结构类型少。轻钢结构系统主要用作框架系统，由墙体和地面板块或预制模块构成。而在预制混凝土结构中，骨架结构最为常见。

第 73 页的插图简要显示了目前木结构所采用的建筑构件。第 74 页的插图显示了木结构的承重能力、接缝及连接技术。建筑构件以每个结构元素是如何构成的作为分类依据，显示了每个元素是如何承重的。例如，一个元素可以是带有支撑板的棒状构件，或是由不同单板交叉或机械接合的实心构件。每种元素的构成方式在确定一栋建筑如何建造和组装的过程中扮演着重要角色，也决定了各种元素的生产过程。

结构类型是根据其建筑构件的构成分类的。横切承重墙结构是一种常见的结构方法，特别是在住宅中。将承重墙与其他建筑构件如实心或骨架构件结合起来能提高楼层平面图的多

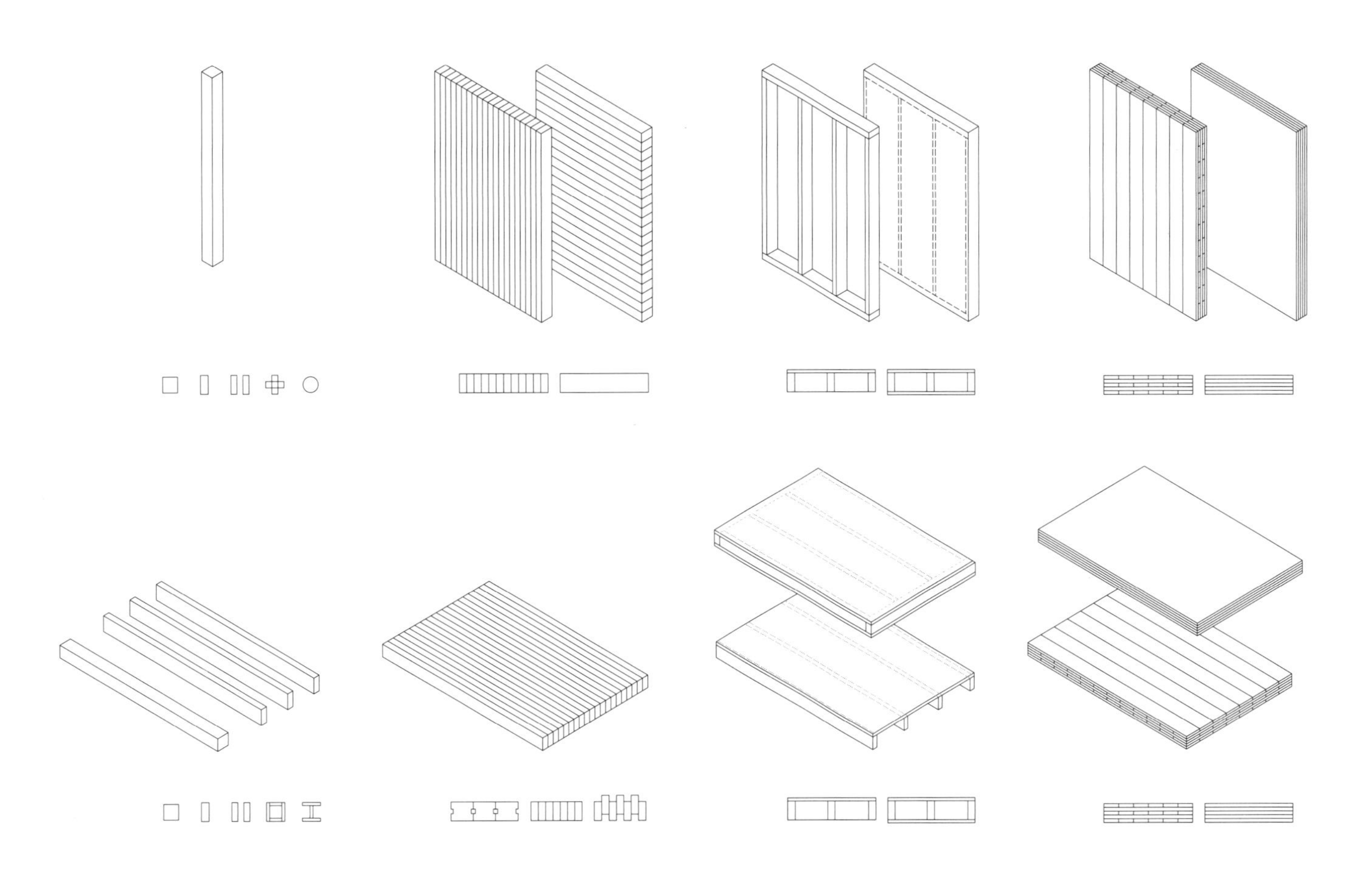

木制墙体和楼面构件概览
来源：尤塔·阿尔布斯，基于《多层木建筑集锦》，第44页及以后

样性。当把不同构件组合到一起时，必须调整接合和拼装技术，以确保结构负荷的适当转移。第 75 页的插图显示了市场常见的建筑构件以及多层木结构中接合横向墙体和竖向天花板构件的方法。

如想改善建筑构件，可以增加额外覆层或使用复合材料，以满足更高的要求如防火要求，或提供更好的建筑服务设施。奥地利多恩比恩的生命循环一号大楼和奥地利万丹思的伊尔维科中心（两者均由赫尔曼·考夫曼建筑事务所设计）展示了一个协调统一的规划系统如何提升创造性建筑方法，同时又

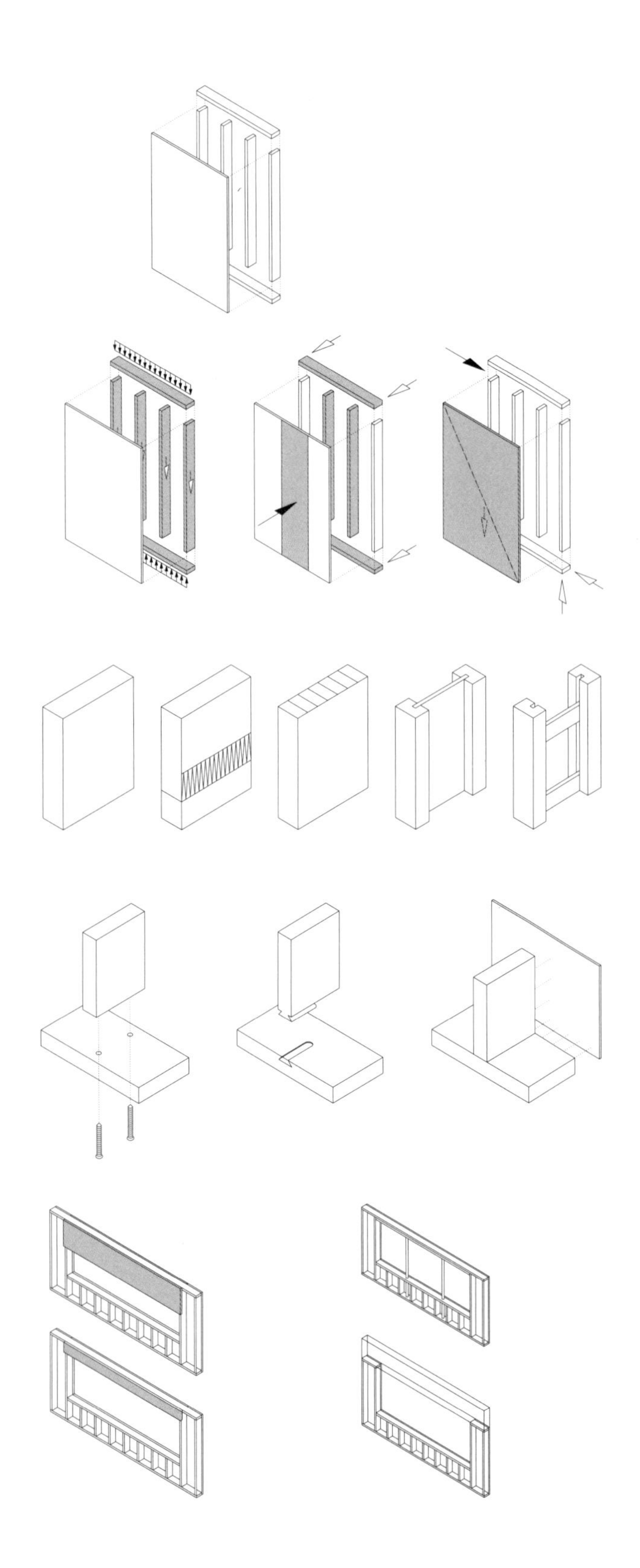

木制墙体构件的承重能力和拼装

来源：尤塔•阿尔布斯，基于《多层木建筑集锦》，第44页及以后

满足较高的防火要求并融合建筑服务设施。规划系统还应加入基于接合、制造和拼装原则的智能建筑构件结构。这些构件使得在施工现场开展高质量生产成为可能。

在采用预制方法时，如要达到采用传统施工方法可达到的较高的建筑标准时，必须考虑施工方法和多为量产的建筑元素的相关技术细节，这一点非常重要。有了多样化的独立应用，规划概念才能拥有更多的设计潜能。

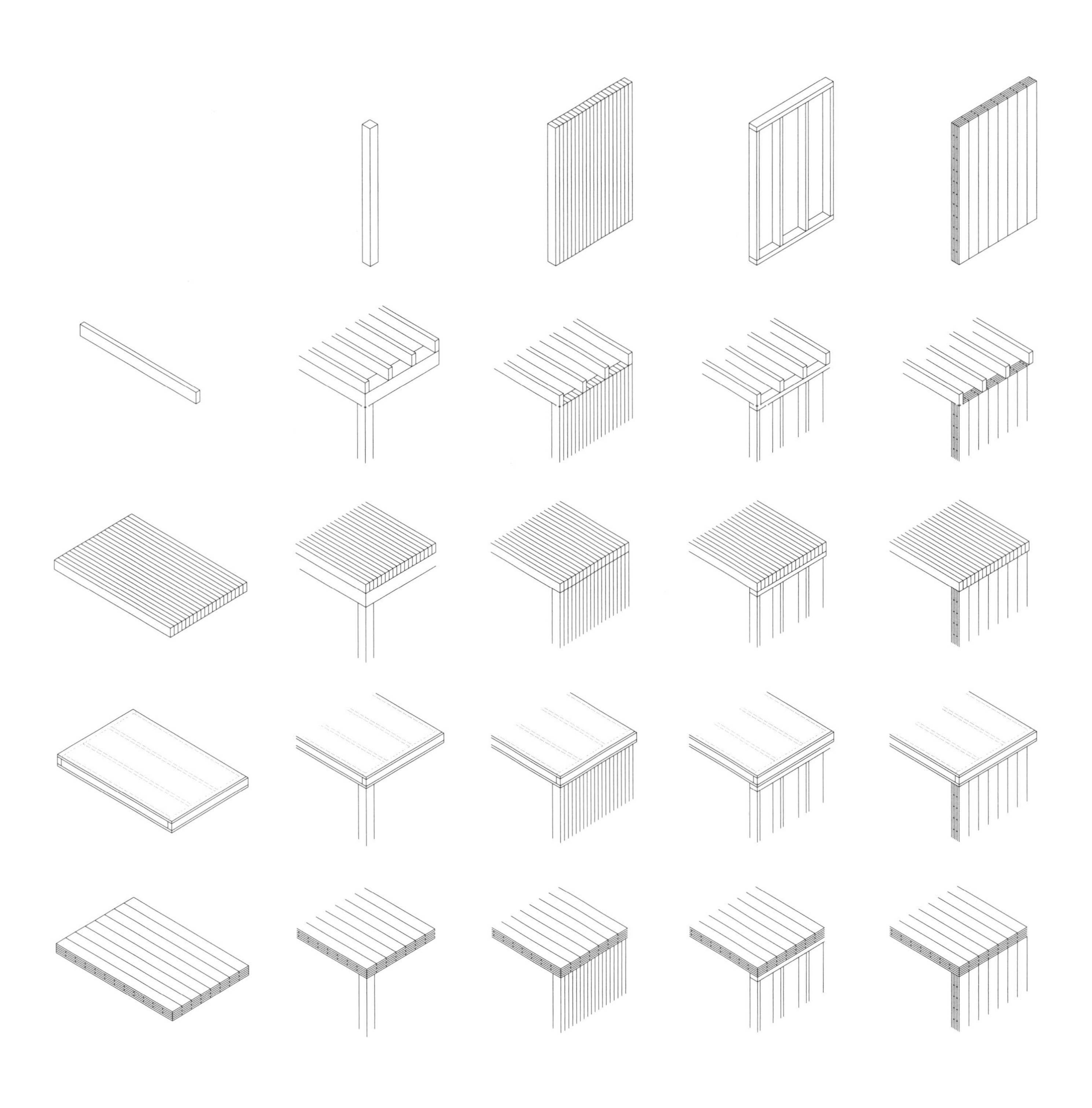

基于结构构成和承重能力的木制建筑构件的分类

来源：尤塔•阿尔布斯，基于《多层木建筑集锦》，第44页及以后

加拿大温哥华布鲁克·考蒙斯学生公寓楼的柱子拼装。柱脚采用钢材制作，每个柱脚插入一个柱基，柱基也是钢制的，然后采用螺钉将不同构件拼装起来

图片来源：史蒂夫·艾瑞克/naturallywood.com

一个混合木结构空间模块的拼装

图片来源：大博格集团

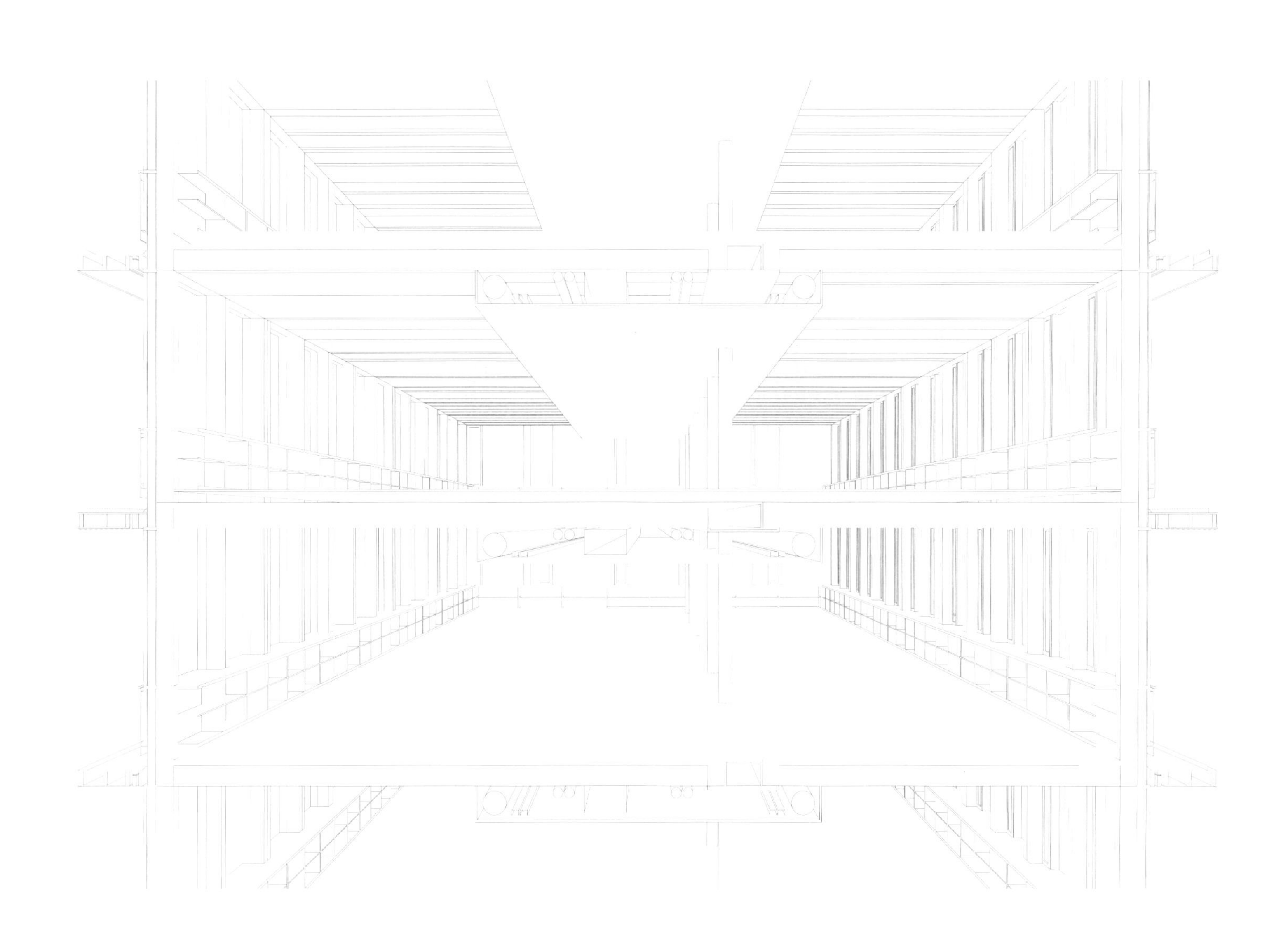

奥地利万丹思的一栋办公楼的结构原则：伊尔维科中心竣工于2013年，是采用混合木材建造的世界最高办公楼

设计：赫曼·考夫曼建筑事务所

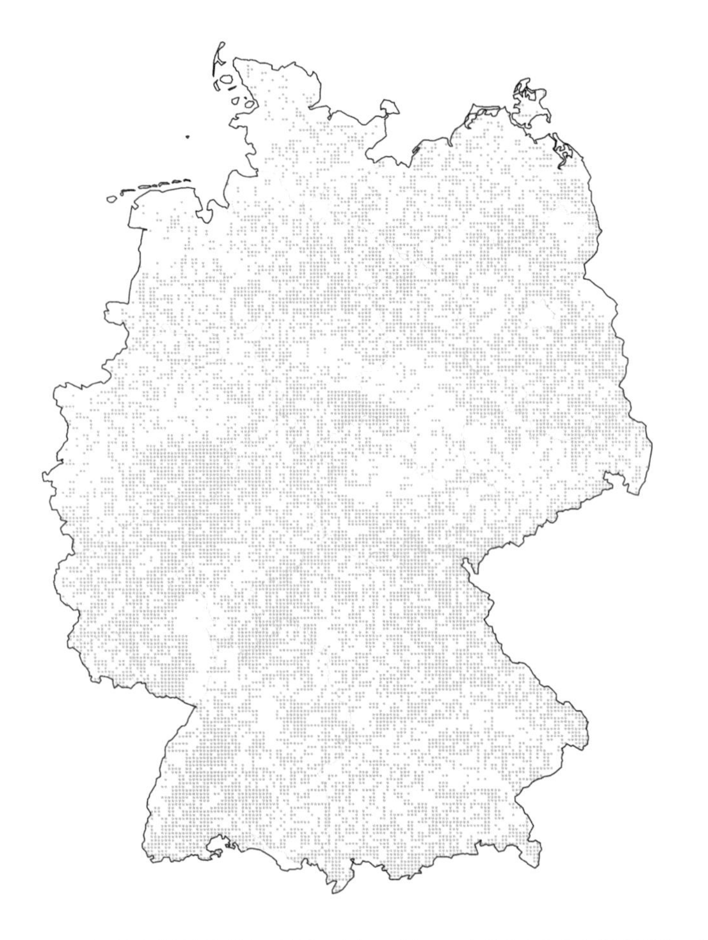

德国的森林覆盖率约为领土总面积的三分之一。森林密度自北向南逐渐增加。德国最北部的石勒苏益格-荷尔斯泰因州的森林覆盖率为10%，而德国中西部地区黑森州的森林覆盖率高达40%。

来源：尤塔•阿尔布斯，基于德国联邦统计局进行的“国家森林资源清查”，2017

木结构系统

德国的木结构建筑主要采用软木（针叶树材），因为针叶树的生长速度相对较快。而在软木中，云杉木和松木最为常用，落叶松木和银杉木相对来说要少一些。在硬木(阔叶树材）中，榉木和橡木最为常用，它们与云杉木和松木共同占有德国森林面积的四分之三。

特别是在过去十年中，硬木的使用更加常见。硬木的硬度高，因而具有较高的承重能力。用硬木制作的构件与用软木制作的构件相比，其横截面更小，几乎与采用钢制承重构件所需的横截面相当。硬木梁和支柱尺寸虽小却十分有效，并能提高建筑结构的承重能力。虽然加工硬木构件时，会因材料硬度而增加成本，但这种材料能够得到更为有效的利用，因此能够抵消额外产生的成本。此外，建筑师在规划过程中必须考虑由这种相对较新的材料制作的构件在制造、加工和拼装过程中可能产生的潜在技术问题。

后文将列举几个案例来讲解住宅的木结构建造方法和建筑类型。大多数建筑的结构系统由承重墙板和承重楼板构成。不过还能通过骨架结构来获得更高的灵活性和多样化的分区。骨架系统由实心横截面竖柱和横向楼板构成。楼板可以是实心或空心的，需要根据要求和结构类型决定。支撑竖墙板为堆叠状或作为覆面应用，这取决于建筑等级和相应建筑规范的要求。

经济适用房的最新趋势导致了传统建筑方法的改变，促使规划师和制造商优化了沿用至今的程序。为了加速建造过程，人们更加频繁地使用三维模块，因为三维模块具有极高的预制程度。模块结构建造方法比基于二维墙体和楼板元素的骨架结构的建造方法更加快捷、经济。创新技术如今也使得人们能够建造高达 15 层的多层建筑模块结构。尽管这种建筑方法效率极高，但它为建筑师留下的设计空间却极为有限，因为模块横截面受到了刚性网格形式的限制。在下面的内容中我

瑞士布登哈特的度假别墅：利用从当地森林取材的榉木制作建筑构件、现场施工过程和竣工后的建筑，建筑师：博纳斯+韦德梅尔建筑事务所（2010）

来源：bernathwidmer.ch

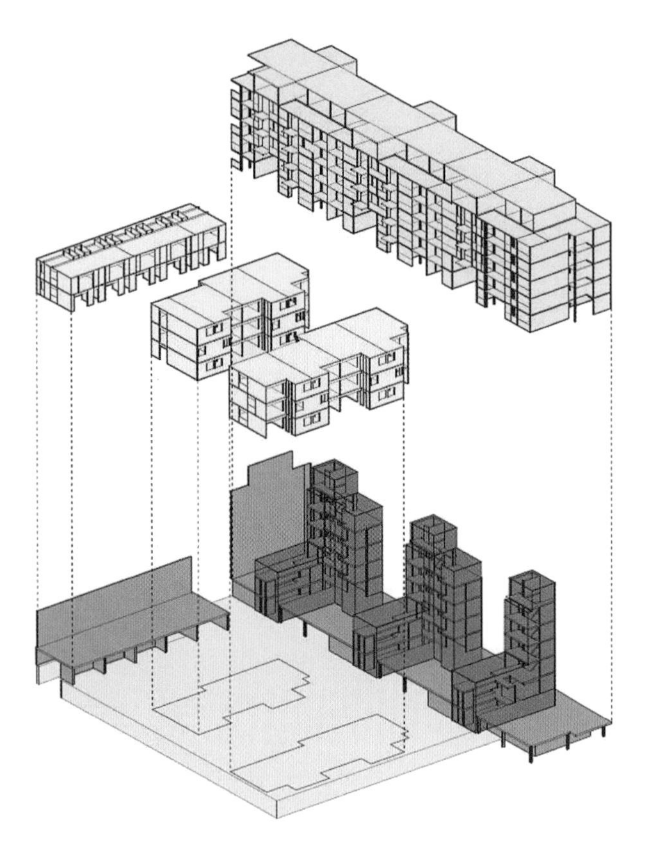

维也纳瓦格拉默大街住宅区：施工概念包括A和B两个部分
来源：施路德建筑事务所/Binderholz住宅系统开发公司

们将以奥地利的一个住宅项目为例进行说明，该项目的目的是建造多层经济适用建筑。它将探索交叉层压板与钢筋混凝土结合起来的优势，并讨论这种方法的新的应用方式。

奥地利、德国和英国的预制建筑案例

这个由施路德建筑事务所设计建造的多层住宅区（2012）位于维也纳瓦格拉默大街，目前是奥地利最高的住宅楼之一。该住宅区分为两个建筑部分——A 区和 B 区，建筑高度不一。A 区是一栋 7 层长方形建筑，沿街而建，内设 71 套公寓。其后是 3 座 3 层高的建筑，每栋楼都与 A 区呈垂直分布，共设 30 套公寓。这种梳状的建筑布局在背区形成了一系列庭院，藏在与瓦格拉默大街平行的长方形大楼背后。两个建筑部分的总住宅建筑面积达 8586 平方米。施路德建筑事务所开发了 A 区 94 米长的大楼，而哈格穆勒公司则建造了大楼后面的 3 座低层建筑。两个建筑部分的一层均做社区设施和出租公寓使用。该小区采用松散的梳状布局结构，因而成功地融入了周边住宅区。

该住宅区的基本概念是采用以交叉层压板（CLT）制作的大型实心木材作为上部楼层的承重墙和立面（A 区的 2~6 楼，B 区的 2~3 楼）。维也纳建筑规范对 4 层及以上的建筑做出了严格的防火规定。这意味着建筑师必须采用钢筋混凝土建造一楼和两个建筑部分的核心，要用干式墙包覆 A 区建筑的所有实心木制墙体，以防着火。他们还要为 A 区 2~6 楼用 14 厘米厚的墙体做防火围护结构以分隔公寓，从而确保这些区域的防火等级达到（R）EI90 标准。而对后退式的 7 层和非承重墙体构件而言，满足防火等级（R）EI600 就足够了。木混复合构件被用作天花板，以确保达到 90 分钟的耐火极限。只有 B 区的承重元素能够采用纯木材作为建筑材料，因为只有该区较低的建筑高度才能满足要求。这些纯木构架采用特定的规格，在未加覆面的情况下，耐火极限可以达到 60 分钟。建筑师和工业伙伴之间的密切合作，保证了住宅区的顺利竣工。该项目代表了在木结构开发方面取得的巨大进步。整个项目

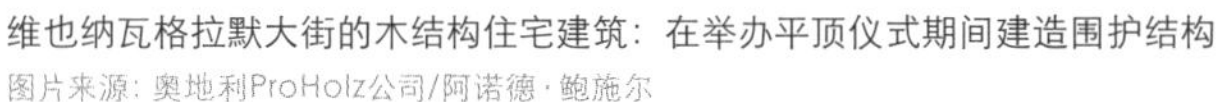

维也纳瓦格拉默大街的木结构住宅建筑：在举办平顶仪式期间建造围护结构
图片来源：奥地利ProHolz公司/阿诺德·鲍施尔

共使用约 2400 立方米的交叉层压板，相当于减少了 2400 吨二氧化碳排放量。

这种建筑方法不仅节能，还提高了项目的施工效率。大型预制建筑模块的采用使人们能够在短短五个月内拼装完成这些建筑。工厂制造板块所花费的时间不到四个星期，这主要归功于 CAD 和 CAM 辅助工具。建筑师们将平面数据直接发送给木材制造商，后者将数据输入基床。

在利用现场浇筑方法完成地下停车场、一层和核心结构后，就可立即开始上部楼层的建造。板块是采用特别设计的拼装原则接合的。板块的使用极大地优化了现场施工的过程，同时还减少了垃圾。这种方法还具有另外一个优势：建造者可以在建筑拼装完成后立即开始装饰工程。为了符合维也纳严格的建筑规范，建筑师在采用交叉层压材板制造结构元素时，需要采用创新的解决方案。建筑师使用石膏板来封闭结构元素，使其具有耐火性并保持承重能力长达 90 分钟。Binder-holz 住宅系统开发公司和奥地利 RIGIPS 公司提供专门开发的构件，为在多层建筑结构，特别是五级建筑中采用木材建立系统和提出创新方案提供了助力。

瓦格拉默大街住宅项目建造方法的优点主要受到了 3 层建筑的结构和落叶松木立面的限制。尽管承重墙体和楼面元素的生产和拼装仅花费了不到五个月，但需要采用传统方法进行后续的装饰工作。现场要求采用石膏板饰面，以达到适当的防火等级。根据规定，立面也需要安装保温系统。技术设施和室内装饰也采用了传统方法，因此，整个建筑项目实际耗时约 20 个月。

维也纳瓦格拉默大街的木结构住宅建筑：在举办平顶仪式期间建造围护结构
图片来源：奥地利ProHolz公司/阿诺德·鲍施尔

为HoHo写字楼制作预制木构件（右页）
图片来源：HoHo Wien/艾瑞克·雷思曼

该住宅项目的年度采暖要求达到了每平方米 27.65 千瓦时。最终年度能耗约为每平方米 58.66 千瓦时，这意味着建筑达到了低能耗建筑要求。

对参与项目的各方来说，在建筑中混合采用木材和现场浇筑混凝土是一个巨大挑战。一方面，这种创新方法能够帮助实现快速拼装；另一方面，这个方法本身包括了数种能够影响现场施工进度的限制和问题。完成整个建筑群共耗时 20 个月，因此与传统方法相比，该项目最终并没有节约多少时间。

但是从可持续性方面看，它却具有很大优势。采用木材建造比采用混凝土或砖建造耗能更少。这种自然建筑材料更加方便运输和拼装，因为它足够轻，不需要重型吊机。它也减少了施工现场的人工组装和安装工作。不过，建筑师需要为瓦格拉默大街项目的承重构件和立面安装防火围护结构。这意味着木结构的优势不能得到充分发挥。此外，木材表面的石膏板饰面掩盖了自然材料营造出的室内舒适氛围的能力。

沃夫·西斯莱顿建筑师事务所在伦敦哈克尼区道尔顿街项目中采用了类似的方法（霍金斯布朗建筑师事务所也于 2015 年在哈克尼区文洛克路项目中采用了类似方法）。该住宅楼竣工于 2017 年，高 33 米，是欧洲最高的交叉层压板住宅建筑之一，甚至连楼梯也是用木材建造的。不同的建筑部分最高达到 10 层楼，内设 123 套公寓。总体结构重量大约只有相同规模混凝土建筑结构的五分之一。因此，建筑师能够实现比采用实心材料可能达到的更高密度的设计。

维也纳附近阿斯佩恩的 HoHo 写字楼要更高。鲁迪格合伙人建筑事务所基于混合木材设计了这栋 24 层楼高的建筑。其墙体和天花板表面裸露在外，使得居民能够感受该建筑的木质结构。该建筑高 84 米，是目前世界上最高的木结构建筑。

木板也能取代交叉层压板建造墙体和天花板。但是，按照防火规范，木材在用于多层楼建筑时外面必须包覆防火材料，

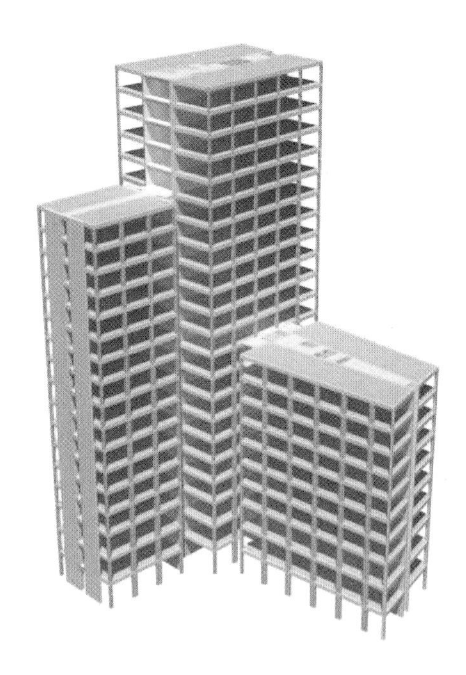

阿斯佩恩HoHo写字楼项目的结构系统（上图），建造围护结构和内部空间（下图）
来源：切图斯住宅开发股份有限公司

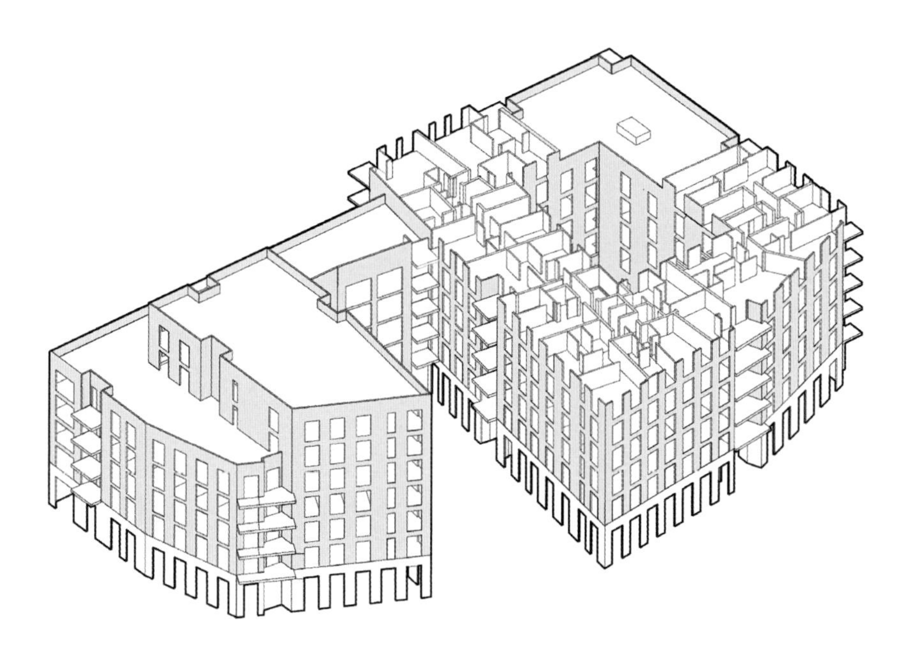

伦敦道尔顿街住宅区等轴侧视图
来源：沃夫·西斯莱顿建筑师事务所

在德国尤其如此。卡登 + 拉格尔公司于 2008 年在柏林艾斯马赫大街的一栋住宅建筑中采用了该结构施工方法。此后，该公司进一步完善了该方法，并在其当前住宅建筑项目海尔布隆 J1 中充分利用了木混结构的优势。这座 34 米高的建筑主要采用木材建造，共计 10 层，并将成为新城区的入口标志。新城区正在规划中，以举办 2019 年德国园艺展。

新材料组合和技术进步为木制住宅提供了高度创新的解决方案。木材在可持续建筑领域尤其具有优势。建筑师和规划师日渐提倡采用木材，而建筑规范也进行了调整，以鼓励更多地采用木材并增加其应用的可能性。今天，无论是业主，还是建筑师和规划师，都将木材视为一种在可持续建造中扮演着重要角色的创新材料。

混凝土元素的预制

钢筋混凝土是目前制作预制住宅的预制元素的唯一实心材料。人们极少尝试开发基于砖的多功能元素，而砖仍然是采用传统现场施工方法的主要材料。自 20 世纪 50 年代后，特别是 1960~1989 年间，原德意志民主共和国有 180 万 ~190 万栋住宅是用大型预制板建造的。这种施工方法造价极低，因为构成封闭式建筑系统的墙体和楼面是批量制造的，具有很高的重复性。

第二次世界大战后住房开发的主要原则是满足对住房空间的极大需求。建筑师最初坚持采用标准化施工方法，但预制系统化结构很快成为应对巨大经济压力的标准。政治会

伦敦道尔顿街住宅区：目前是欧洲最高的交叉层压板住宅建筑。其楼梯井道和电梯井道全部以木材建造，就如同2009年建成的穆雷·格罗夫大厦（右页）一样

来源：沃夫·西斯莱顿建筑师事务所

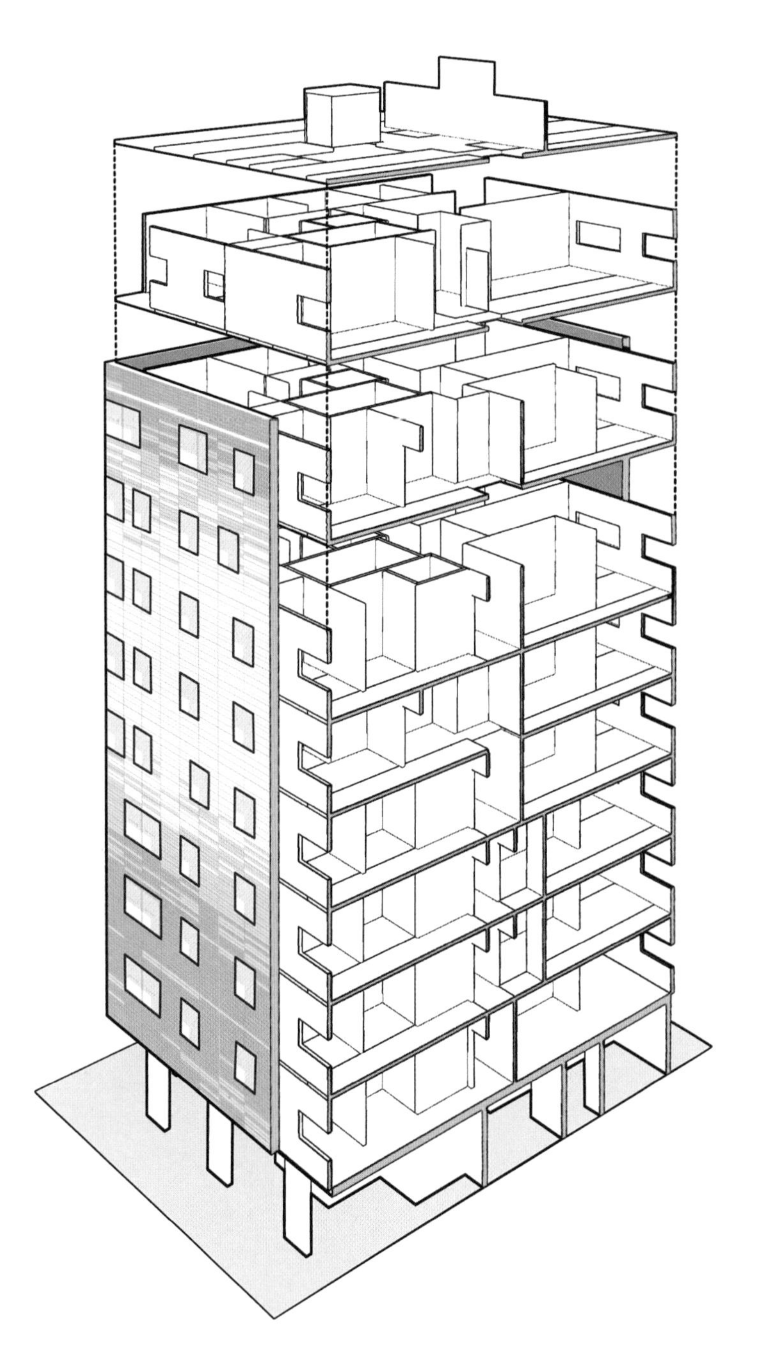

伦敦穆雷·格罗夫大厦（2009），等轴侧视图
（沃夫·西斯莱顿建筑师事务所）
来源：沃夫·西斯莱顿建筑师事务所

图片来源：威尔·普莱斯

穆雷·格罗夫大厦是当时欧洲最高的木建筑：这栋9层的城市建筑其中8层的地板是用交叉层压板建造制成的。整个楼梯放置在强化水泥作为地基的基层上。这栋大厦的中央核心流通通道也是木制的
来源：沃夫·西斯莱顿建筑师事务所

铁厂城的工业预制塔式高层住宅

图片来源：菲利普·穆泽

议和决议给予了预制方法坚决的支持，而在很多情况下，采用预制方法建造的住宅建筑在建筑质量方面具有很大不足。此外，预制建筑楼群的外形通常极其庞大，越来越多的人对其持有批判性的观点。临时预制施工方法大多会避免这些不足。最新案例表明，采用融合了较高预制程度的建造方法能够创造出多样化的高质量建筑作品，这些作品同样也获得了社会认可并能够满足当前的节能要求。在预制混凝土结构领域，标准化批量生产构件可用于建造各种不同的建筑结构，应该将“重复”理解成一种设计元素，它能促进新建筑作品的创造。

瑞士建筑案例

特里姆利住宅区位于苏黎世，毗邻一幢连栋住宅，竣工于2011年。这个多层住宅区为社区拥有，前身是一个住宅楼群。它包括194套达到MINERGIE节能建筑标准的公寓，并作为经济适用房出租给家庭使用。保尔穆斯·克鲁克建筑事务所联合其工业合作伙伴——一家位于瑞士维尔特海姆的预制混凝土构件制造公司，共同开发了一种大板块结构建造方法，并将在其设计和规划方案里采用这套方法。建筑师们研究了特殊接缝和拼装原则以及生产混凝土夹层元素的方法，以设计出合理的建筑结构和形式。建筑立面采用特殊接缝技术和胶印混凝土板。3000个独立构件的高效生产在确保该项目的成本控制方面扮演着重要角色。护栏和窗户元素的预制与施工现场的活动紧密协调。这意味着各种元素能够基于及时原则送达现场，避免高仓储费用。建筑师将由立式支座和水平横杆以及楼层元素构成的立面结构分解成几何构件，而几何构件是采用近30种不同的模具制作的。立面的最终形式既有凹进部分，也有凸出部分，给予建筑一种鲜明的表皮质感，并为拼装误差留出了足够空间。

如果建筑师希望创造各种不同的建筑形式同时确保预制建筑更受社会欢迎，就必须考虑其参与的每个独立项目的特别结构要求。即便采用大板块的主要目的是节约成本，建筑师仍

苏黎世特里姆利住宅区
设计：保尔穆斯·克鲁克建筑事务所
图片来源：乔治·艾尔尼

苏黎世特里姆利住宅楼的立面细节
图片来源：尤塔·阿尔布斯

能设计出巧妙的结构，合理地安排各个独立构件，从而创造出富含变化、高度协调的建筑。他们能够构想出采用生产技术的绝妙办法，以创造出成功的设计。比如，近似或相同元素的重复能够产生给大型建筑表面增加活力的结构效果。安吉洛·曼贾罗蒂的早期方法可能具有启发性：他将所有承重元素再次分解成横向和竖向构件，并以再次分解元素作为每个平面的起点。建筑师能以同样的方法将设计压缩成少量标准化构件，以创造同样能为所在地增加亮色的成功建筑作品。

瓦切尼建筑工作室的建筑师们在设计布鲁格的穆里马特体育教育培训中心时遇到了一个极大的挑战：该建筑需要提供一个无柱大跨距空间，以用作一个多功能体育馆。因此，建筑师选择采用空间框架结构，该结构由采用预制混凝土制作的三维预制构件构成。该建筑概念的核心是为总跨距达 55 米的无柱运动区提供足够的结构支持。建筑师考虑了生产技术和现场施工条件，进一步完善了该概念。构成框架采用大型三维预制混凝土构件，也是与瑞士维尔特海姆的一家预制混凝土构件制造商合作完成的。这些相同的横向和竖向构件排成一列，构成长达 80 米的折板结构。这种复杂的几何形式给予体育馆一种特别的美学和空间效果。日光可从各纵边的高立面进入体育馆。

该建筑结构包括 27 个框架单元，每个单元由三个屋顶元素和连接成预制构件的两个“桩”元素构成。该项目还为包括 135 个独立单元的支撑结构的预制开发了多个液压传动钢框架系统，以使各元素能够开闭。为了平衡结构重量及其巨大的水

瑞士布鲁格的穆里马特体育教育培训中心（2010）
设计：瓦切尼建筑工作室
图片来源：尤塔·阿尔布斯

工厂安装模架
图片来源：元素股份公司

平剪力，负荷首先转移至基脚，然后传递至打入地里的钻孔桩。此外，体育馆的楼面是由预制板构成的，抵消了来自承重元素的水平荷载。建筑师提前调查研究了与材料技术相关的各种概念，以创造16~20厘米厚的墙板。他们选择了一种自密细纹混凝土，以达到想要的表皮质感。

各元素需要采用预应力钢索进行强化，以为结构提供大跨距，并避免钢筋混凝土的缺陷。预应力钢索能够抵消混凝土的拉力。当混凝土硬化且后加预应力后，引入横跨连接。

在该案例中，建筑构件的规格远超过了常见的住宅尺寸，因为该建筑需要满足作为体育馆使用的特殊结构要求。不管怎样，该案例清楚地记录了创新工程技术与建筑师的特别设计需求的成功结合。跨专业合作促进了挑战性规划概念的实施，且使其根据地方条件而具有经济可行性。为了实现建筑未来，建筑师和规划师将不得不充分利用系统性优化施工方法。

钢基构件和建筑系统

骨架结构、框架和板块的使用也是钢结构的常用施工方法。但是，钢材在全球住房市场所占的份额相对较小。钢结构建筑，如同木结构建筑一样，具有很好的承重能力，因此主要适用于地震频发地区。骨架结构与实心结构相比，能更好地吸收运动误差。钢材还具有耐候防蛀的优势，因此非常适用于潮湿的地区或热带气候地区。钢结构施工方法从源于北美的木结构施工方法（如轻骨框架和平台框架）发展而来。这些木基结构经过再次发展，能够满足现代标准，因此也能用于制

工厂安装模架

图片来源：元素股份公司

准备运输脱模板块

图片来源：元素股份公司

造轻型钢构件。钢制建筑构件主要用于功能性建筑，既可作为承重元素，也可作为非承重元素。除了少数例外情况外，这种材料在住宅建筑上的应用相对少见。

世界上也有一些著名的钢结构住宅，如黑川纪章的东京中银胶囊大楼、理查德·迪特里希的德国伍尔芬·梅塔城项目和弗里茨·哈勒的迷你钢结构系统。尽管如此，在今天的住房领域，钢材仍然主要是结合其他材料使用。模块结构目前正处于繁荣时期：过去5年里，人们建造了大量采用三维预制模块的多层楼住宅建筑。卡梅尔广场（由纽约nARCHITECTS建筑事务所设计）只是其中之一：建筑师以集装箱模块作为微型住宅单元，将它们叠放在一起构成一座10层楼大厦。建筑师没有将模块直接相互叠加，而是组织模块形成垂直的边缘，为整个建筑创造了独一无二的外观。建筑师比较了数种结构和技术可能性，并做出调整，不受拘束地让概念设计变成现实。该案例说明了如何利用三维预制模块创造各种不同的形式。但是，此类项目在住宅结构中仍然属于例外。更加常见的是将钢材与其他材料结合使用，就像法国的公益住房部门的案例一样。现如今建筑工业的主要特征仍然是综合采用众多不同的建筑材料，而这在拼装过程中尤其是一种阻碍，使得清楚地区分不同建筑材料更加困难。

混合材料结构

当今，有关建筑活动的许多决定都是基于材料做出的。设计项目主要建立在美学、功能、生态、经济和结构参数之上，它们与所选材料紧密相关，也因此与可行的生产方法和技术紧密相关。这意味着，建筑师尤其需要考虑地方因素，因为

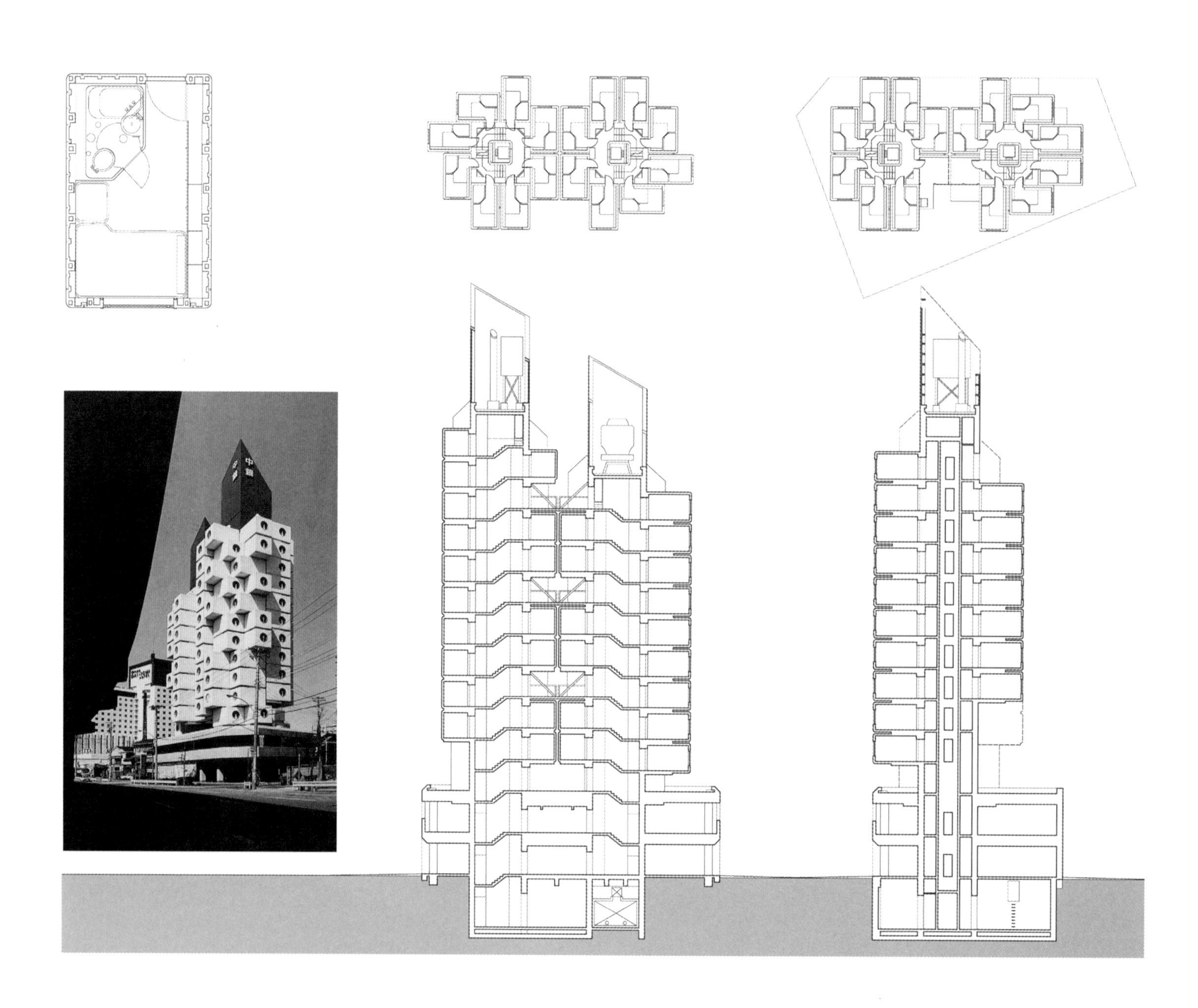

钢框架结构中的钢筋混凝土模块：东京银座的中银胶囊大楼，建筑师：黑川纪章（1972）
来源：丹尼斯·夏普（编辑），《黑川纪章：从机器时代到生命时代》，伦敦出版社，1998

采用轻钢制作墙体元素（蚕茧系统）
图片来源：尤塔·阿尔布斯

弗里茨·哈勒及其创造的住宅建筑迷你系统
图片来源：瑞士建筑博物馆

这些因素在选择材料和施工方法方面扮演着重要角色。周边环境、气候和天气条件在很大程度上决定了一个建筑作品应该呈现的特定形式以及它如何融入周边环境。

经济和节能因素在今天的高层建筑施工中举足轻重。它们构成了多层住宅概念的基础。以下篇章将列举一些项目案例，以详细描述通过巧妙的组合材料而可能实现的各种方案。比如，结合实木和钢筋混凝土能够产生生态品质，给预制住宅赋予纯粹经济因素之外的特征。

赫尔曼·考夫曼的多恩比恩生命循环大楼一号是应用木混结构施工方法的一个早期案例，而这种混合方法如今日渐流行。芝加哥建筑公司 SOM 开展了一项研究，比较了一栋混合材料结构多层住宅建筑和一栋钢筋混凝土结构 40 层楼现有建筑的性能。与此同时，加拿大阿克顿·奥斯特里建筑师事务所完成了温哥华的布鲁克·考蒙斯宿舍项目。这是一栋 14 层楼高的学生公寓建筑，采用混合木结构。两个案例都清晰地显示了新材料组合既是一种更加生态的解决方案，同时也能受到更多使用者的欢迎。

材料也能进行强化，以提高建筑构件的质量，使其满足更高的要求。在建筑项目中组合不同的材料能够优化建筑元素以及建筑本身的性能，同时为施工过程提供方便。材料的组合更是能够改善建筑的物理和结构功能，比如隔音、防火、保温和耐候性能，因此也能提高建筑的耐久性和稳定性。在此背景下，每个建筑项目都有必要考虑生命周期。规划师在秉持最大可能地增加耐用性而开发材料和建筑构件时，往往选择采用实心材料和水工法。但他们极少考虑废物处理或建筑

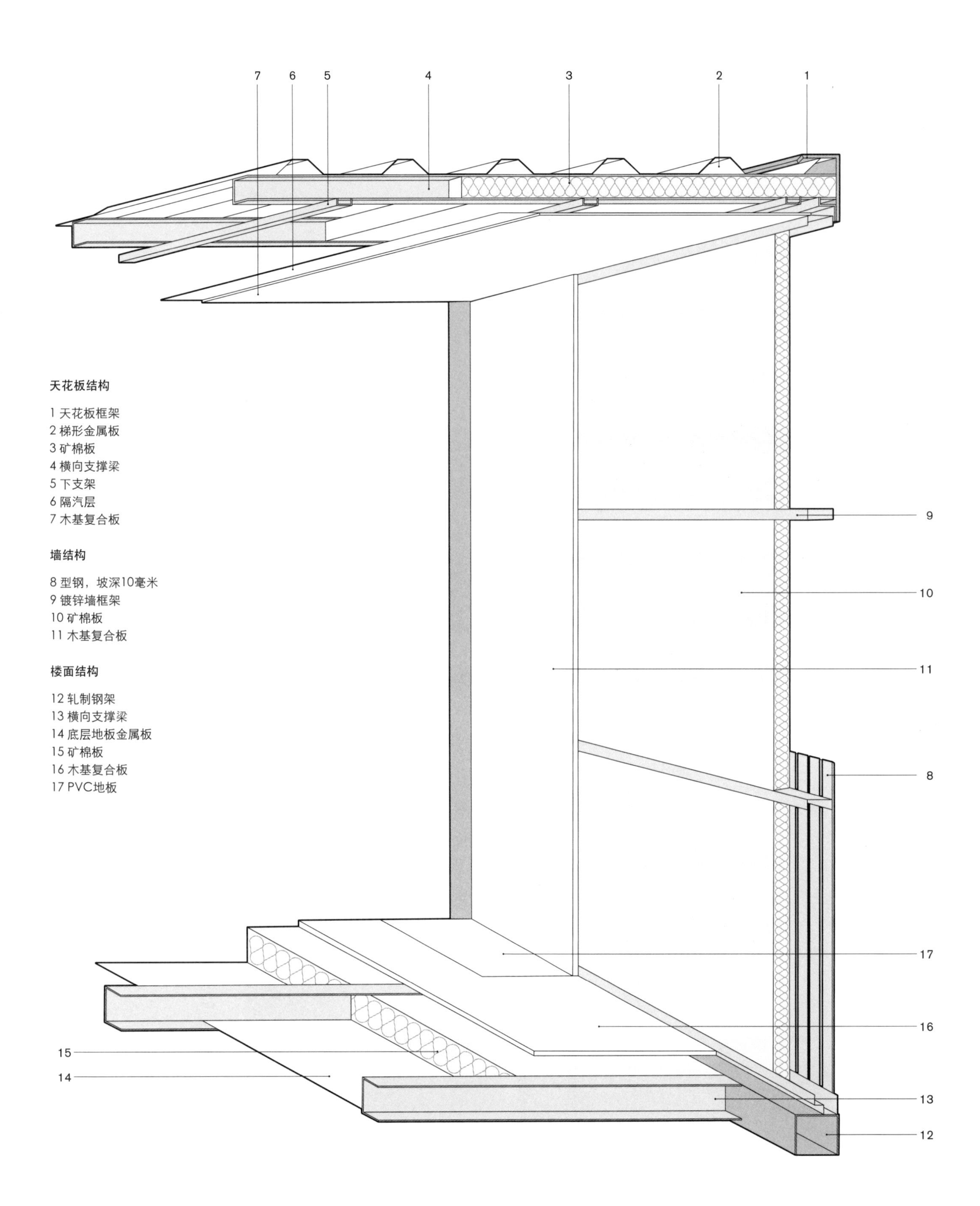
7
6
5
4
3
2
1
9
10
11
8
17
16
15
14
13
12
天花板结构
1 天花板框架
2 梯形金属板
3 矿棉板
4 横向支撑梁
5 下支架
6 隔汽层
7 木基复合板
墙结构
8 型钢，坡深10毫米
9 镀锌墙框架
10 矿棉板
11 木基复合板
楼面结构
12 轧制钢架
13 横向支撑梁
14 底层地板金属板
15 矿棉板
16 木基复合板
17 PVC地板

在其生命周期结束时的结构条件。他们还应考虑材料组合时具有的各种不足,比如回收利用率低和拆卸建筑材料难度加大。规划师必须在规划阶段的最开始就考虑拆卸过程以及材料的区分。他们必须研究建筑材料的技术特征及其物理和结构特性，以确保可回收性以及高建筑质量。在这种情况下，采用单一材料就具有优势了。实心结构，如砌砖结构，更具吸引力，因为它们没有必要分离或拆卸独立元素，或即便是需要分离或拆卸，也很容易。

组装线上的ISO集装箱的骨架框架：首先焊接边角加固的钢结构，然后在喷涂间像喷涂轿车底盘一样进行喷涂。接着用耐磨硬木板包覆在同样以钢材制作的楼板肋上，预制天花板也在工厂安装到集装箱里。只有对角撑是用于稳固结构，并在墙体安装后拆除

图片来源：ALHO系统住宅股份有限公司

卡梅尔广场住宅建筑：用钢材制作空间模块（左图），不同的公寓楼层平面图（下图）
来源：蒙那德诺克房地产开发公司

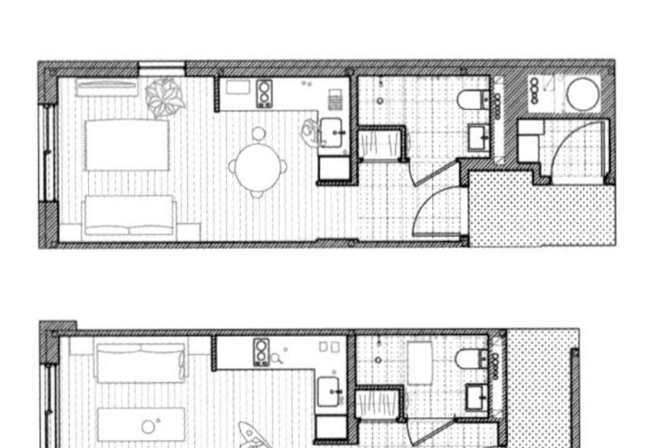

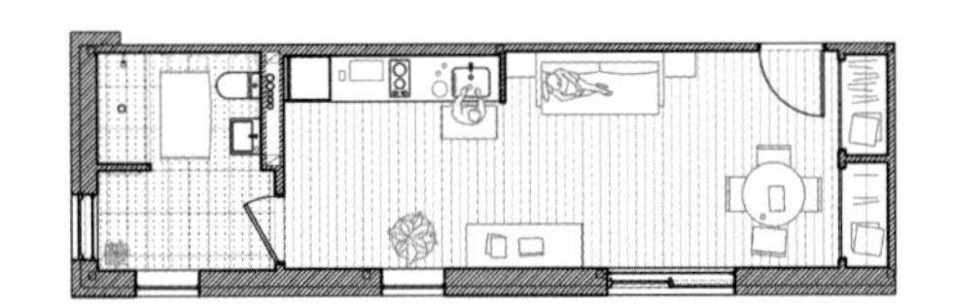

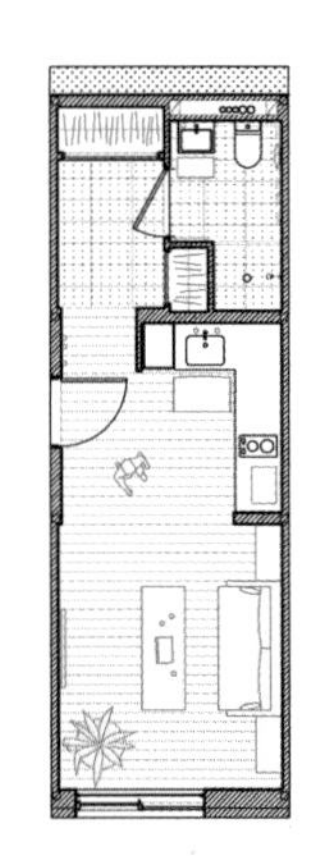

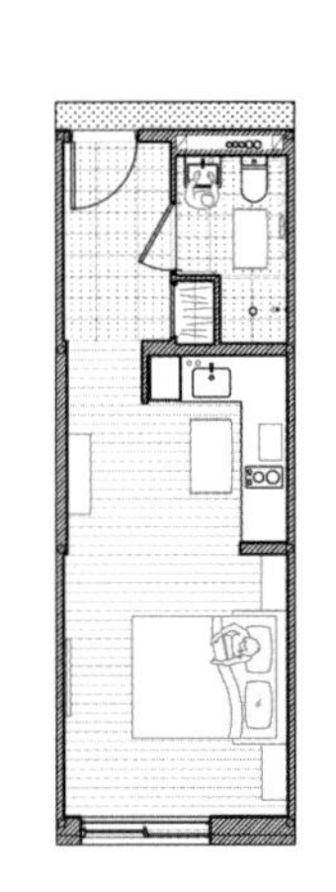

来源：nARCHITECTS建筑事务所

钢结构微型公寓：纽约卡梅尔广场住宅建筑，建筑师：nARCHITECTS建筑事务所（2015）
图片来源：纽约市长办公室

预制结构在住房领域的未来

如果规划师和建筑开发商希望建筑项目不仅仅满足高经济、技术和节能要求，同时还要确保高建筑质量并获得更多人们的认可，很重要的一点是，他们需要采取周密全面的方法构思设计概念。规划师提前对预制结构的构思以及将其融入规划的程度因案例而异。而是否能够做到这点取决于可用的技术和设计相关信息。但总体而言，他们有可能采用一种融合系统化施工方法和预制工具的方法。而这将提高一种建筑项目的效率及建筑结果的质量。规划师可以通过各种各样的方式不同程度地采用此类程序，但重要的是，他们必须尽早对其加以考虑，因为这将对最终的建筑作品产生极大的影响。各种不同的系统能够提供各种不同的应用可能性，如果加以巧妙的融合，便能改善规划。

尤塔·阿尔布斯
1976年生人，建筑师，多特蒙德技术大学建筑施工能源效率专业副教授。

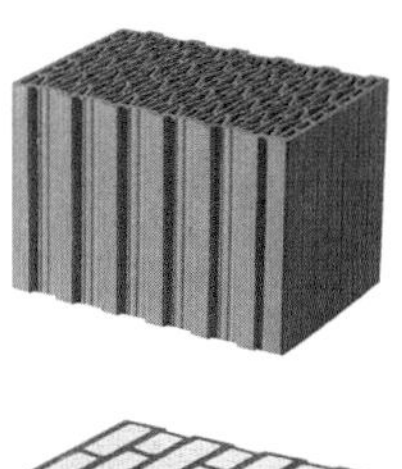

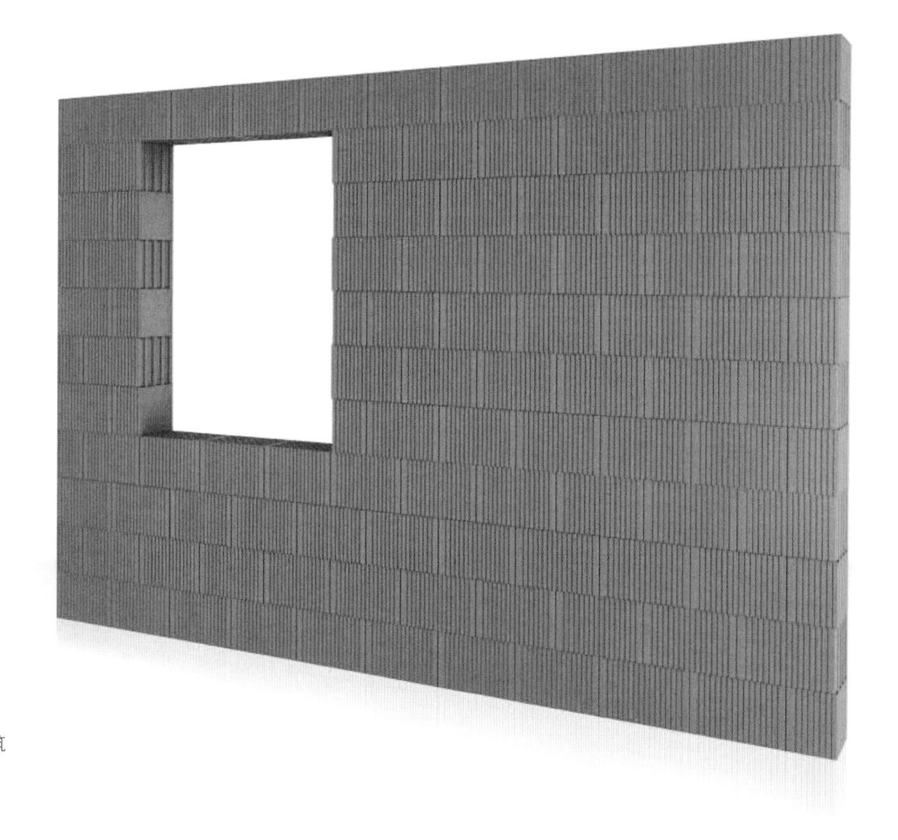

用于Redbloc系统的砌砖，适用于独立式住宅和公寓建筑
来源：施拉格曼·波罗顿/Redbloc系统开发有限公司

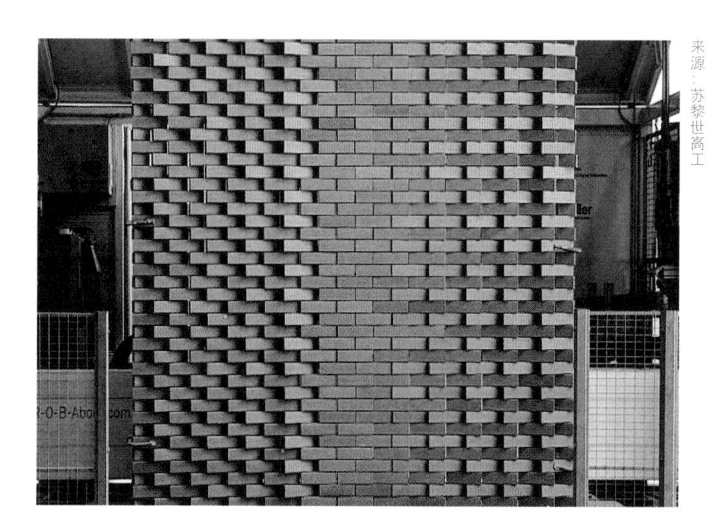

来源：苏黎世高工

来源：Redblock系统开发有限公司

预制砖砌承重墙体的生产和拼装

建筑与项目案例

长方体模块·板材模块·定制单元模块

01
三曲枝集装箱展厅

建筑功能
临时展厅

建筑设计
卢克·奥格利迪兹亚克、佐伊·普利林格、黛德丽·福格

标准模块规格
14.6米×2.9米×2.4米

建筑材料
美集高集装箱、结构钢、回收柏木

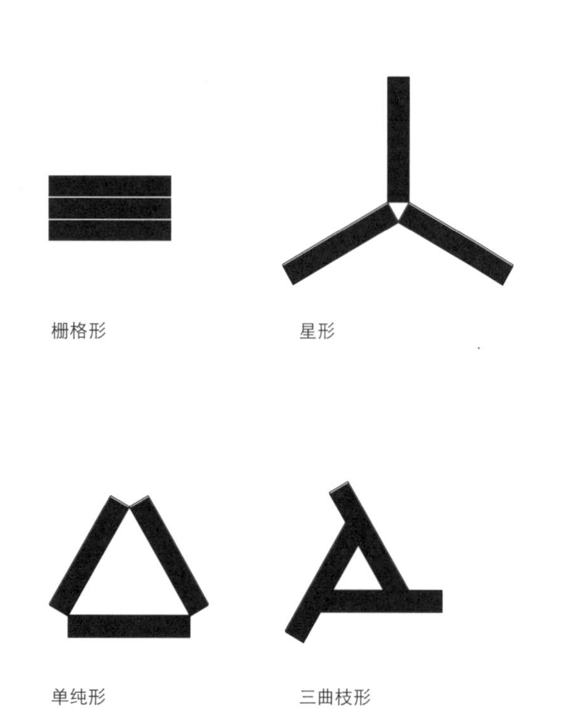

在普雷西迪奥地标建筑“小木屋”对面，坐落着一个临时性的建筑结构，其中展示着普雷西迪奥的场域特定艺术品。该结构像一艘外星飞船降落在现场，由3个回收集装箱构成，每两个集装箱之间形成120度夹角。该结构北侧部分正对附近的金门大桥。设计师在布局中心创造的三角形空间内安装了一个散射天窗。该空间是展览空间内的一个中庭，用于展示雕塑。展览空间具有临时性和移动性的性质，因此结构的整体形式呈现简单但新颖的布局，其结构能够组装并拆卸用于其他地方。所有船运集装箱都是14.6米长、2.9米高、2.4米宽的美集高集装箱，表面喷涂了该项目赞助商 FOR-SITE基金会的三色标志。为了最大程度减少对现有现场的影响，该结构是在场外制造并分四车运输到现场的（3个集装箱构成结构，剩下的一个集装箱用于额外的小型构件）。现场制作仅包括组装这些主要构件以及下述三个部分：入口、平台和由12根直径为40厘米的螺旋状墩柱构成的地基系统。由于该临时展示空间是由船运集装箱构成的，现有集装箱的结构完整性提供了空间内的大部分结构支撑。主要构件用螺栓固定，以方便组装和拆卸，尽可能减少用于加固的额外钢框架。集装箱屋顶安装光伏阵列，在正常营业时间可提供百分之百的日光照明，满足该项目的低能耗要求。现场所有的附加结构——跨越不同现场高度的入口通道、平台以及户外长凳——都是采用普雷西迪奥回收材料制作的。

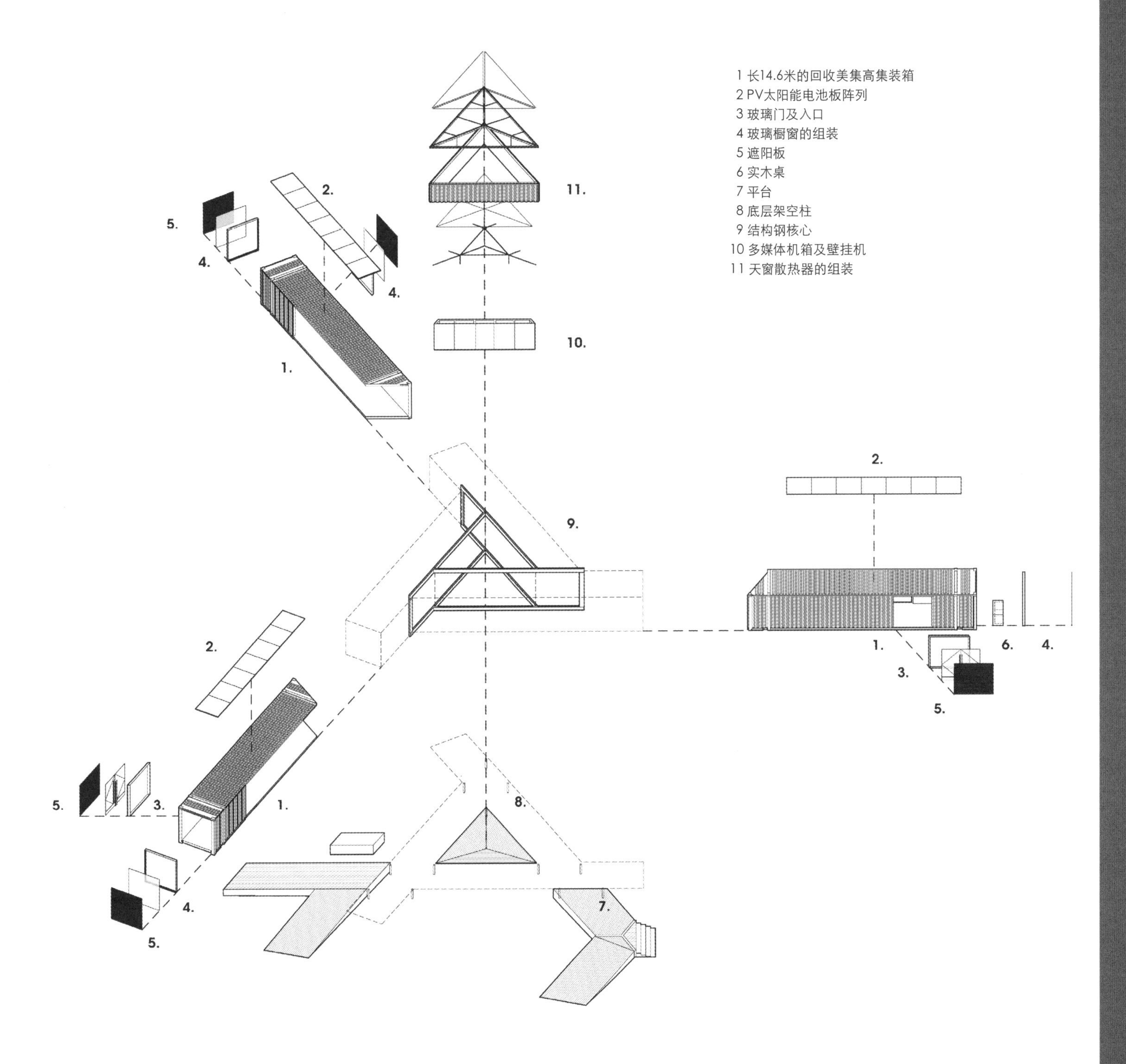
1 长14.6米的回收美集高集装箱
2 PV太阳能电池板阵列
3 玻璃门及入口
4 玻璃橱窗的组装
5 遮阳板
6 实木桌
7 平台
8 底层架空柱
9 结构钢核心
10 多媒体机箱及壁挂机
11 天窗散热器的组装
11.
2.
5.
4.
4.
10.
1.
2.
9.
1.
6.
4.
3.
5.
2.
5.
3.
1.
8.
4.
5.
7.

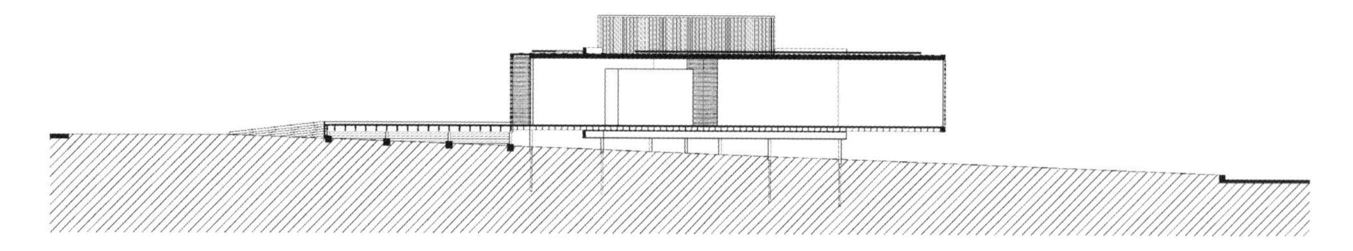

剖面图

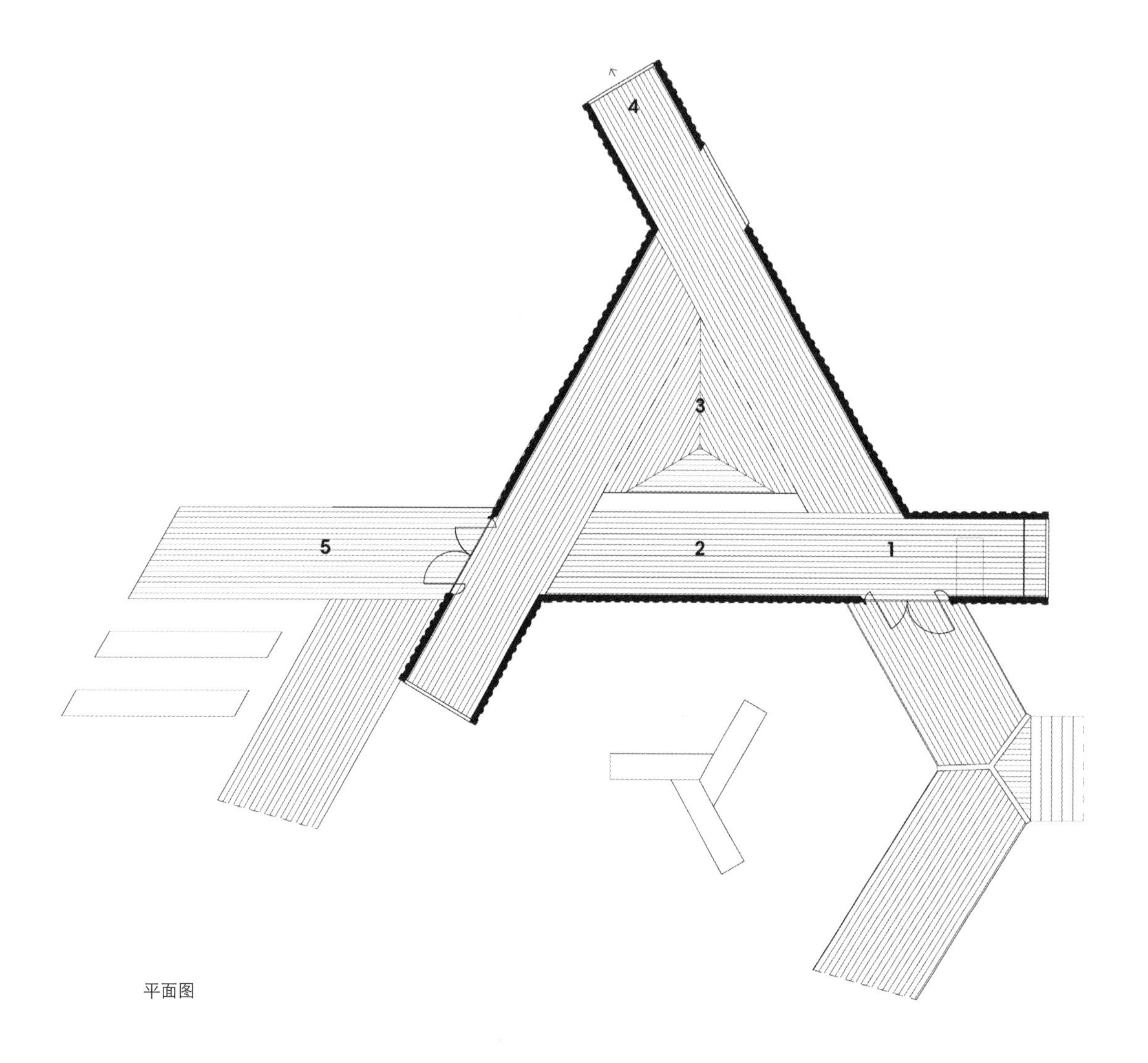

平面图

1 入口及接待处
2 录像机
3 展品展区
4 金门大桥
5 露台及舞台

图形围绕R点呈120度角旋转对称，即旋转120度时不会发生变化

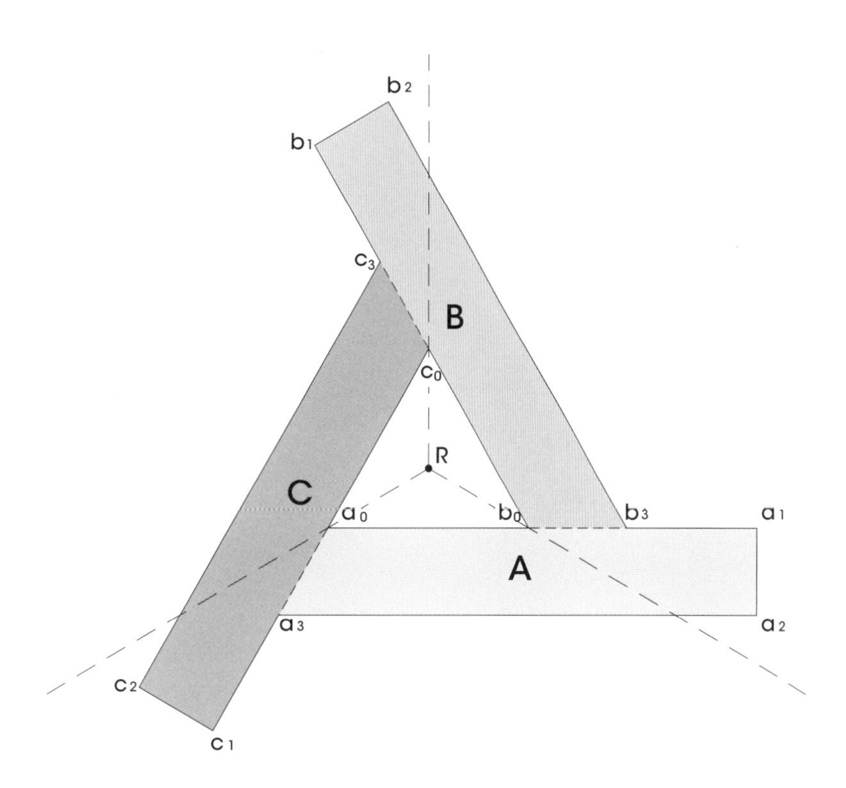

48
APL
48

船运集装箱的外观：入口小路、长椅和平台都以回收材料制成

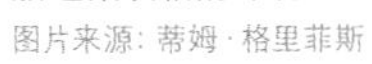

图片来源：蒂姆·格里菲斯

临时展厅内部在正常开放期间完全依靠自然光照明。展厅使用的电力均来自集装箱屋顶安装的太阳能收集器

图片来源：蒂姆·格里菲斯

02
12集装箱住宅

建筑功能
住宅

建筑设计
工业僵尸集装箱建筑事务所

标准模块规格
15米×21米

建筑材料
钢材为主，辅以混凝土、玻璃和木材

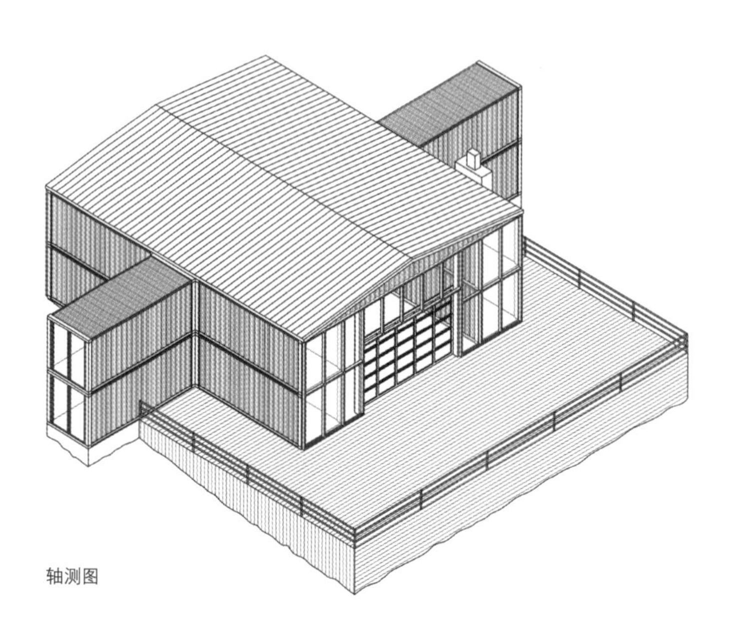
轴测图

在 12 集装箱住宅项目中，集装箱用于保护镶有玻璃的精美室内空间，使其免受缅因州北部的严酷滨海气候带来的破坏。一楼是两个纵向切开的集装箱，一边是闪亮的厨房，另一边是图书室和客厅构成的交叉部分，包括一个壁炉和兼做漂亮沙发的架高平台。在该住宅中，简单的胶囊结构营造出一种亲密感，而跨越两层楼长度的空间则具有一种纯粹的巨大感，两者构成一种鲜明对比。结构采用稍斜的钢结构屋顶，因而不会显得与一栋工厂格格不入。两个钢结构楼梯相向而立，位于同一轴线上，两层楼的集装箱侧翼结构横贯主要生活空间。科尔金的标志性玻璃车库门使自然光可以进入室内，将令人震惊的整幅自然风光引入室内。尽管该集装箱建筑有着工业外观，却因此而生出了温馨之感。整个建筑坐落在底座上，而底座则容许倾斜现场上的高度变化。整个空间的占地面积约为 372 平方米。

1 图书室
2 厨房
3 娱乐室
4 浴室
5 办公室1
6 客卧
7 主卧
8 主浴室
9 办公室2
10 男孩卧室1
11 男孩卧室2
12 男孩浴室

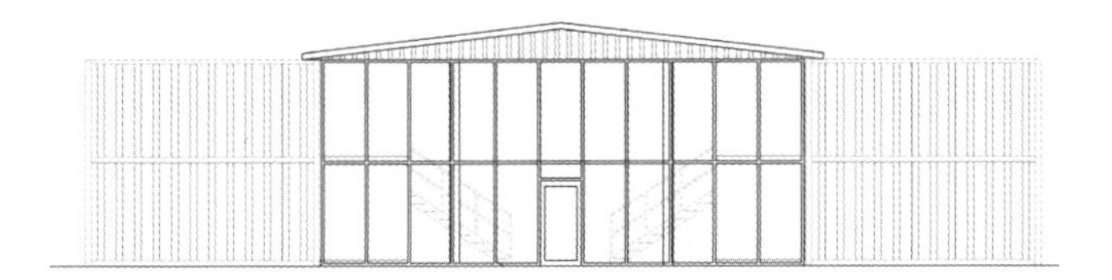
西侧立面图

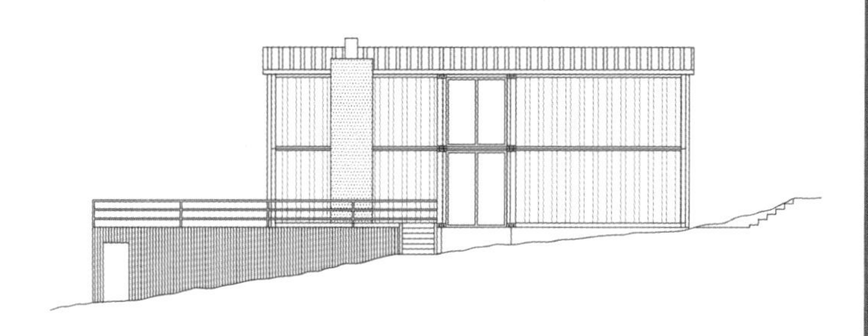
北侧立面图

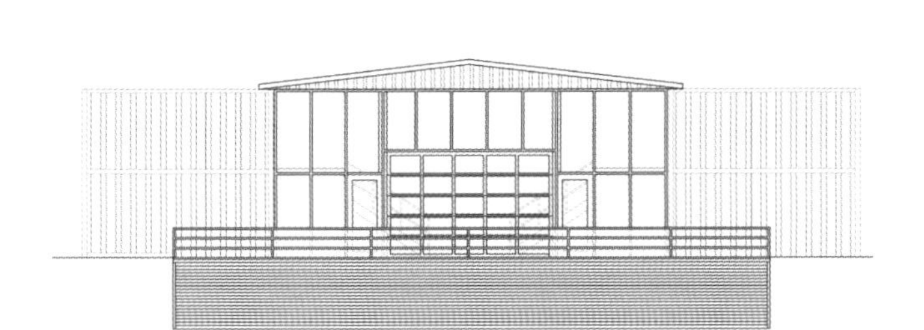
东侧立面图

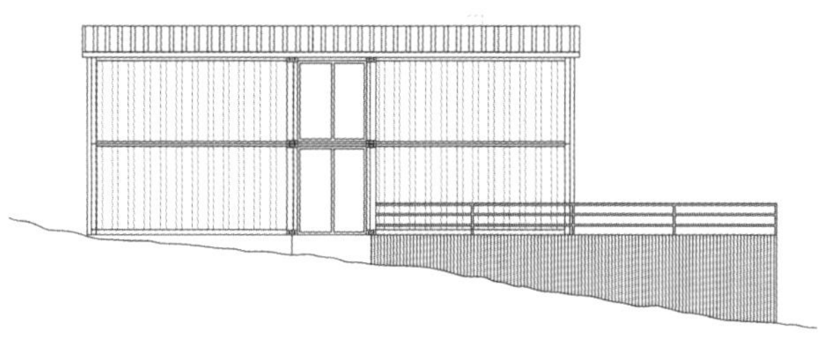
南侧立面图

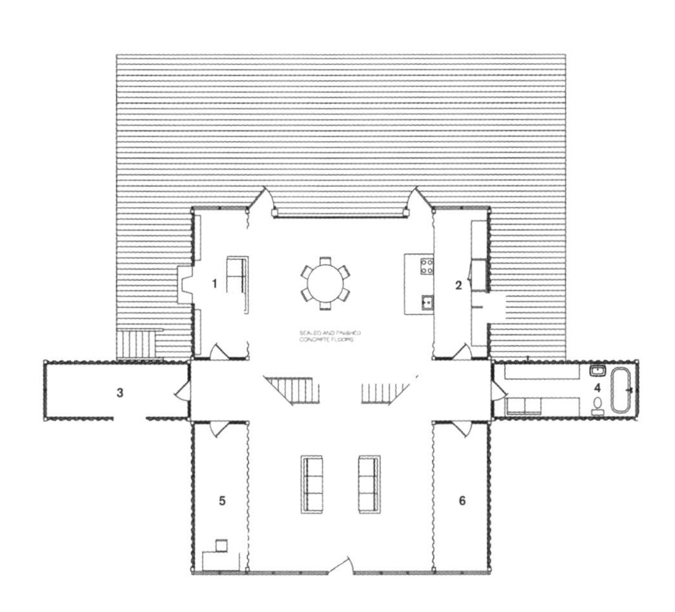

一层平面图

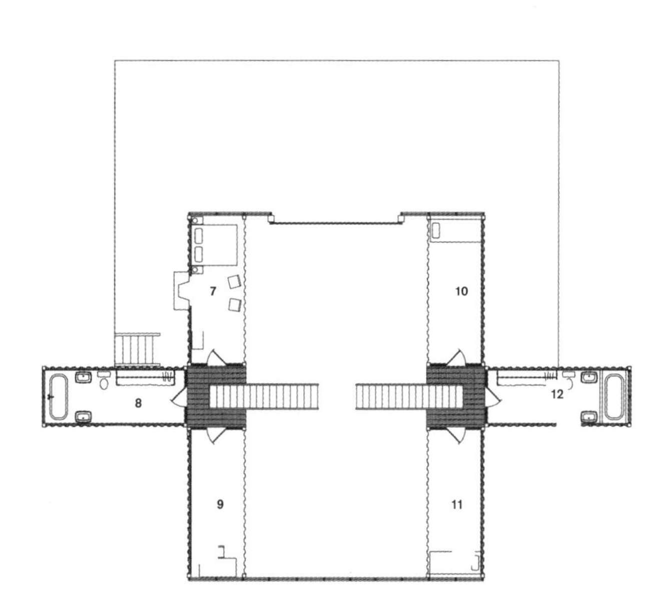

二层平面图

12集装箱住宅外观：透过车库玻璃门可以看到室内的两道钢制楼梯将起居空间一分为二（左图与下图）
图片来源：彼得·亚伦/Esto

室内空间中的客厅、卧室和浴室
图片来源：彼得·亚伦/Esto

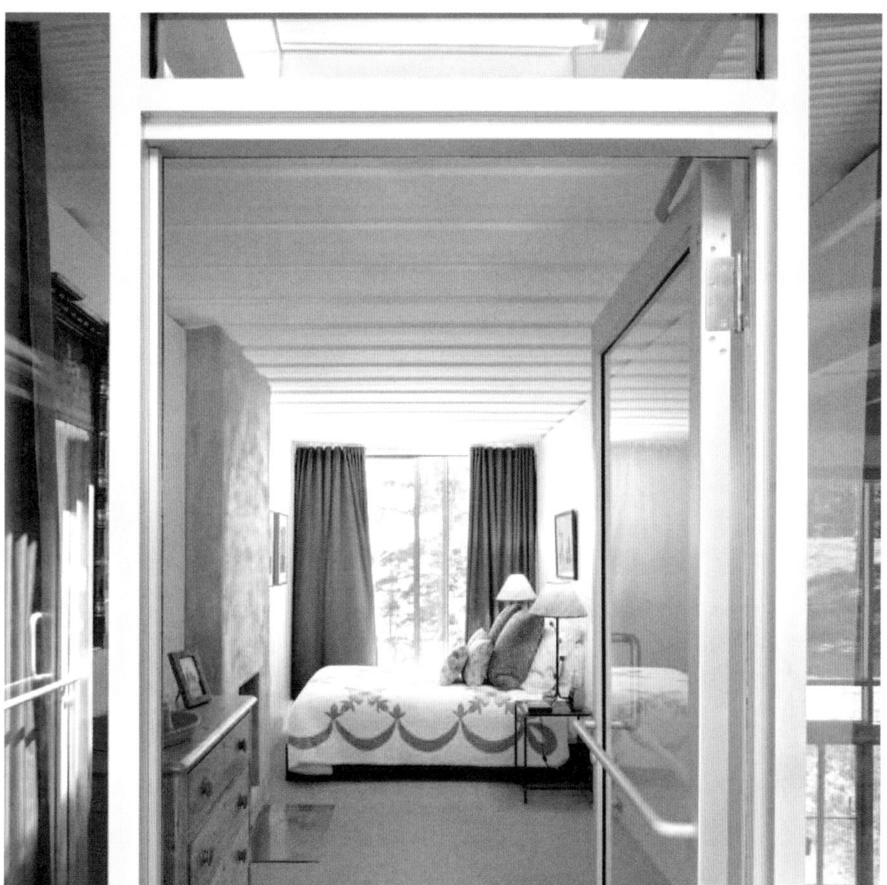

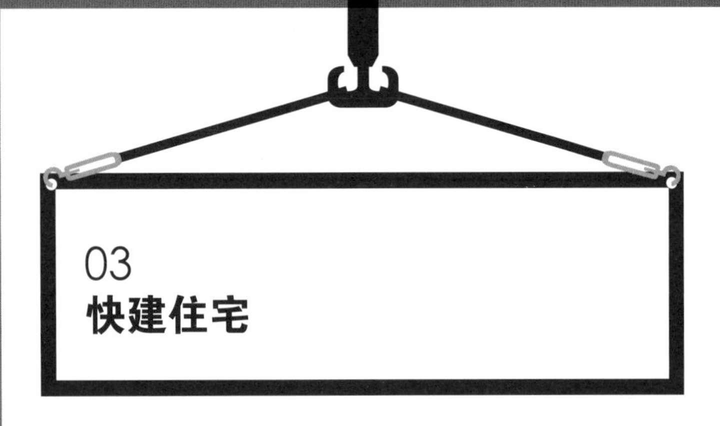

03
快建住宅

建筑功能
住宅

建筑设计
工业僵尸集装箱建筑事务所

标准模块规格
12米×7米

建筑材料
钢材为主，辅以混凝土、玻璃和木材

快建住宅建于21世纪初，胜在简单但有效的设计，迅速成为预制住宅的代表。该家庭住宅占地186平方米，建于2001年，是从诸如纽约第伊奇画廊展示的郊区住宅前身发展而来的，并受到了前所未有的欢迎。其设计最开始是以精装小册子的形式发布的，以简单的配色方案和版式呈现。当这本小册子在科尔金的网站发布时，这个项目引起了设计界各群体的大量关注，尽管所接收的询问大多来自希望建造自己的住宅的美国社会的不同阶层。这些人之前曾因为令人失望的木结构预制系统而一度热情低落。不过鉴于成本虽然不低但不昂贵的经济效果以及回收废弃产品的吸引力，人们开始构想使其日渐感兴趣的背景。科尔金主要因建筑师的身份而闻名，而不仅仅是因为其新颖的创意而享誉。无论如何，他的项目展示了一种深思熟虑的场所营造的直觉方法。快建住宅不以大规模为傲，但其平面却经过精心布局，能够创造大量（功能上和思想上）不同的空间，因此它不仅仅是一种纯粹的概念，还能营造出一种完全功能化的室内氛围。2004—2007年间，快建公司收到了2000多份有关快建住宅的邮件和电话询问。第一个原型建于2002年，位于新泽西州的一个集装箱堆场上。2006年，快建住宅在肯维尔建造了一个全尺寸原型，建筑师们在此对结构问题进行了提炼，并提出了一个更加详细的组装平面图，以方便安装。该快建住宅是使用6个集装箱建造的，包括3间卧室和1间浴室。长跨距集装箱放在二楼，位于截短集装箱上方，由此创造出一个7.3米×7.3米的宽敞空间，其中容纳了厨房和客厅。该住宅并没有特意掩盖其由集装箱建造的本质。

READING ROOM
80 SF
BATHROOM
80 SF
LIBRARY 2
80 SF
ENTERTAINMENT ROOM
480 SF
STAIR
80 SF
CLOSET
80 SF
LIBRARY 1
80 SF
CHILDREN'S BEDROOM 1
180 SF
MASTER BEDROOM
290 SF
BATHROOM 2
77 SF
HALLWAY
148 SF
CHILDREN'S BEDROOM 2
120 SF
STAIR
65 SF
BATHROOM 1
80 SF
附属娱乐区
主住宅区
BASEMENT STORAGE
880SF
STAIR
80SF
PANTRY.
64 SF
DINNING NOOK
64 SF
ENTRANCE RM.
64 SF
DW
KITCHEN
180 SF
LIVING
268 SF
ELEC
HW
LAUNDRY/ UTILITY RM.
64 SF
WASHER/ DRYER
FOLDING TABLE
STAIR
64 SF
BATH RM.
64 SF

一层与二层平面图

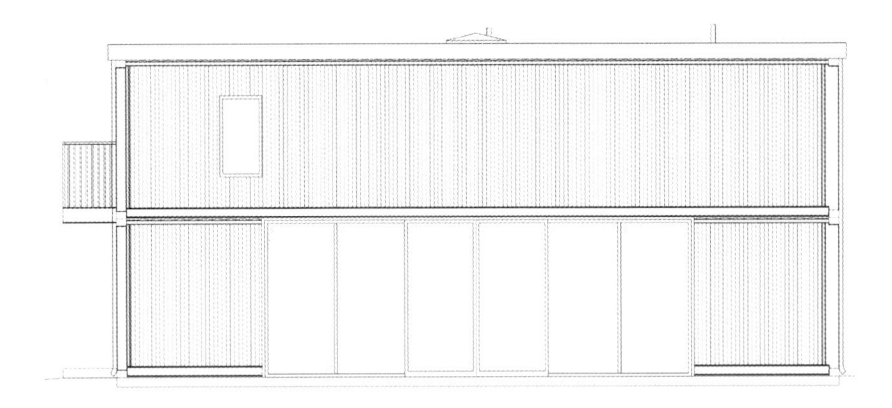

附属娱乐区的西侧立面图

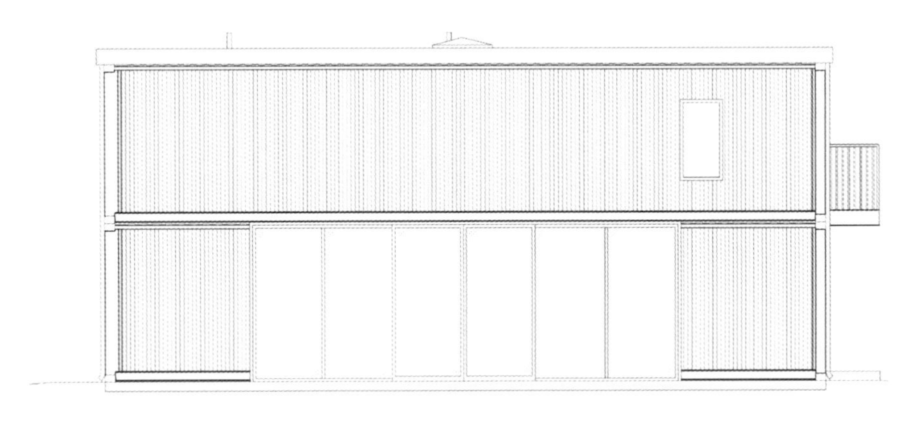

主住宅区的西侧立面图

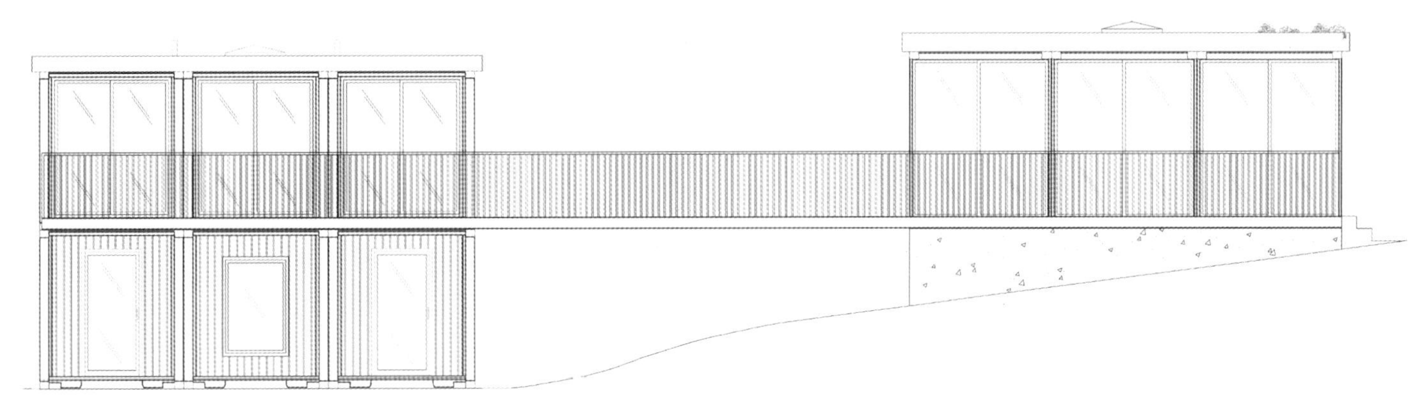
南侧立面图

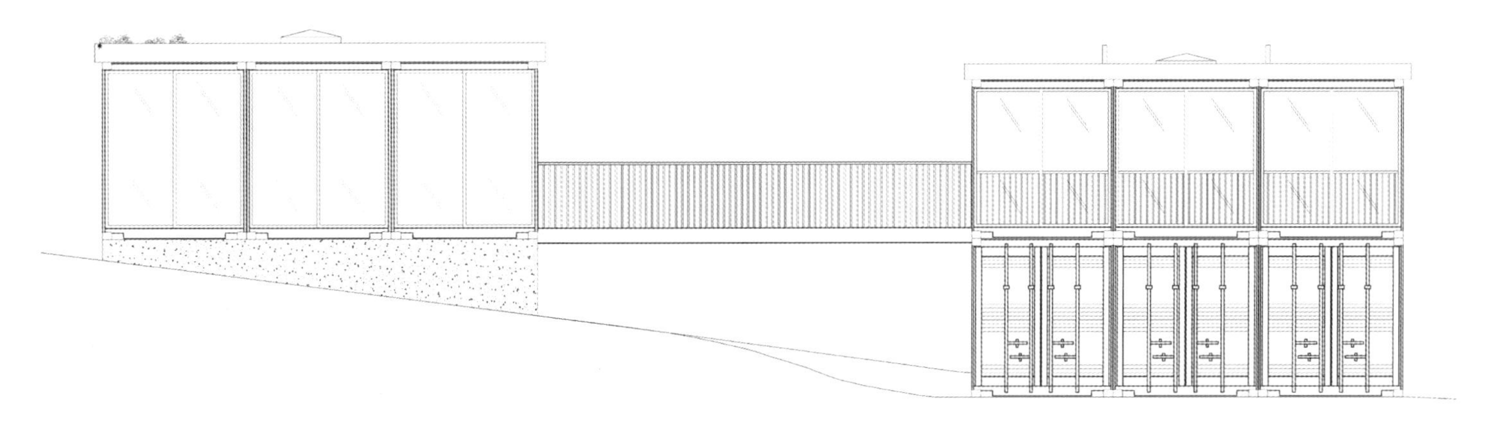
北侧立面图

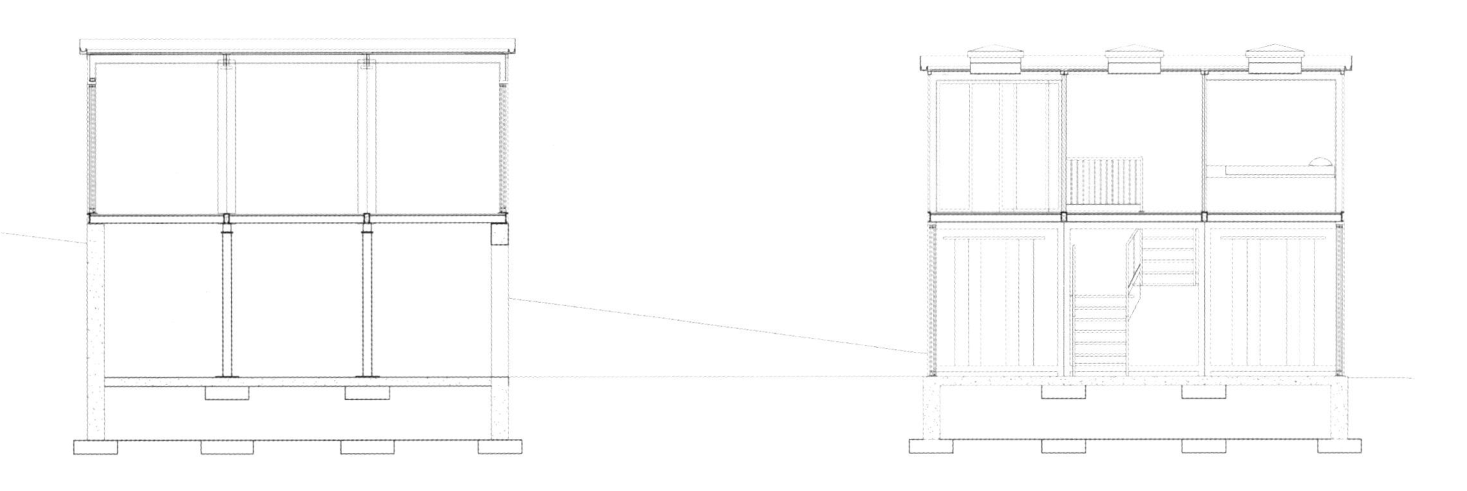
纵向剖面图

钢制立面上的门窗开口
图片来源: 彼得·亚伦/Esto

不同时刻下的快建住宅外观：
傍晚时分（上图），日间（下图）

TRITON
TTNU 226341 0
22G1

住宅外景与内景:
住宅的设计从未刻意掩饰其由6个集装箱组成的本质
图片来源:彼得·亚伦/Esto

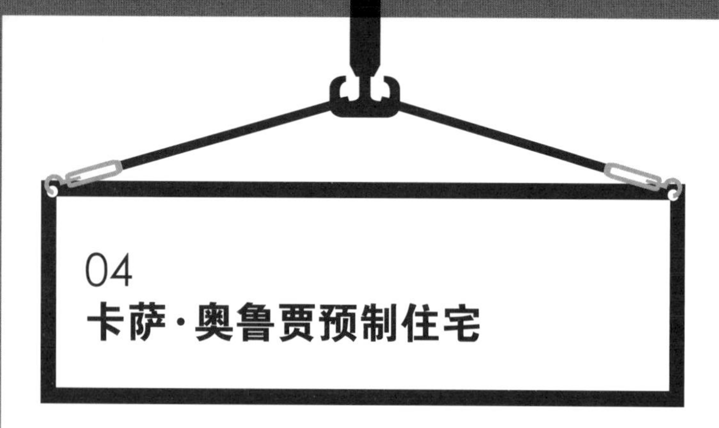

建筑功能

住宅

建筑设计

塞巴斯坦·伊拉拉扎维尔·德尔皮亚诺、艾瑞克·卡洛、佩德罗·巴特罗梅

标准模块规格

1.5米×12.2米
1.8米×6.1米
0.3米×12.2米

建筑材料

钢板、混凝土挡土墙、石膏板、木板

该预制住宅是为一位艺术收藏家及其家人建造的，位于智利首都圣地亚哥郊区的新建住宅区。为了缩减施工时间和成本，建筑师采用二手船运集装箱建造，包括5个12.2米长标准集装箱、6个6.1米长标准集装箱和1个12.2米长开顶集装箱（用于建造游泳池）。除了完成设计概要外，该住宅设计具有两大主要用途。第一个是使其融入该城市的这个区域，毕竟安第斯山脉无论是在视觉上还是地壳构造上都极其壮观。因此，需要突出安第斯山脉的存在，还要充分考虑即将建立住宅的地方的倾斜地形。第二个用途是允许新鲜空气畅通无阻地在住宅及其各个不同部分之间流动，以之取代机械制冷。对于第一个用途的目的——将建筑融入周边环境，住宅的各个体量采取巧妙的布局，看起来就像坐落在斜坡上，因而与周边景观融为一体。对于第二个用途的目的，即改善住宅内部通风，主要在于沿着条形组织空间，但又在构件之间留出间隙，方便居住者通行和山间吹来的凉风的流通。同时，所提的间隙空间也能增加建筑的周界，阳光和空气至少可以从两个相对面进入空间。因此，门窗沿着条形轴线排列，从而促进空气流动，创造视觉上的融合。施工的第一步包括安装挡土墙，并采用适当的方式为该住宅的公共空间创造一个水平面。第二步，在该水平面上安装和组装集装箱，以创造私人空间。第三步，用单一材料包覆集装箱，将各个构件融为一体，并创造一个通风良好的立面，以调整室内空间的温度。材料选择不仅要控制成本，还要减少维修。在选择材料时，需要分析其是否具有良好的抗老化的能力，是否会因为时间的流逝而提升材料的价值，这也很重要。建筑元素如门、窗和天窗应进行合理布置，还可在整座住宅中重复出现。这不仅仅是为了降低成本，更是为了创造一种一致的建筑协调性。

从室内看到的户外景观（下左）
一层平面图（下右）
图片来源：塞尔吉奥·皮洛尼、塞巴斯坦•伊拉拉扎维尔•德尔皮亚诺

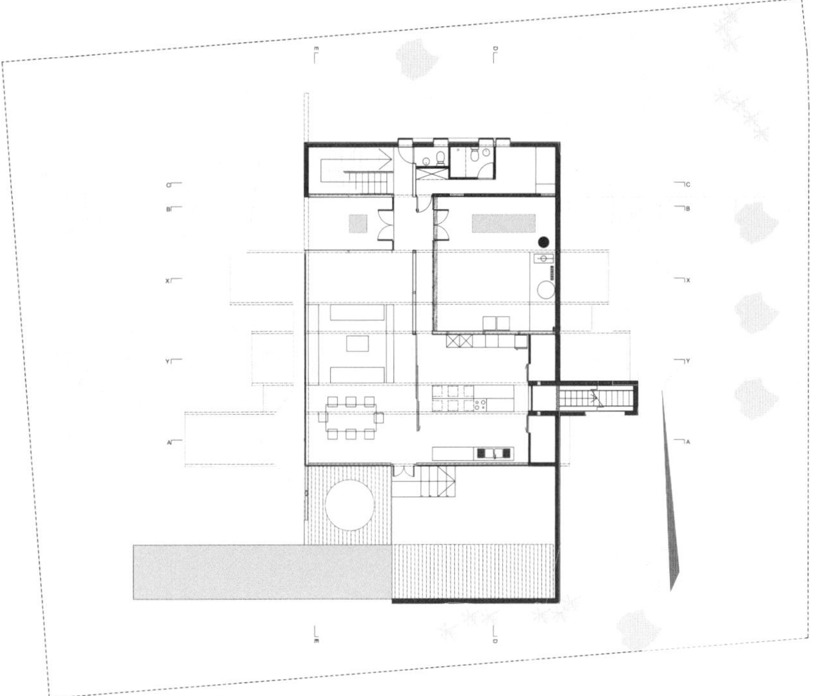

可以看到户外景观的走廊内景（下左）
二层平面图（下右）

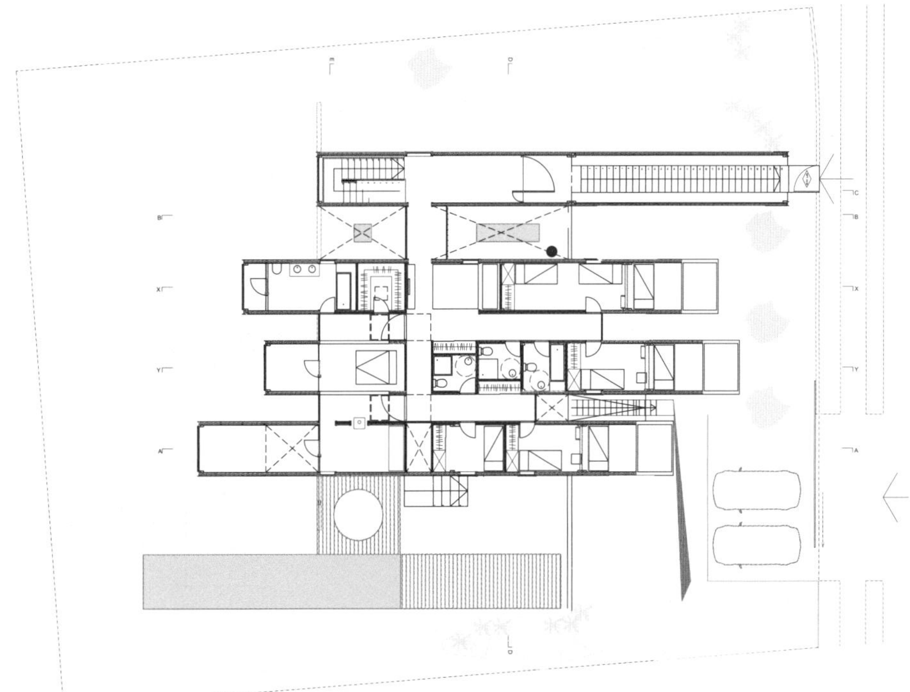

施工现场:
建筑模块的安装方式顺应了场地的地形特点
图片来源：塞尔吉奥·皮洛尼、塞巴斯坦·伊拉拉扎维尔·德尔皮亚诺

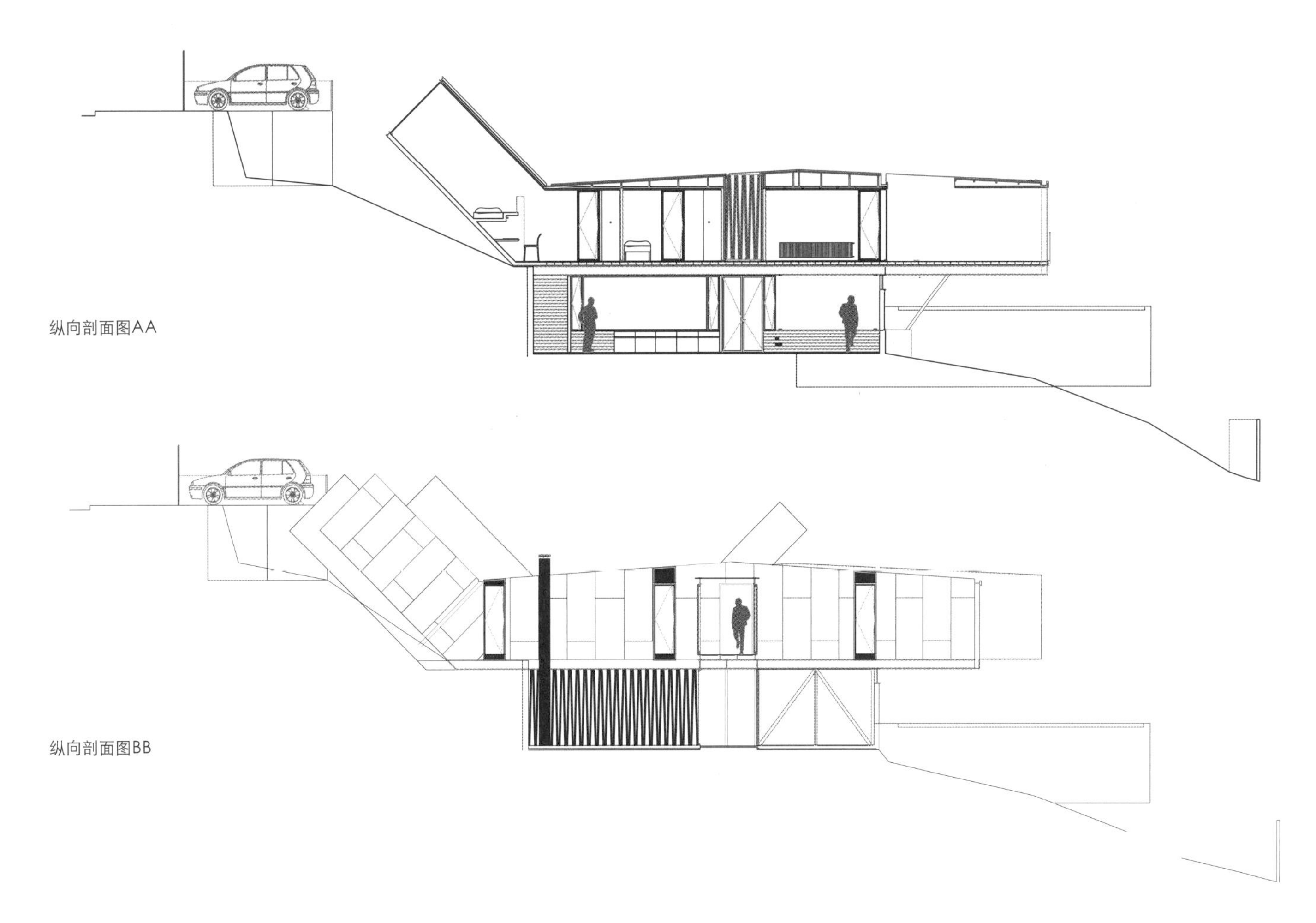
纵向剖面图AA
纵向剖面图BB

安装现场外景：集装箱以一定角度向外突出且相互叠加，却完美地融入了周边景观

图片来源：塞尔吉奥·皮洛尼、塞巴斯坦·伊拉拉扎维尔·德尔皮亚诺

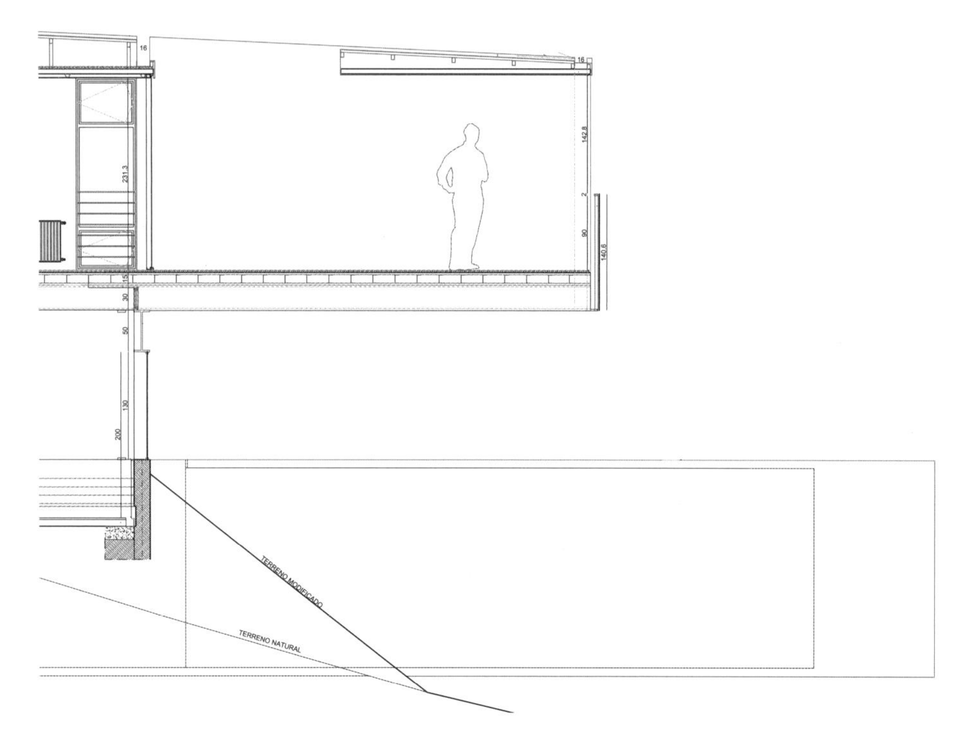

细节图A1

立面外观

卧室内景

纵向剖面图DD

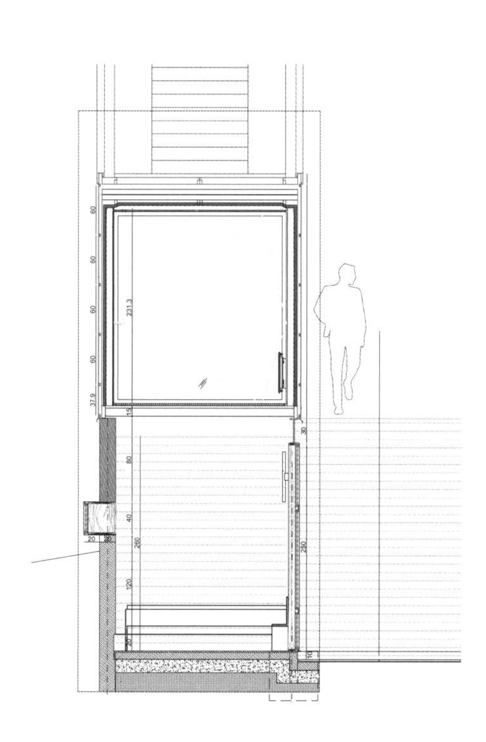
细节图B1

自然光可以通过立面上的开口进入室内

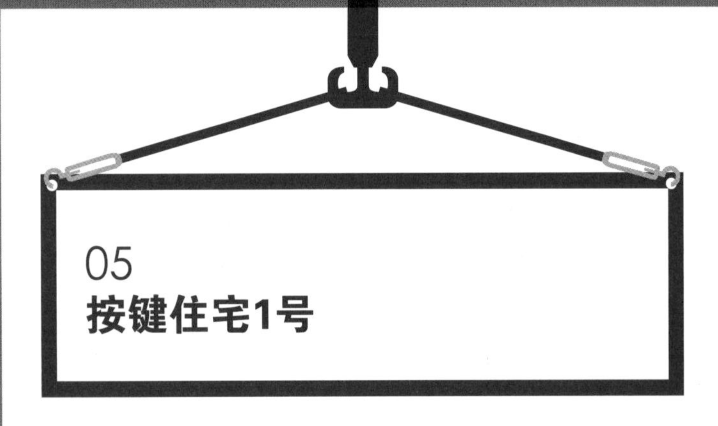

建筑功能
住宅和液压操作建筑艺术

建筑设计
工业僵尸集装箱建筑事务所

标准模块规格
2.4米×6米（关闭时）
6.7米×9.7米（打开时）

建筑材料
钢材为主，辅以混凝土、玻璃和木材

按键住宅是一个液压操作船运集装箱，按下按键后就可打开展示一套充满柔和光线、设备齐全的公寓，其中包括六个房间。这个朴实无华的集装箱能够以令人震惊的速度转变成一个由沙发、床、餐桌、餐椅，以及图书室和浴室构成的别致空间。当它封闭时，从外观上看只有一个明显的线索暗示，这个普通的 6.1 米钢制集装箱具有转变功能：一根带有一个手持按键控制器的电线。当集装箱打开时，长侧面向下收起，带门的端头敞开，另外较短的一侧以顶边为轴，打开后构成屋顶的延伸。8 个液压活塞证明了该结构具有的动态性质。第一版按键住宅于 2005 年在迈阿密海滩的科林斯公园巴塞尔国际艺术展上作为展品展示。2006 年，意大利咖啡公司 Illy 购买了这座按键住宅，并委托快建公司进行改造，作为意大利威尼斯双年展的咖啡馆展厅。改建包括室内增塑（包括家具），这个奢华的住宅最终变成了一个具有闪亮白色表面的未来主义风格胶囊结构。

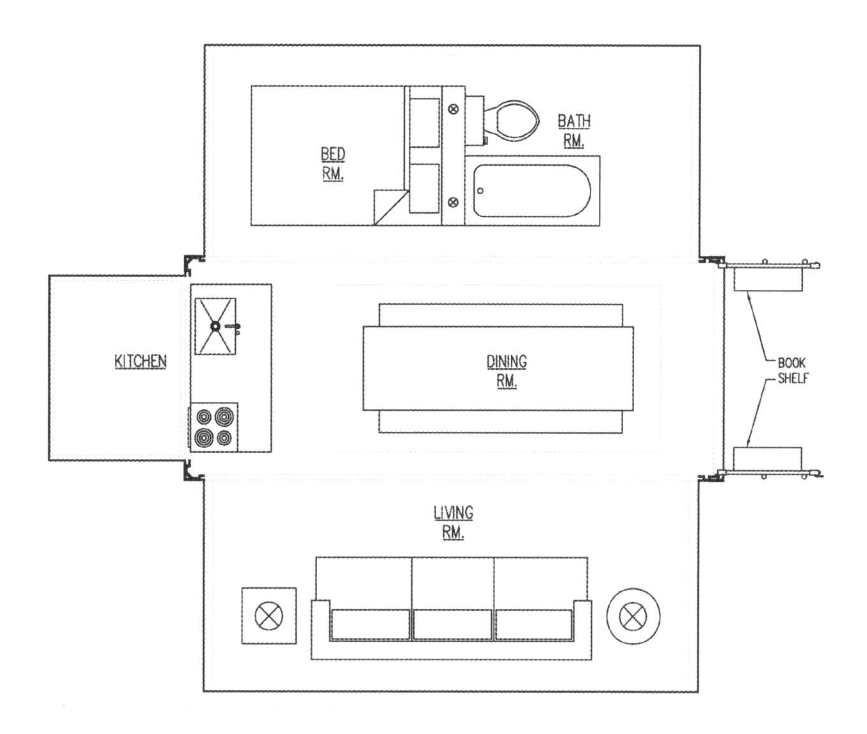

平面图（上图）
剖面图（下图）

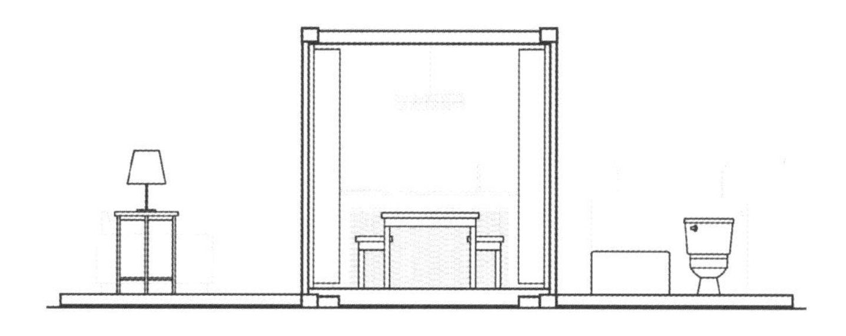

集装箱打开后便形成了可随意调整的灵活空间

液压操作住宅的内景和外景：只需一按，集装箱就会变成一个拥有6个房间的全装修公寓
图片来源：彼得·亚伦/Otto

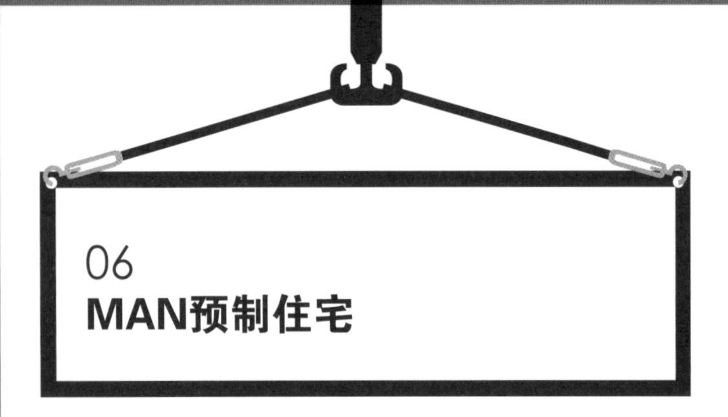

06 MAN预制住宅

建筑功能

预制住宅

建筑设计

安德鲁·瑟洛，伊琳娜·维罗纳，玛雅·斯莫尔，杰米·阿贝尔，阿曼达·沙多文思，斯皮维·道格拉斯博士（UT），普鲁托梅特公司

标准模块规格

18.3米×4.3米×4米（无轴）

建筑材料

铝材（外部）

改良结构保温薄层饰面板与铝、木整体橱柜（内部）

第二次世界大战后的建筑工业化技术，包括预制和量产，预示了建筑系统的标准化。材料量产的技术是通过一种特别设计和建造的原型实现的。尽管整体布局可能变化，构造和标准化构件却被认为是固定的。该项目不再将形式创造视为固定和理想的，而是灵活和可变的。人们通过利用电脑数字控制生产过程，发明了新制造方法，最终实现了量产的差异化。专门电脑设计软件的引进使得人们可以通过材料研究和连续逻辑建立一个非标准建造系统。因此，一种新模式出现了。在这种模式中，局部的变化构成了连续却有所不同的国际化结构。该项目探索了由可重复却非标准化建筑构件构成的构造系统的开发，试图使原型和构造构件之间的关系复杂化，从而充分利用量产从标准或者说僵化模式到多样化或松散模式的变化。该项目也试图将高技术手段和通俗文化融合起来，从而促进从昨天穷困拖车公园的老模式到今天更加多样化的地租社区的转变。最后，该方案试图提出一种新的预制住宅观点，即关注优势、耐久性、影响力和创意。该产品旨在建立一种风格形象，营造一种空间效果，创造一种美感，不仅仅给人舒适感和稳定感，更要具备新的居住性能。

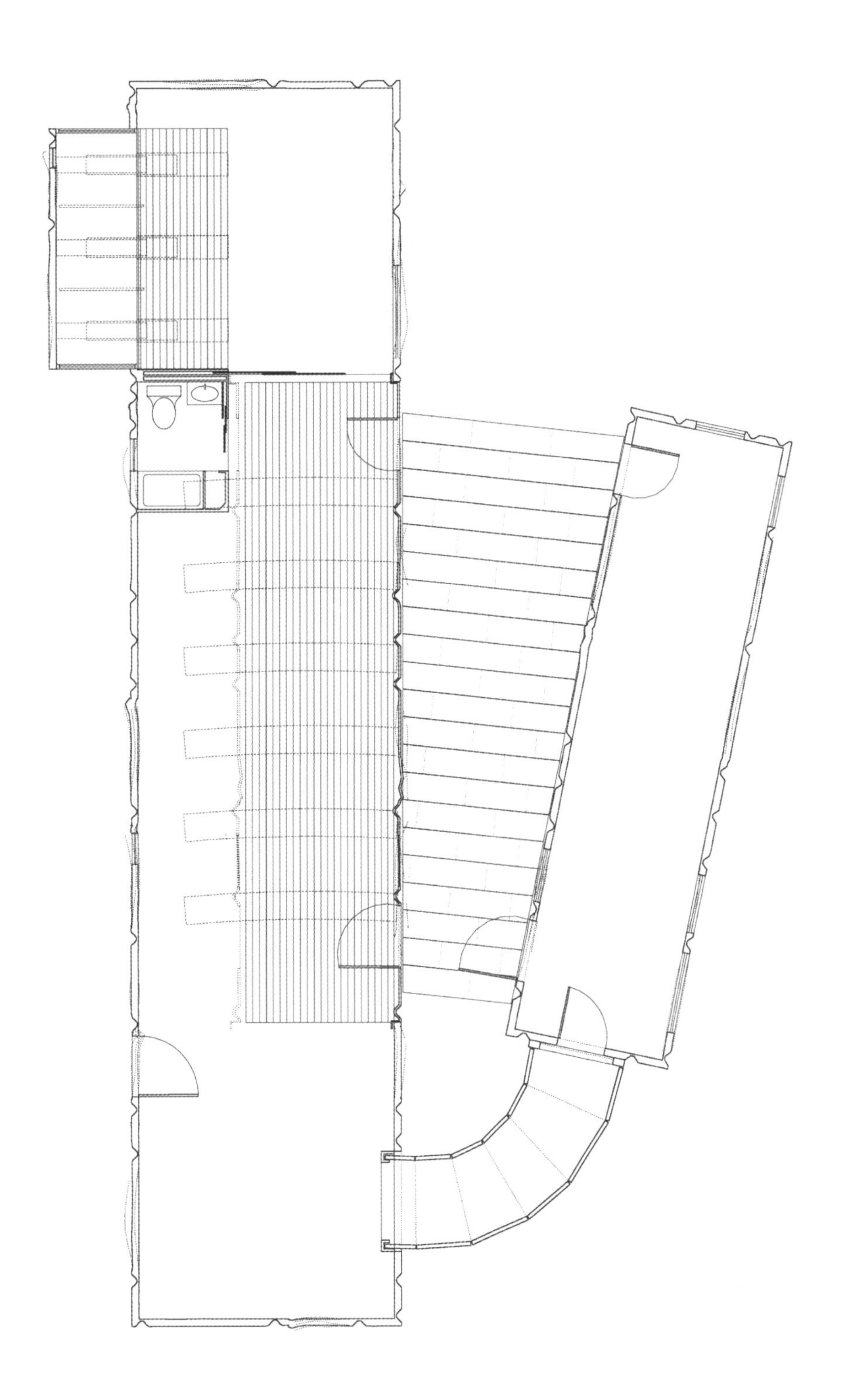

一层平面图

TSA

建筑构件以通用的运输方式运到现场（左图）。该设计方案旨在提供一种住宅建造的新视角：建筑师从汽车工业（右图）借鉴了创意，展示出一种特别的生活方式的画面

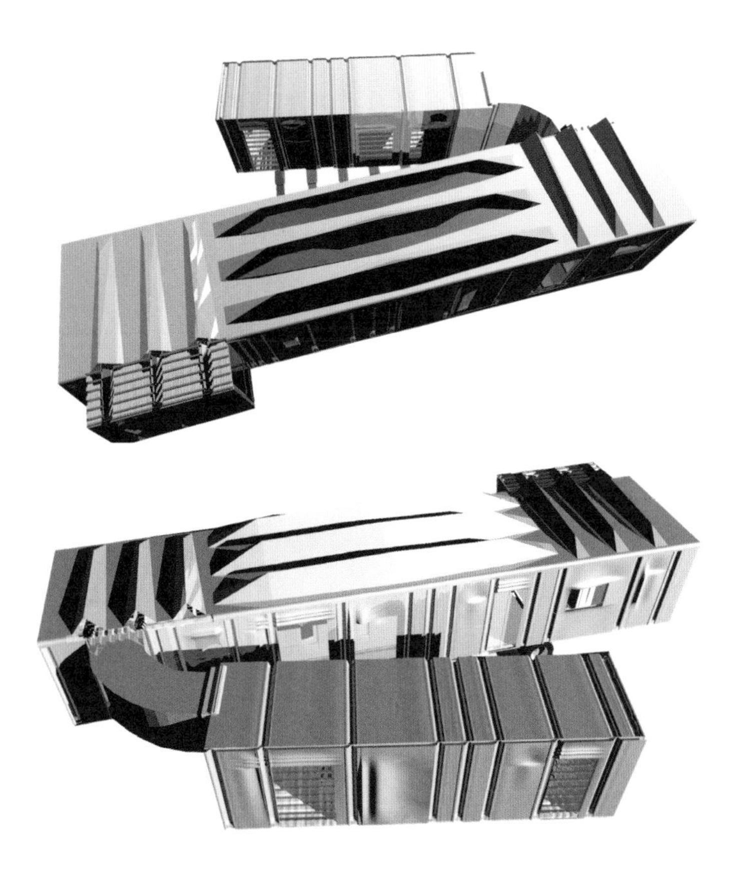

单元

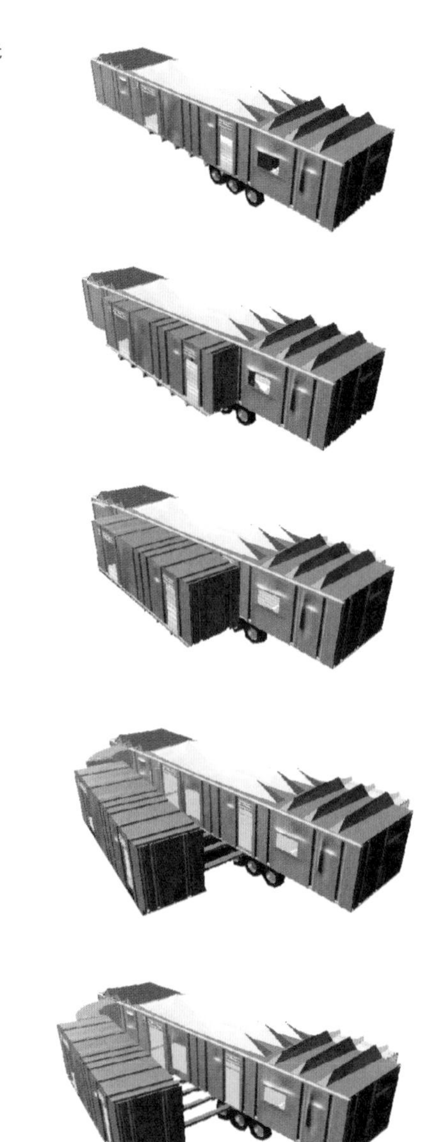

特征

板块颜色

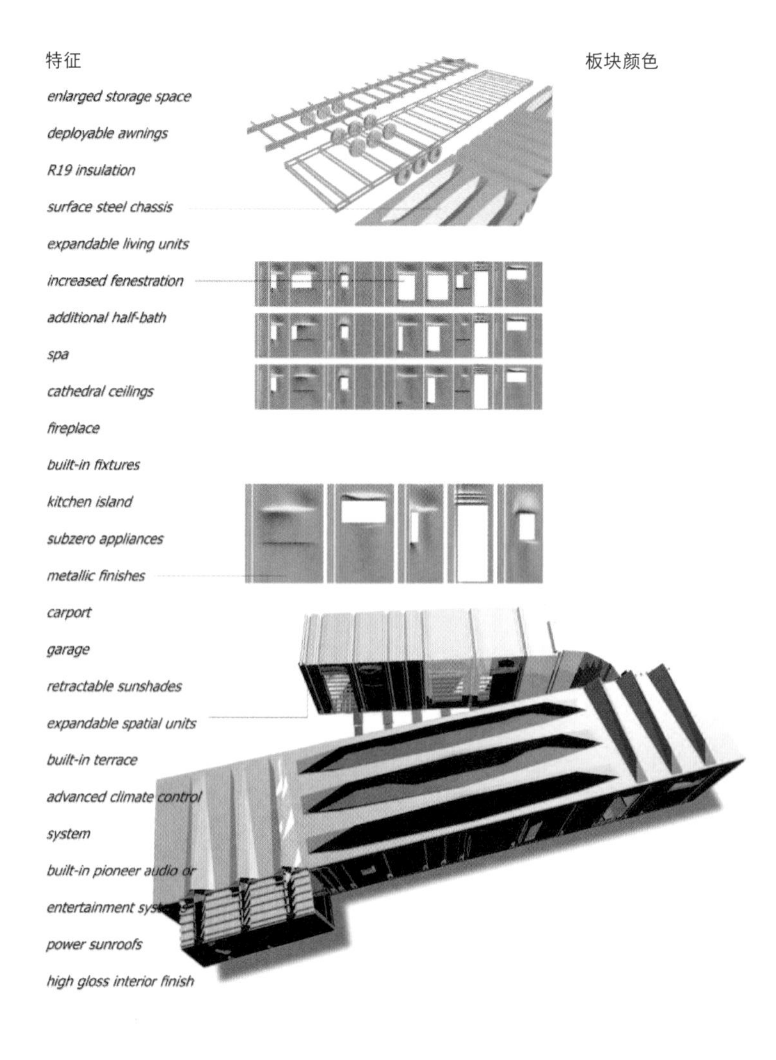

相邻的变体

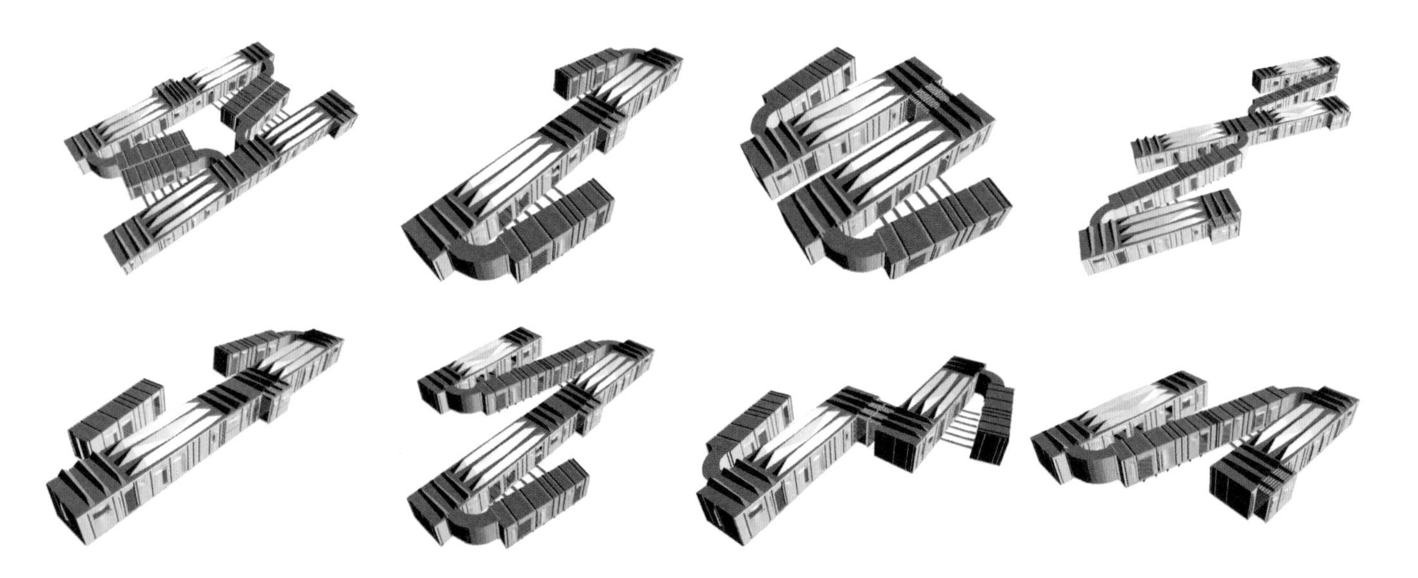

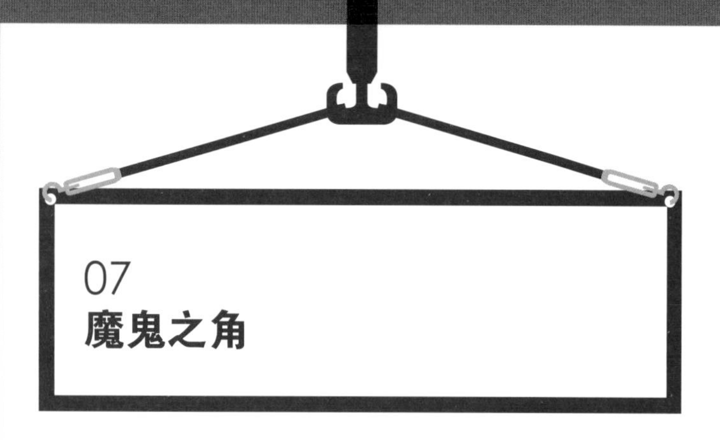

07 魔鬼之角

建筑功能
游客中心

建筑设计
积云建筑设计工作室

占地面积
572平方米

建筑材料
钢材、木材
改良结构保温薄层饰面板与铝、木整体橱柜（内部）

魔鬼之角坐落在塔斯马尼亚岛东海岸的景观道旁边，其新建的品酒室和观景台位于塔斯马尼亚岛最大的葡萄园之中，人们在那里可欣赏弗雷西内半岛的全景。布朗兄弟酒庄的这个项目试图增加欣赏代表性风景的体验，并于 2015 年重新开放。品酒室原为一栋小型可拆卸建筑，扩建后增加了一个观景台以及附属的美食体验区，为举办季节性活动创造了一个空间。品酒室和观景台被设计成一系列不规则排列的木材包覆建筑。建筑师通过采用相似的美学和材料细节，对传统农场和乡村住宅进行了当代诠释，这种诠释会随着时间的流逝而日渐丰富。品酒室和菜市场聚拢在一个庭院空间周围，而庭院成了与周边环境隔离的遮蔽所和休息区，同时允许人们在品尝区欣赏远处的哈泽德海滩美景，或由此前往开放的平台空间。建筑师通过谨慎地布置一系列木材覆面船运集装箱，使得游客能够随意借由精心框入的风景从视觉上探索葡萄园内外的景观。观景台是该设计的一个重要部分，不仅仅为该住宅提供了一个视觉标志，还是对作为魔鬼之角酒庄之起源的景观的一种诠释。人们也能以同样的方式从不同的角度欣赏风景。观景台的绝妙之处就在于此。三个独特的空间都融合了现场不同的独特风景，首先是天空，然后是天际线，最后是蜿蜒而上的高楼。高楼的每个窗口都拥有漂亮的风景，而等你攀登到最高点，展现在你眼前的便是广阔的海湾。动态的观景台和相关设施吸引游客进入新改造的品酒室，以品味魔鬼之角的美酒。

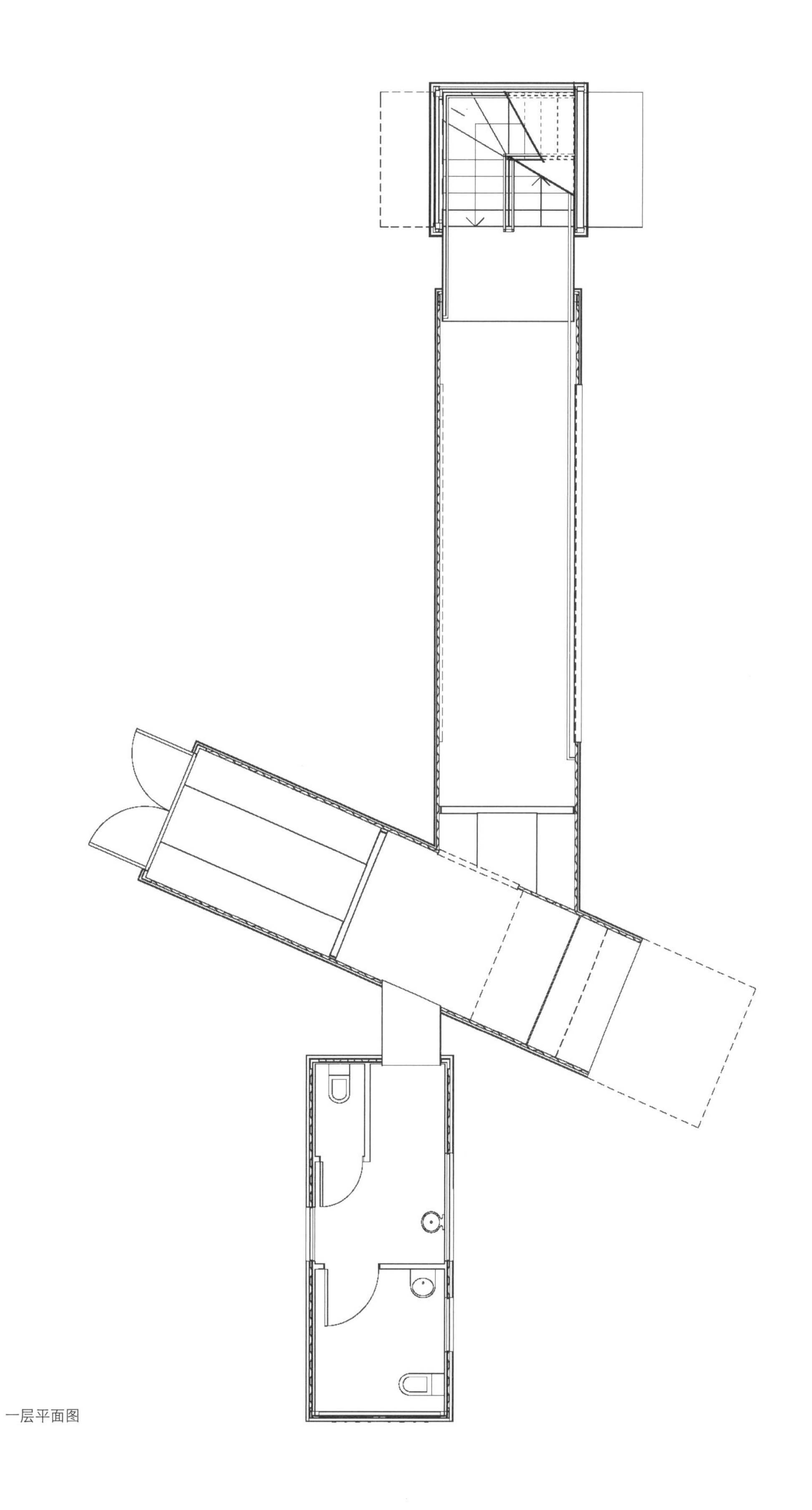

一层平面图

从塔斯马尼亚岛最大的葡萄园内可以看到游客中心的外观全景

图片来源：塔尼亚·米尔本

游客从建筑内部可以欣赏到建筑师通过精心规划营造的特色景观

图片来源：塔尼亚·米尔本

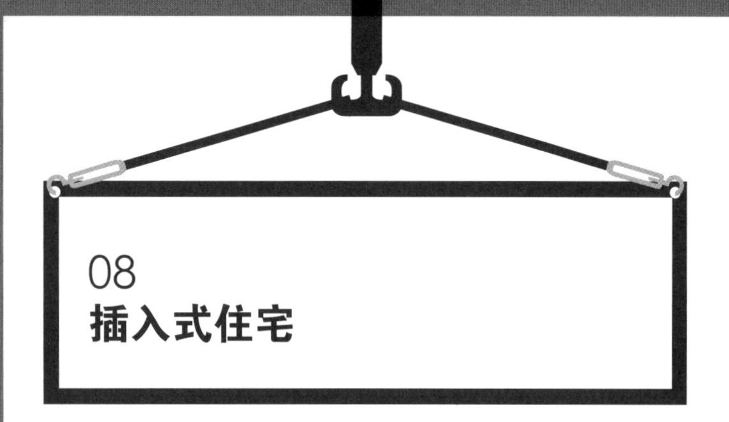

08
插入式住宅

建筑功能
住宅

建筑设计
理夏德·利赫里奇、阿格涅什卡·诺瓦克

标准模块规格
12.2米×2.4米×2.9米

建筑材料
保温预制钢筋混凝土

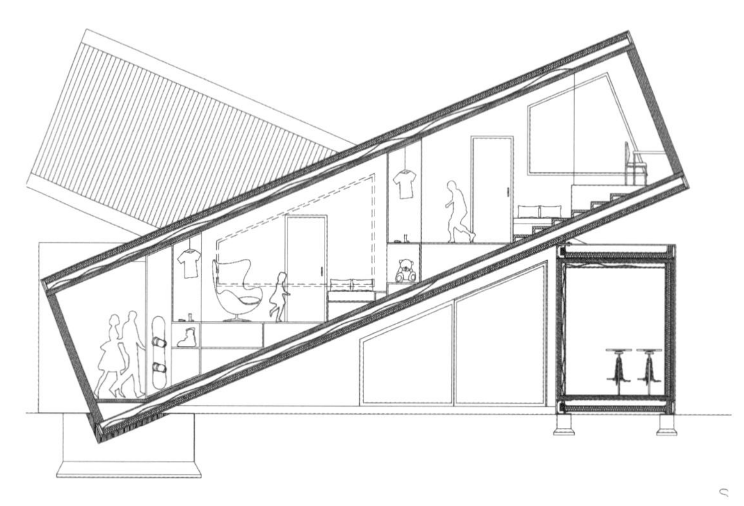

剖面图

该项目的主要挑战是业主希望快速建造住宅。因为部分结构拟定为流动式，因此建筑师决定增加之前准备的现成住宅单元，以加速整个建造过程。业主希望清楚地区分父母、孩子和家养动物（四条狗）之间的住宅功能，同时保留一个公共开放家庭空间。事实证明，移动住宅单元在这种情况下是一个不错的解决方案。因此建筑被分解成两个部分。一部分是家庭公共空间，即“住宅后院”，是该建筑的核心，利用标准建筑技术建造。它包括所有技术性连接。另一部分则是采用船运集装箱（2.4 米 ×12.2 米高货柜集装箱）建造的私人住宅空间。之所以做出以上选择主要是因为其具有结构性能。投资商想要建造一栋独立于小区的单层住宅，还要将附近的森林纳入其视野。集装箱帮助解决了这个问题，因为将集装箱按一定的角度布置，就能抬升观景点的高度。

集装箱被撑起来以改善观景角度

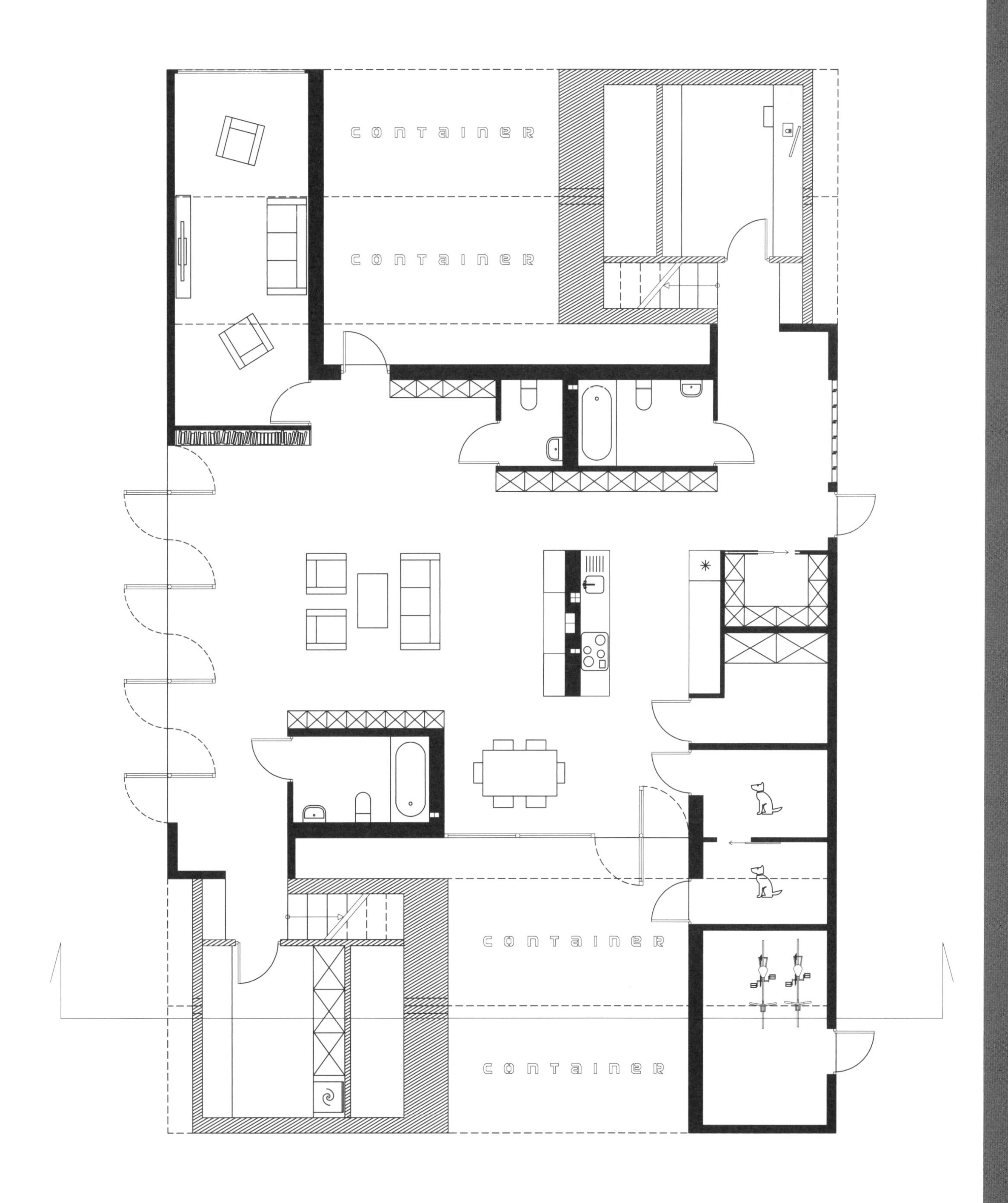

一层平面图

地点、街区

投资步骤

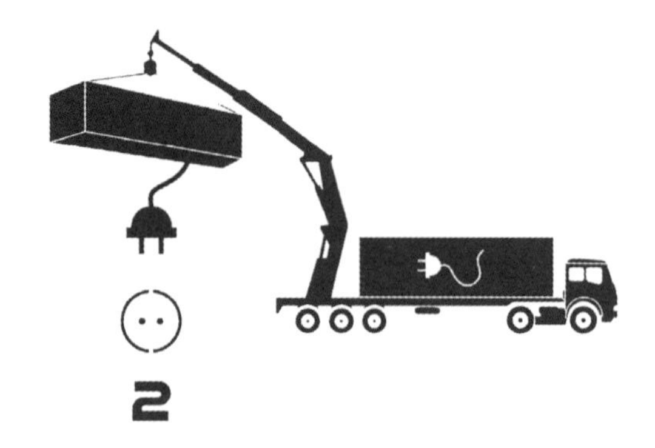

1

2

产品：预制元素、集装箱

住宅功能区划分

景观元素

3D模型

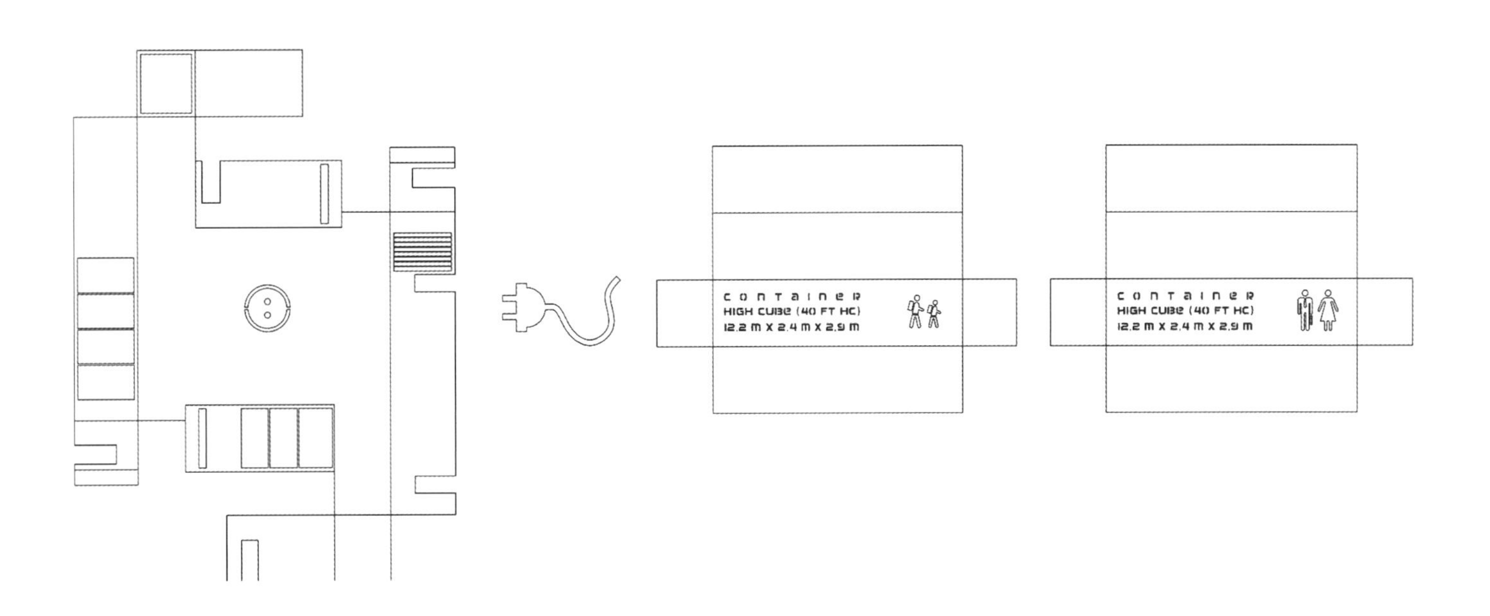

带集装箱卧室单元的住宅

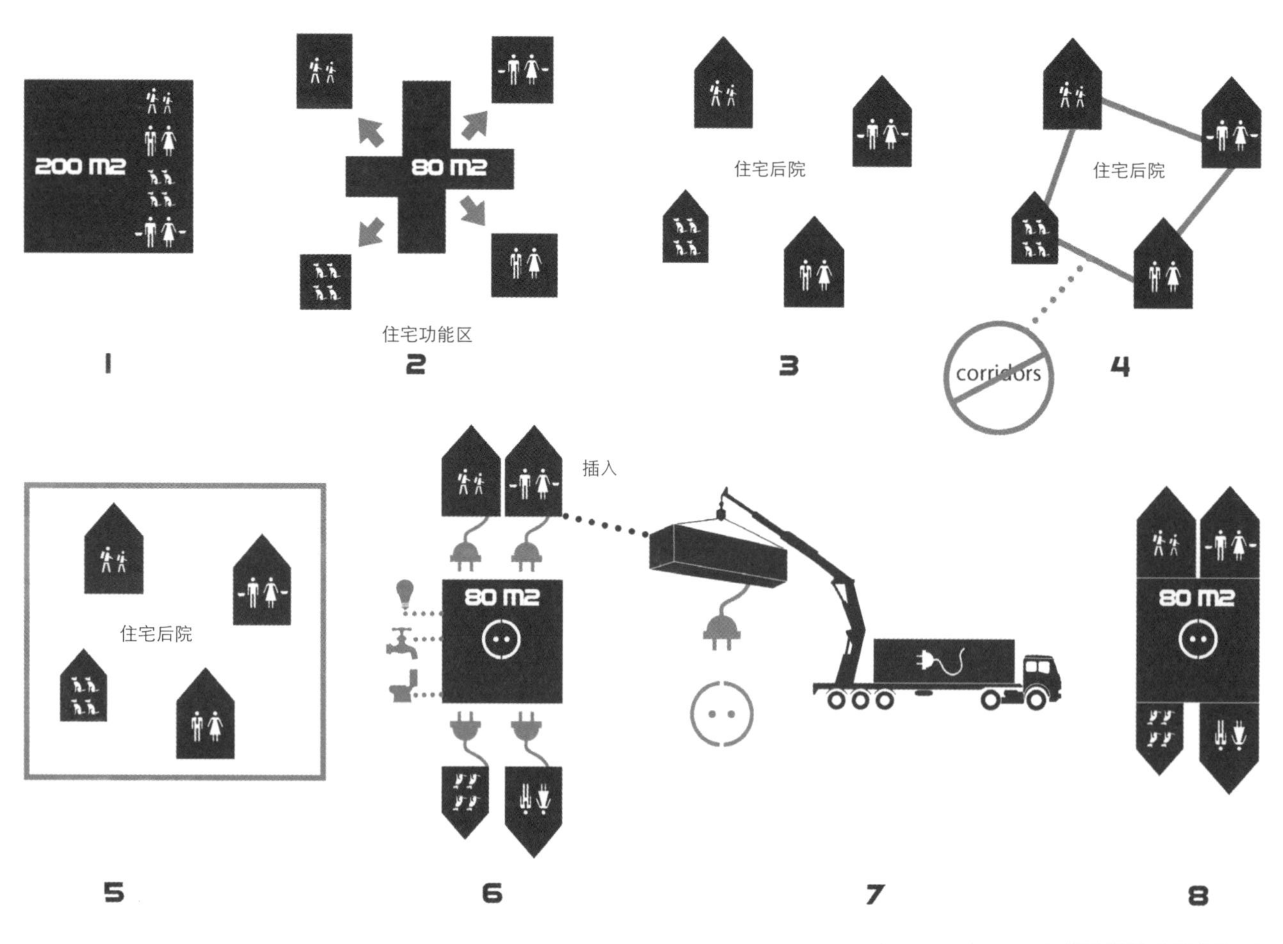
200 m2
80 m2
住宅功能区
住宅后院
住宅后院
corridors
1
2
3
4
插入
80 m2
住宅后院
80 m2
5
6
7
8

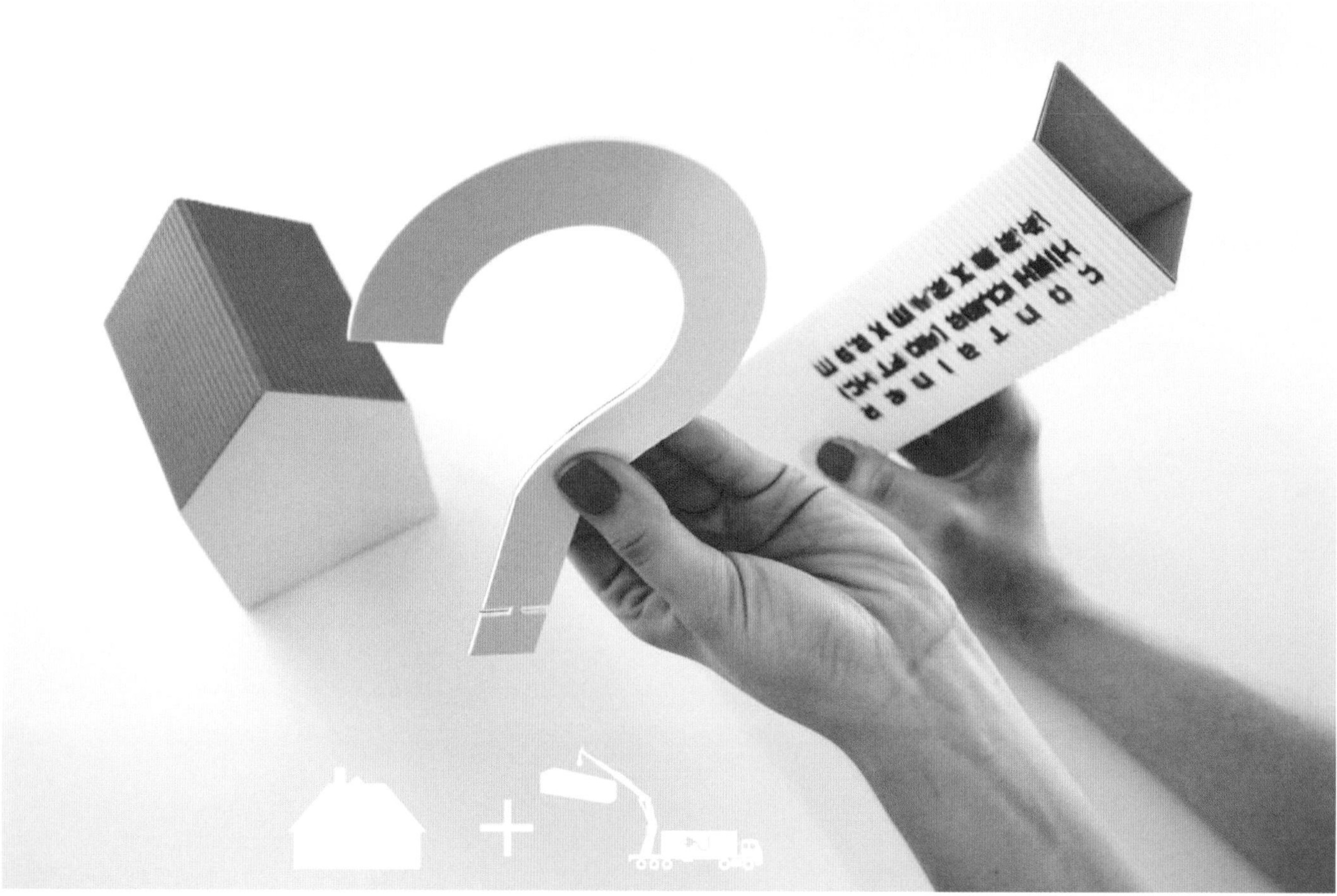

施工过程及施工结果（左页上图及本页上图）
插入式住宅模型（左页下图及本页下图）

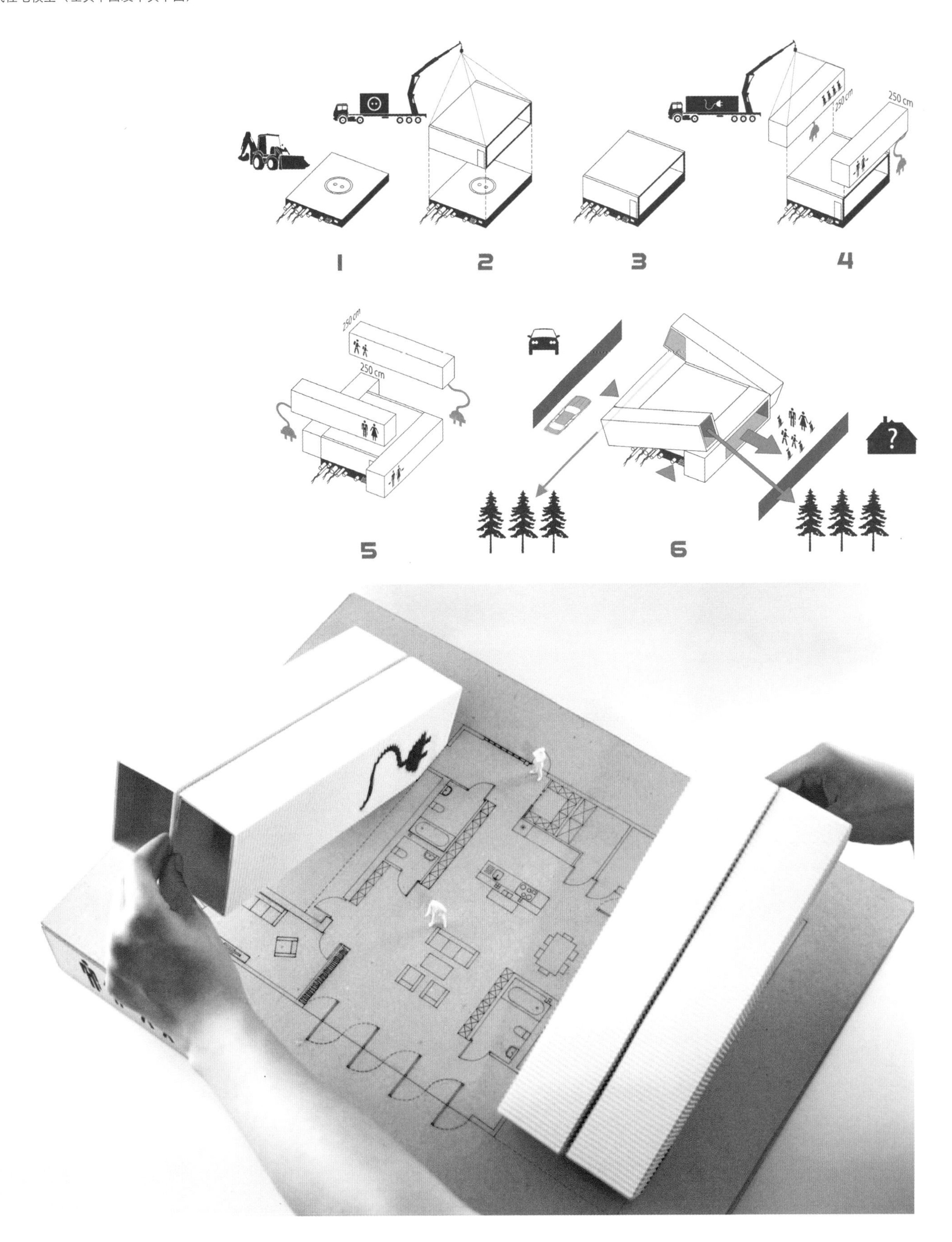

09 通用房间

建筑功能
住宅、办公室、学校和医疗设施

建筑设计
穆罕默德·艾萨斯博士；伊诺威克股份有限公司（柏林）

结构工程
扬·莫梅尔特；埃萨特股份有限公司（柏林）

标准模块规格
6米×3米×3米

建筑材料
轻型钢结构

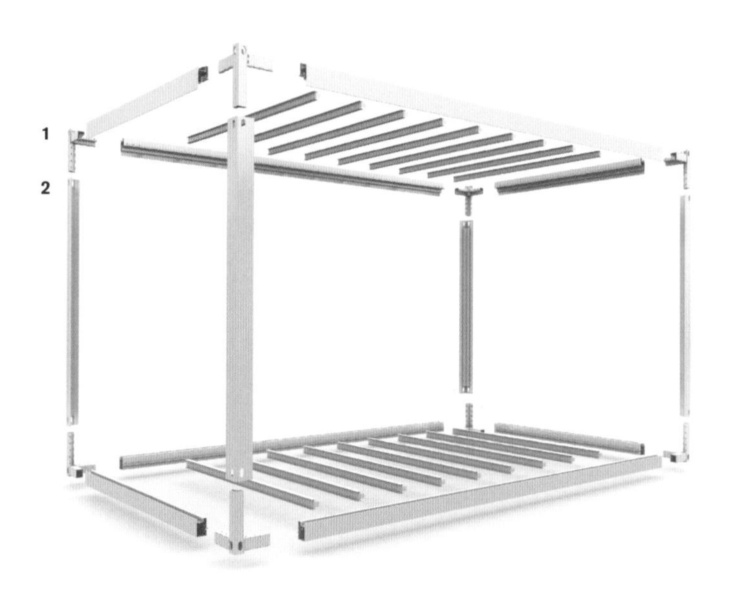

1 精确廓形和转角
2 螺钉连接框架

HOME 模块系统是一种为现代农村和城市生活设计的通用建筑系统。通用房间模块可在灾后重建中用作过渡安置房，或作为移动住宅的工作、生活功能空间。因为模块是量产的，且能在现场组装，因此，通过建立一个准确定义的标准化设计模块系统，可能促进模块在更广范围的应用。此外，还能实现不同程度的规模经济，最终将对模块的可得性和价格产生巨大的影响。而以螺丝固定的框架和预制元素将为操作、紧凑储存和运输以及快速建造提供方便。比如，一个12.2米长的集装箱可以容纳10个6米×3米×3米（分别为长、宽、高）的高质量标准尺寸模块，在紧急情况下可供10个家庭居住。模块可在任何地点组装——可由工人在工厂、工作间或最终施工现场组装。住宅框架采用创新压型板系统，方便快捷运输，组装时间短。框架自身就具有所要求的承重和刚性功能，因而为创造更大、更多样化的功能区提供了大量空间，也为各立面和内墙的多样化材料和设计提供了更多选择。利用现代制造技术，可能实现每天200个甚至更多模块的高速生产。

住宅模块效果图：框架能够承担所需的负荷，因此为宽敞、多变的室内空间设计提供了较大的自由度
效果图来源：弗兰克·尼温，安德里亚·里格瑞，阿莱西奥·费拉拉

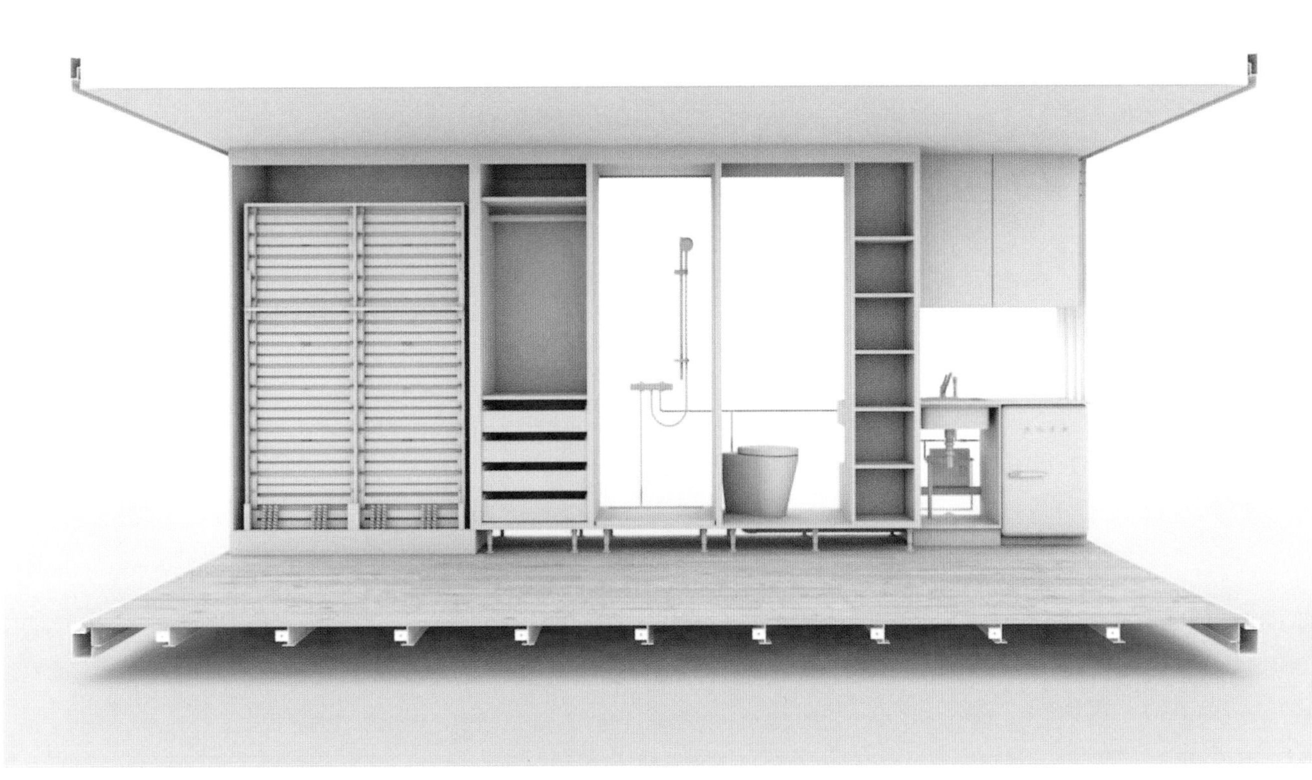

HOME 通用房间系统以模块化和移动性为特征。除了现场组装外，成品模块的运输也是可能的，因此可以在工厂或工作间组装后运送成品模块。高度耐用的模块可以重新组装，能够保值，是一种具有多种可能性和优势的投资项目（从税款冲销到转售）。外形可以通过组合和堆叠在头脑中的各种模块进行设计，因此可以在简单的住宅中创造无数可能的工作和生活空间。各个模块的结构完整性能够确保成品单元可以起吊并运输到新地点

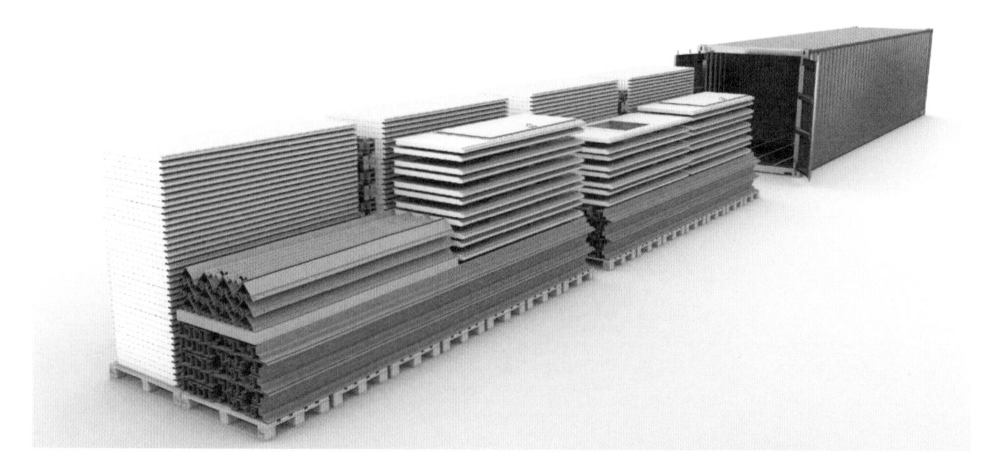

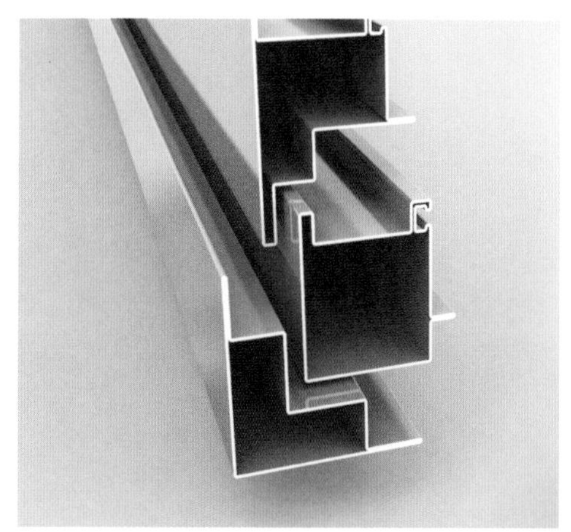

无论是作为采油或采矿工人的营房，还是作为快速开发地区的临时住宅，HOME模块系统都能够满足紧急住宅需求——运输快捷，安装省时。其规划过程具有以下优势：

- 即时可用和成本低廉
- 运输快捷、运输可能性多
- 高质量、高安全标准
- 低维护、低维修和更换成本
- 延长使用时间的可能
- 集群建造，可以提供更好的舒适性和功能性
- 即时需求满足后转变成永久使用设施的可能等
- 可拆卸供以后使用
- 高质量模块可确保投资的安全

HOME 提供的模块通用住宅为规划师设计和管理设施提供了极大的灵活性。多功能模块可用作住宅以及基础设施。我们的住宅单元还能兼容空调和太阳能电池板等设备。住宅单元可在预组装后进行运输或在现场完成组装

即便是建立了优良社会关系的组织，要想穿过地形崎岖或高危险地区运输医疗设施到偏远地点，也会陷入后勤运输的难题。HOME 医疗模块能够以紧凑形式运输到交通不便的地区，然后在现场进行快速方便的组装。该方案提出了一种足够坚固的框架，既能满足现代医疗的严格要求，也足够灵活，能为医疗服务匮乏地区创造服务通道。无论是用作额外病房还是移动住宅单元，此类医疗中心模块都需要特别设施。HOME 医疗模块能将卫生单位所需的技术功能融入模块结构

模块能以一种紧凑型形式打包运输到交通不便地区，也可在工厂组装后进行运输，以备即时使用

医疗单元具有以下优势：

- 方便清洁和消毒
- 模块方便灵活，可容纳病人和设备
- 方便轮椅进出

医疗中心

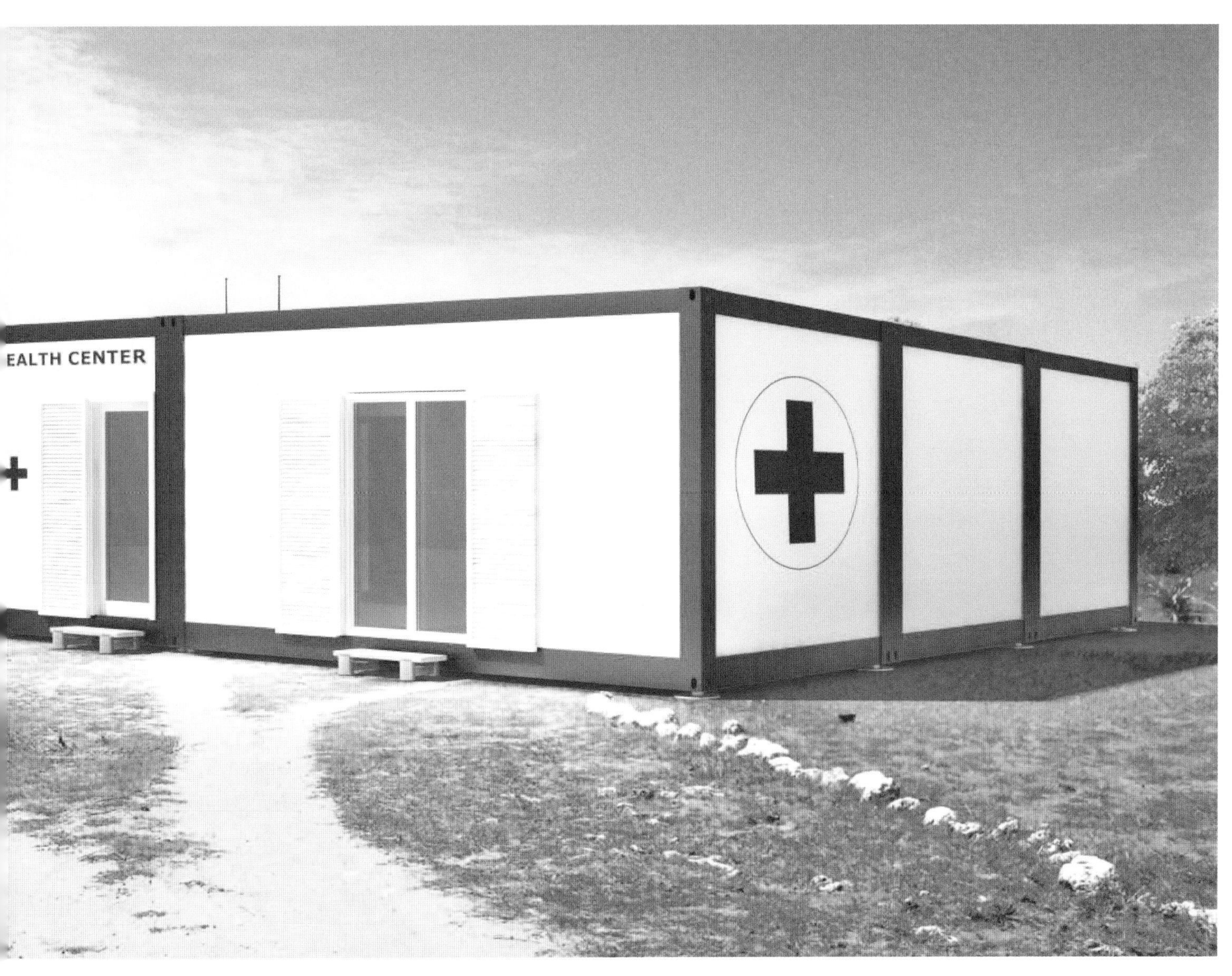
EALTH CENTER

小型住宅

采用当地建筑材料改造成一栋小型住宅

建造永久住宅是一个极其复杂的过程，特别是在发生自然灾害后和经济落后地区。无论是在小城镇还是大城市，规划师面临的特别挑战是，如何在不计其数的时间和财务条件限制下建造社区，同时又不忘基础设施要求和对城市未来开发的影响。HOME模块系统通过快速供应模块满足即时住宅和商业空间需求，从而使居民和规划师在重建社区时在现场拥有功能性空间。住宅单元可通过社区私人公司进行维护或租赁。模块甚至能够改造成永久住宅，因为它们采用的是镀锌钢结构，可允许室内和室外空间的改造

别墅

HOME 基础模块能给建筑设计一种现代和吸引眼球的效果，而建筑设计充分利用了高质量结构和集成技术细节。有了型钢框架，建筑师在设计阳光充足、极简主义和通风良好的项目时就能发挥无限可能性，从而完美地将室内和室外空间融为一体

办公楼

扩建企业设施并不一定要因为拖车或廉价的办公集装箱而破坏企业形象或降低员工士气。这些可堆叠的高性能单元能给予经济适用的临时设施一种光鲜的形象，并通过延长其生命周期而使其变成有意义而合理的投资

10

TUK临时住房

建筑功能
难民临时住房

制造商
DREHTAINER

标准模块规格
6米×3米×2.8米

建筑材料
木框架和角钢;
夹芯板外墙; 塑胶门厅; 中空玻璃塑胶窗; PVC地板

专门生产特别设计集装箱的DREHTAINER公司拟定了这样的目标：为难民建造耐候保温住宅。这些住房单元被称为TUK(temporäre Unter kunfte,临时住宅的缩写)，由一个以夹芯板完全包覆的框架结构构成。这些6米×3米的大型临时住房采用中空玻璃塑料窗，提高了冬天的保温效果，同时还配备了必要的电气设备。此外，每座TUK临时住房能够容纳多达八位使用者。尽管空间第一眼看去显得狭窄，但实际上具有足够的房间容纳公共厨房或洁具。TUK临时住房与大型集装箱或过渡模块结构相比，明显更具成本效应，因为其安装更加快捷高效。而集装箱如果需要对其基本结构进行设计，则会导致成本增加。TUK临时住房使用PVC地板，维护要求低，耐用，使用周期长，而且成本低廉。对难民而言，TUK临时住房具有极高的适应性，还可移动，与帐篷相比，在冬天绝对是更好的选择。况且，它们不仅可在户外堆叠成整齐的行列，还能用作运动场和难民中心——这两类建筑由于其空间宽敞，往往很难有效供热。

具有良好隔热性能的 TUK 单元

临时住房被组装成排列整齐的行列：
这些模块在户外不仅适用于成排组合使用，还可以搭建成常常因为空间过大导致供热不好的运动场和避难中心

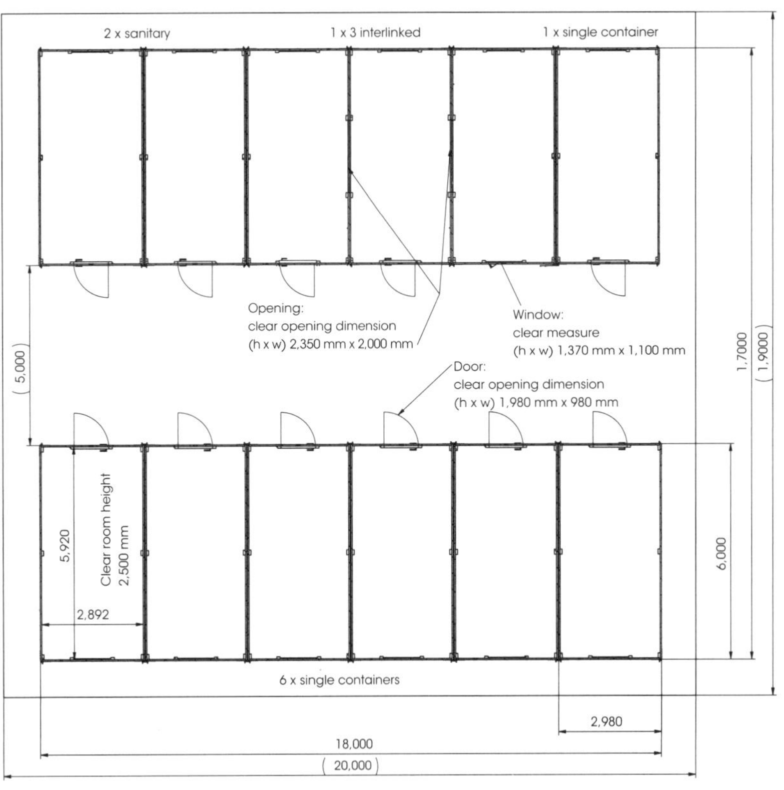

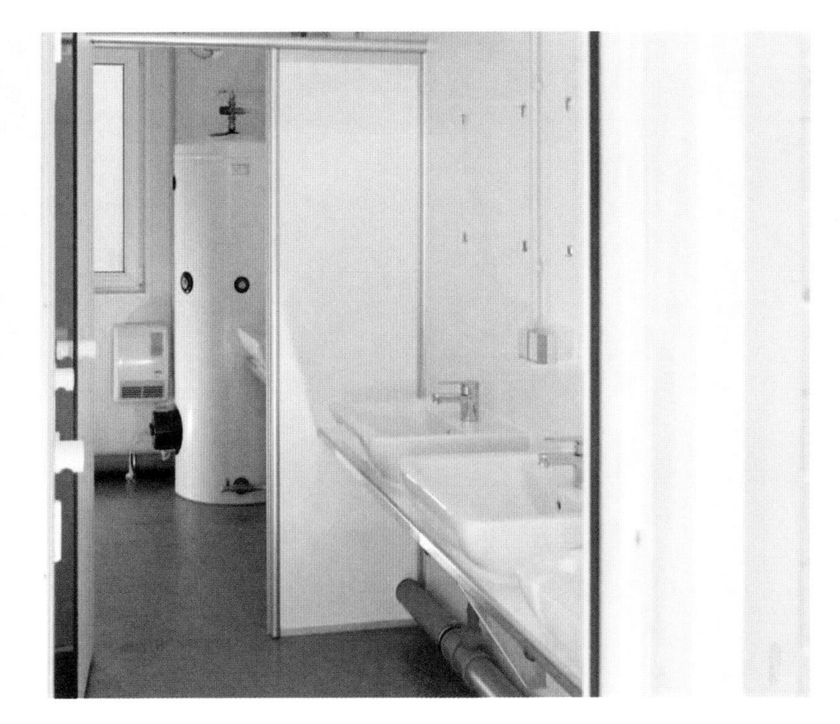

临时生活设施的内景：
第一眼看上去，TUK 临时住房的内部显得有些拥挤，但实际上却提供了足够容纳公用厨房以及卫生设施的空间

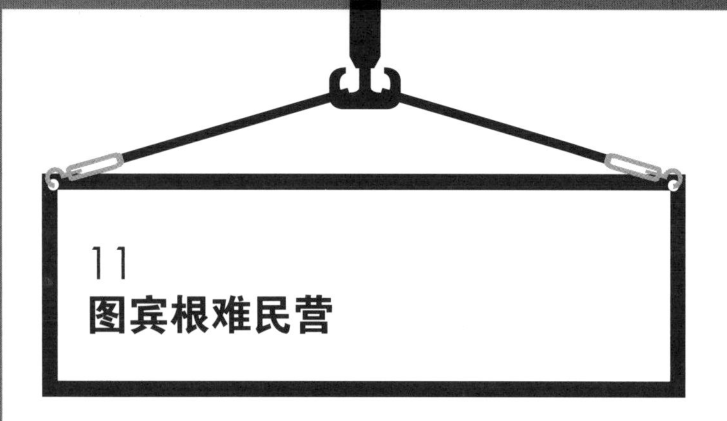

11
图宾根难民营

建筑功能
难民住宅

建筑设计
哈菲尔建筑师事务所

业主
图宾根区域建筑股份有限公司

占地面积
1451平方米

建筑材料
带钢制框架结构的集装箱

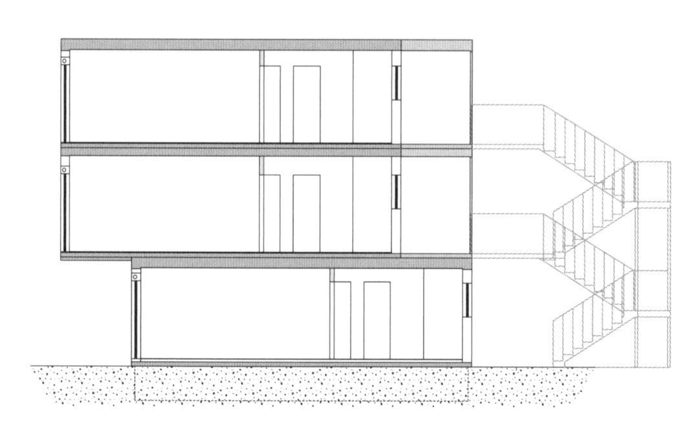

系统剖面图

图宾根难民营是一个采用高质量可改变集装箱创造舒适生活空间的案例。在这个案例中，住宅单元因大胆的颜色，如黄色和橙色的采用而鲜艳夺目，创造了一种强烈的视觉效果。这种效果又因为奶油色和白色的采用而有所缓和。该营地包括三栋住宅建筑，彼此之间通过钢楼梯和挑廊式入口连接。每套公寓包括两到三个房间，还有公共区、浴室和烘干室。集装箱相互堆叠，上部楼层从正立面往外悬挑约 2 米，以构成有顶盖的露台。从落地窗进入的阳光能够照亮每个单元的室内空间，为居住者创造一个通风、舒适的环境。在一楼，可从窗户直接走到室外。

楼层平面图类型

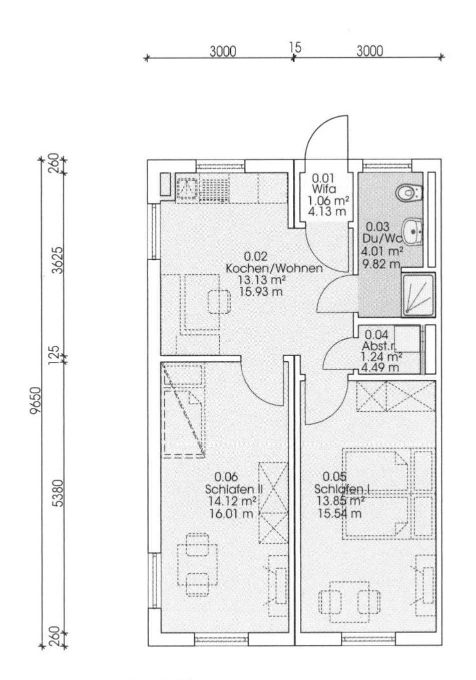

类型 1：公寓 1 的楼层平面图

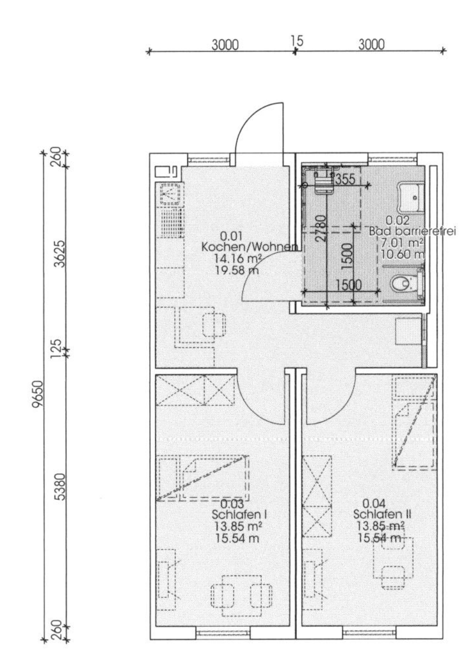

类型 1b: 公寓 2 的楼层平面图（轮椅可出入）

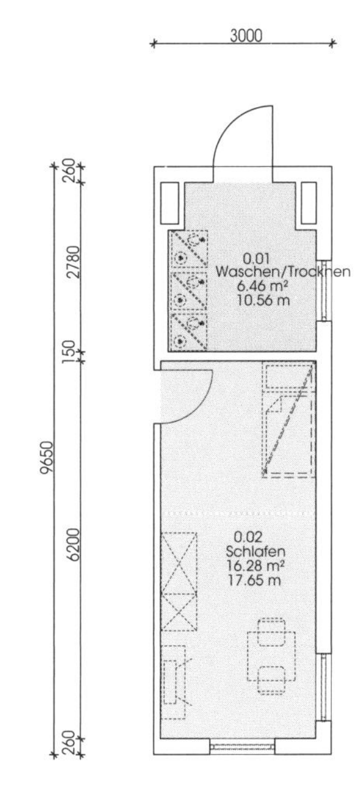

类型 2: 公寓 3 的楼层平面图，带一个洗衣房和烘干室

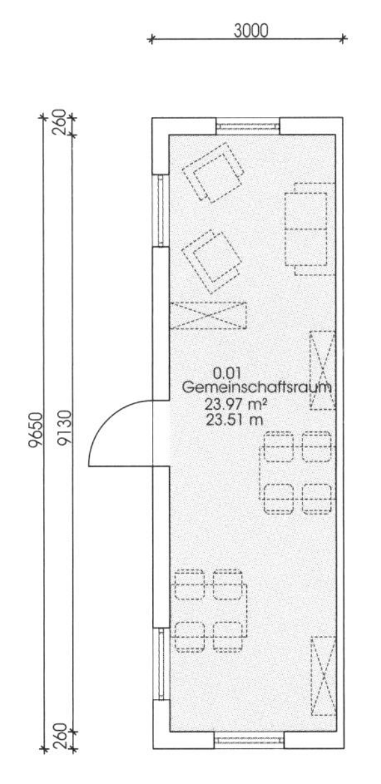

类型3：娱乐室1的楼层平面图

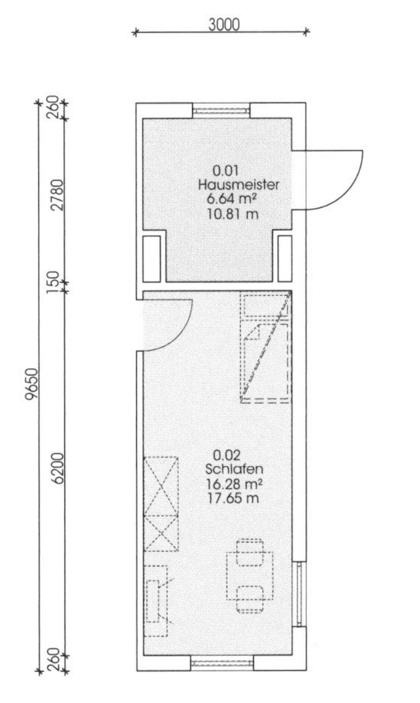

类型4：公寓4的楼层平面图，带一个门卫室

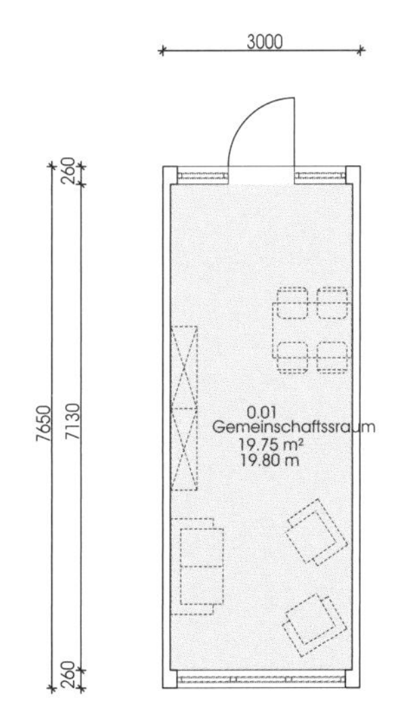

类型5：娱乐室2的楼层平面图

Kinderspielplatz ca. 64m²
Fahrräder
Gemeinschaftsterrasse ca. 30m²
Gemeinschaftsterrasse ca. 21m²
Gemeinschaftsraum
OK FFB EG 323,10m
± +/- 0,00
2000
9650
7350
1090
15060
3000
15

一层平面图

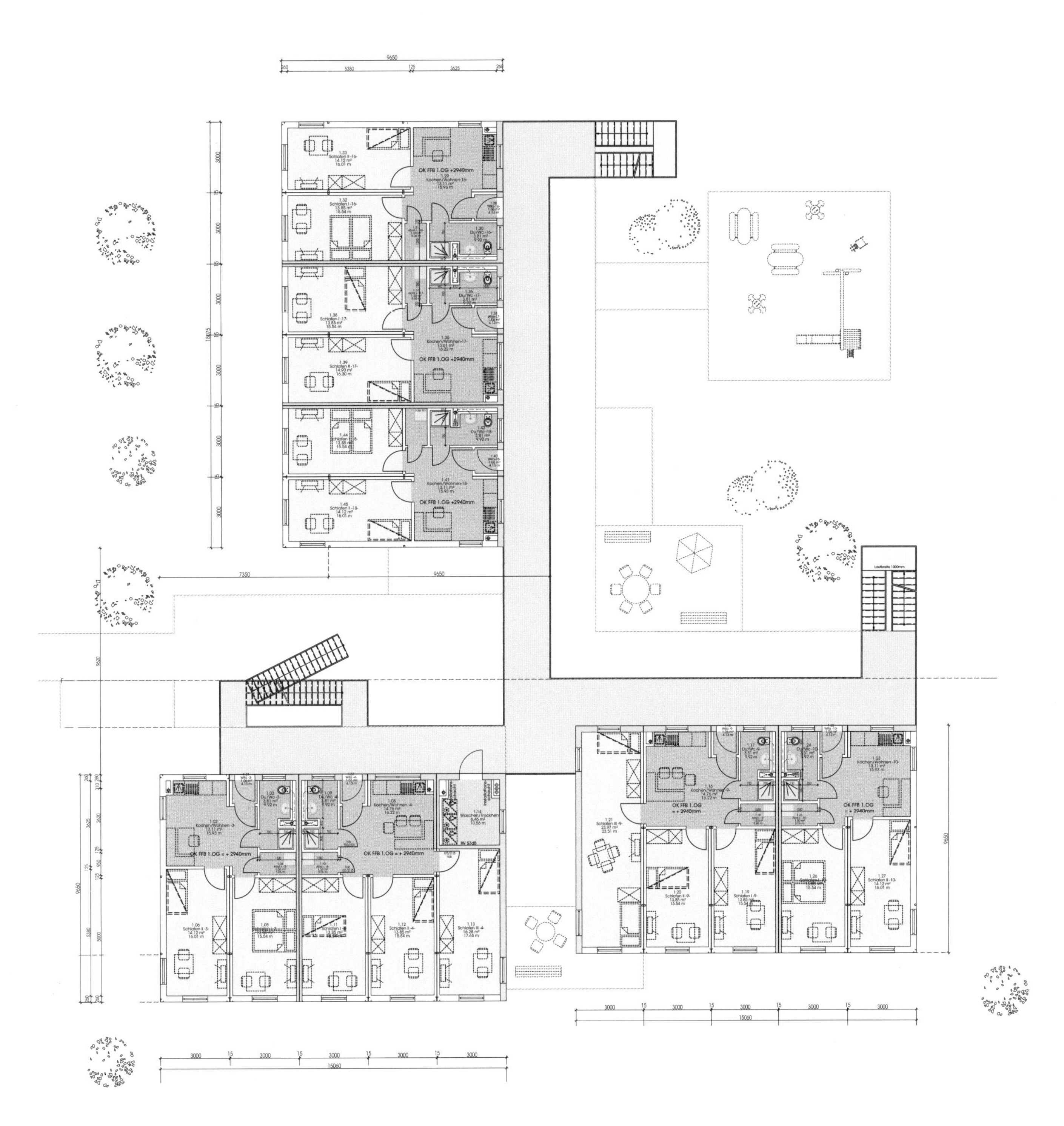

二层平面图

Photos: Johannes Wosilat

难民营外观：

上部集装箱在正立面上悬挑约 2 米（右图）

建筑功能
避难住宅

制造商
ALHO系统住宅股份有限公司

占地面积
1348平方米/4101平方米/2778平方米

建筑材料
自承重钢框架结构空间模块

该营地由3座独立式住宅建筑构成，主要用以收留寻求庇护者和难民。这些住宅建筑包括大量标准化公寓（每套公寓可容纳2~3人）、中心公共区、厨房和卫生设施、行政区、可做工作室的书房以及保留的娱乐空间。楼层平面图采用经济型模块网格系统。集装箱单元可以焊接起来构成各种堆叠结构——从具有挑廊式入口的结构到2~3层塔式大楼或集装箱摩天大楼，再到6层大厦外围结构和附属建筑。通过模块设计，可利用钢框架结构和非承重墙体创造不同的布局。这也使得墙体在需要的时候可以移动。此外，设计师还能在任何时候在现有结构上增加一层楼，或对其进行改建。这种可转换钢盒的灵活性还具有一种优势，即它能够实现更高程度的定制化，从而满足不断变化的要求，或不同国家的技术要求。无论是否从中长期社会发展来看，这种试验性过渡设计都意味着集装箱住宅是一种安全的投资。除了适应性外，对适合集装箱的低排放测试材料的采用提高了集装箱住宅的可持续性并确保了其使用周期。

二人间

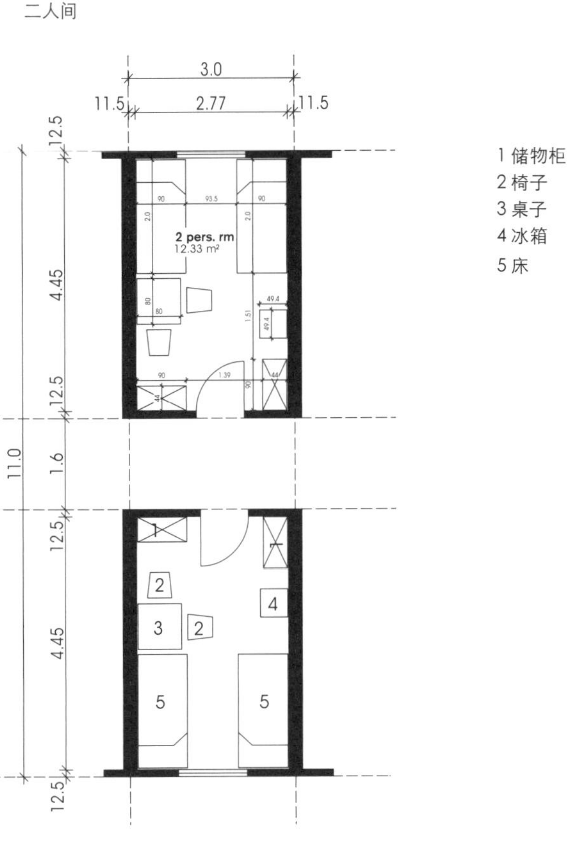

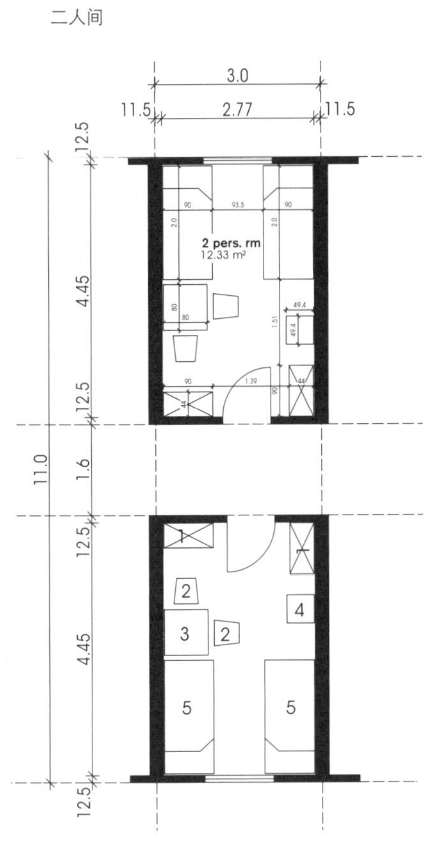

三人间

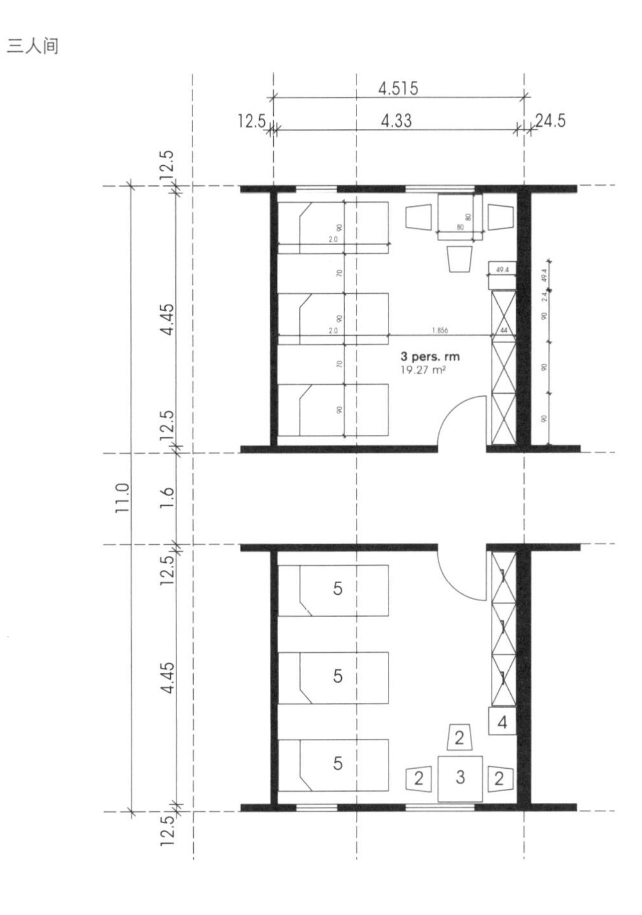

厨房

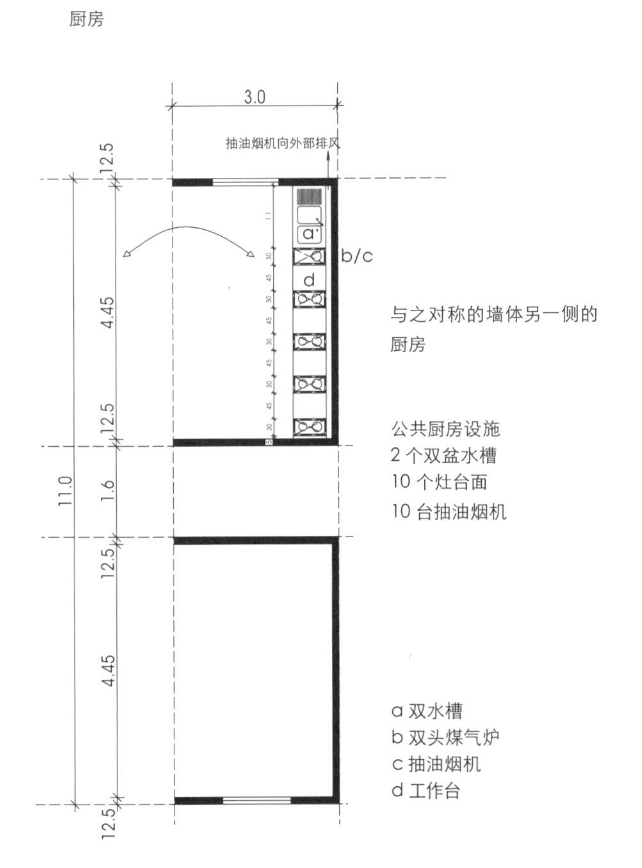

无障碍房间

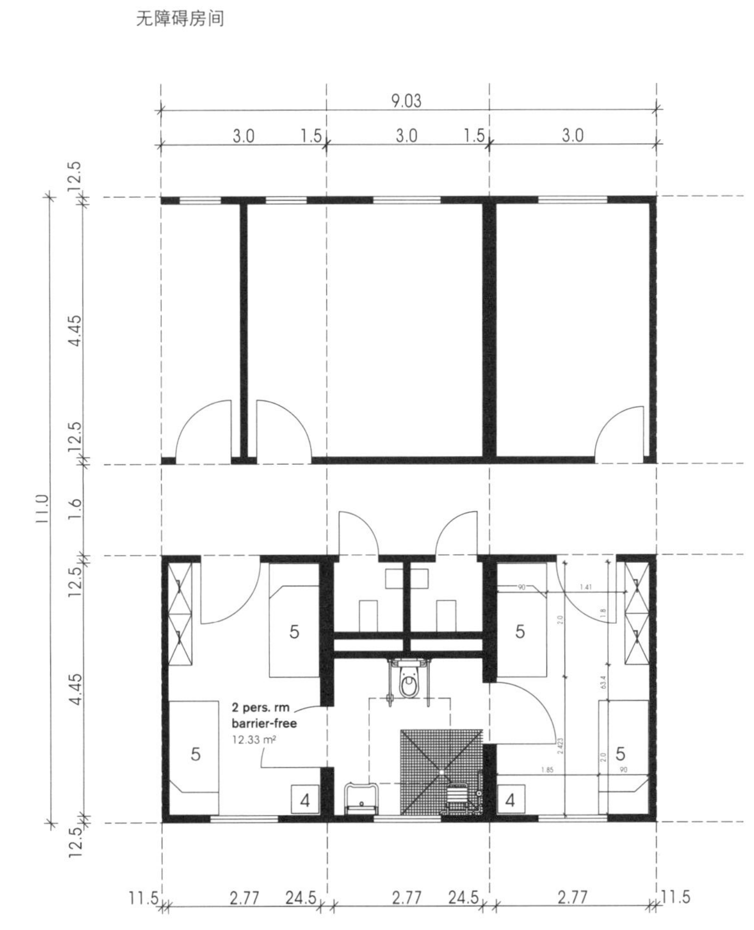

拉特诺

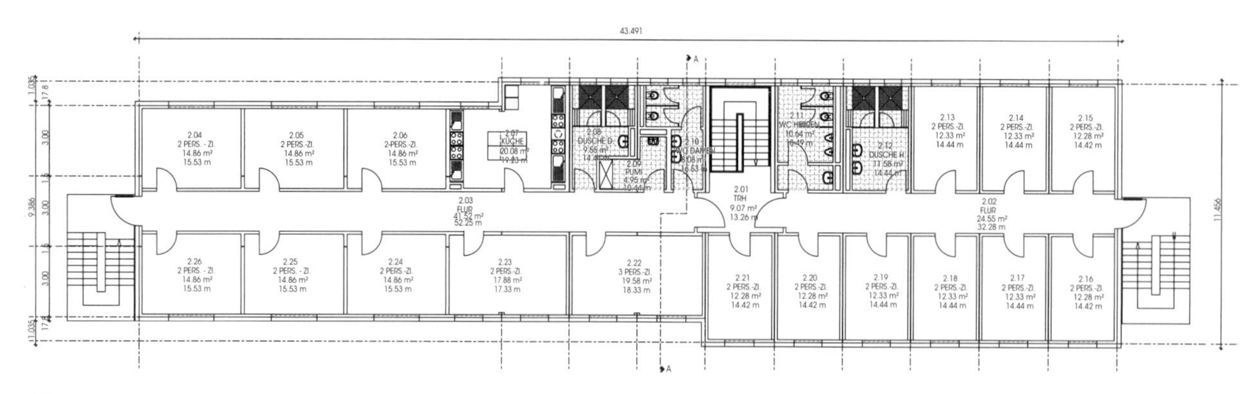

三层平面图

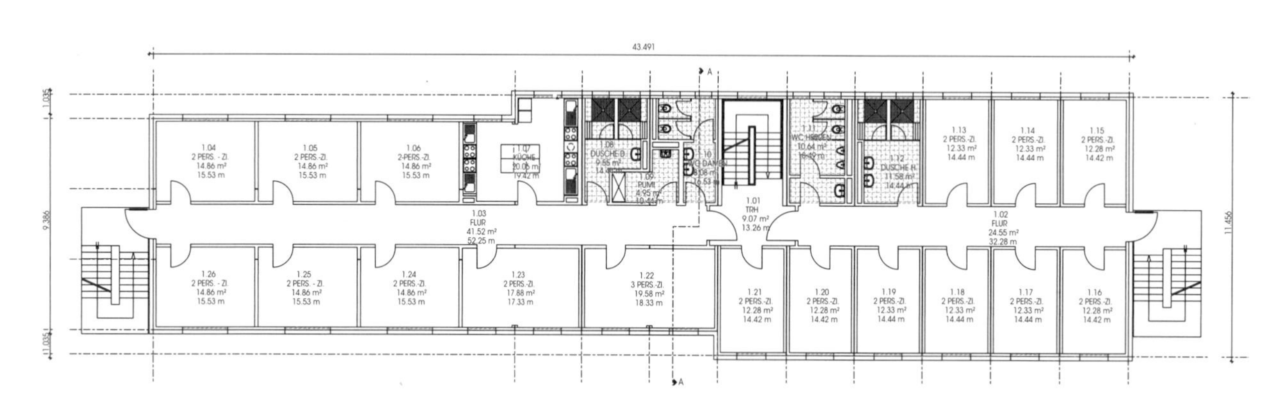

二层平面图

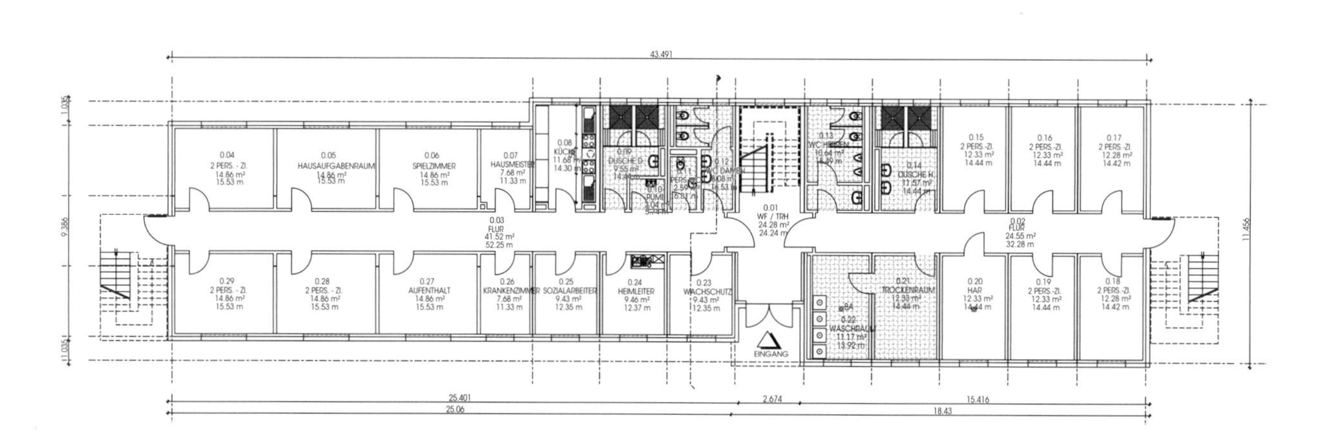

一层平面图

建筑外观

图片来源：马丁·拉西格

瑙恩

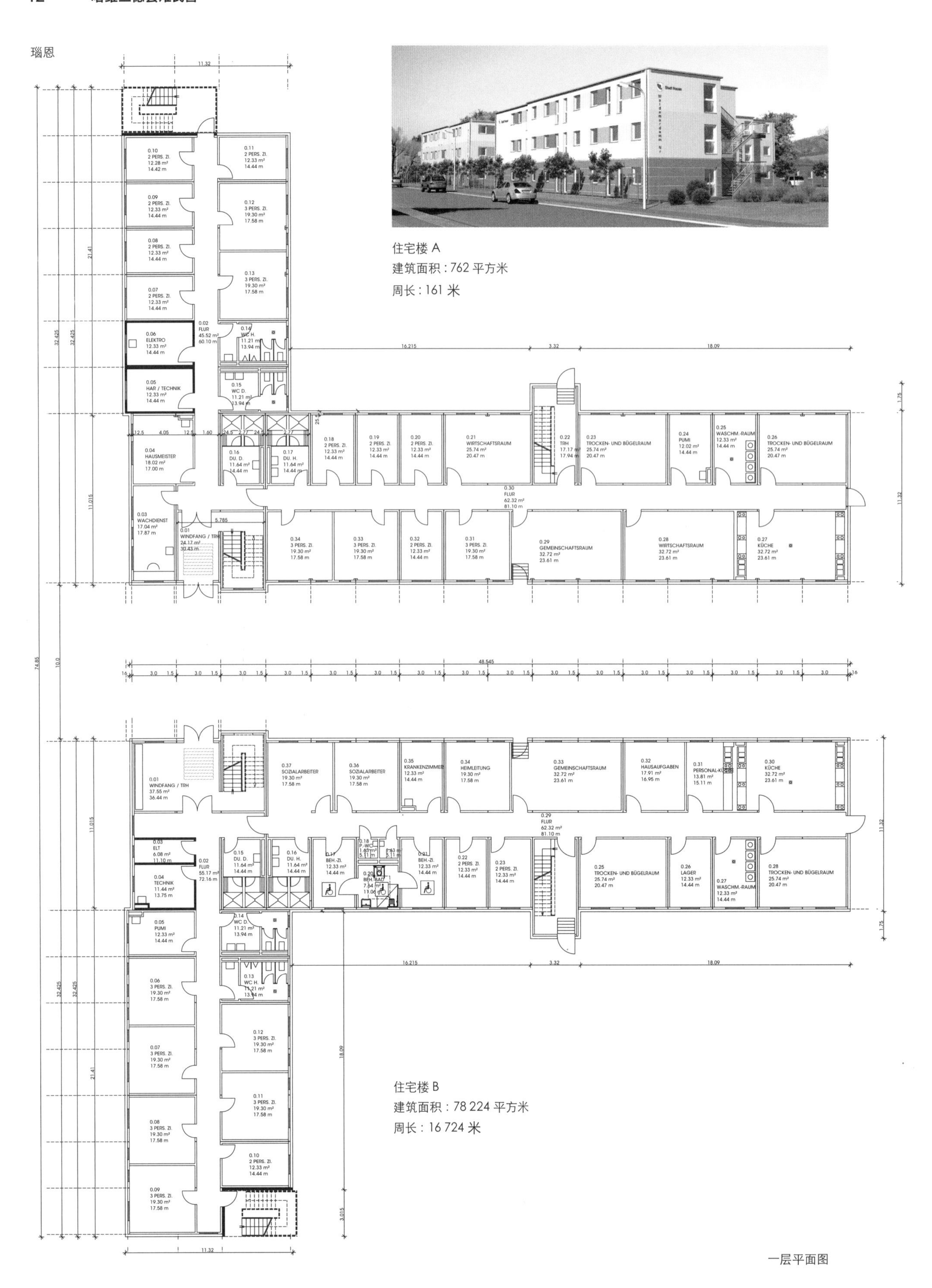

住宅楼 A
建筑面积：762 平方米
周长：161 米

住宅楼 B
建筑面积：78 224 平方米
周长：16 724 米

一层平面图

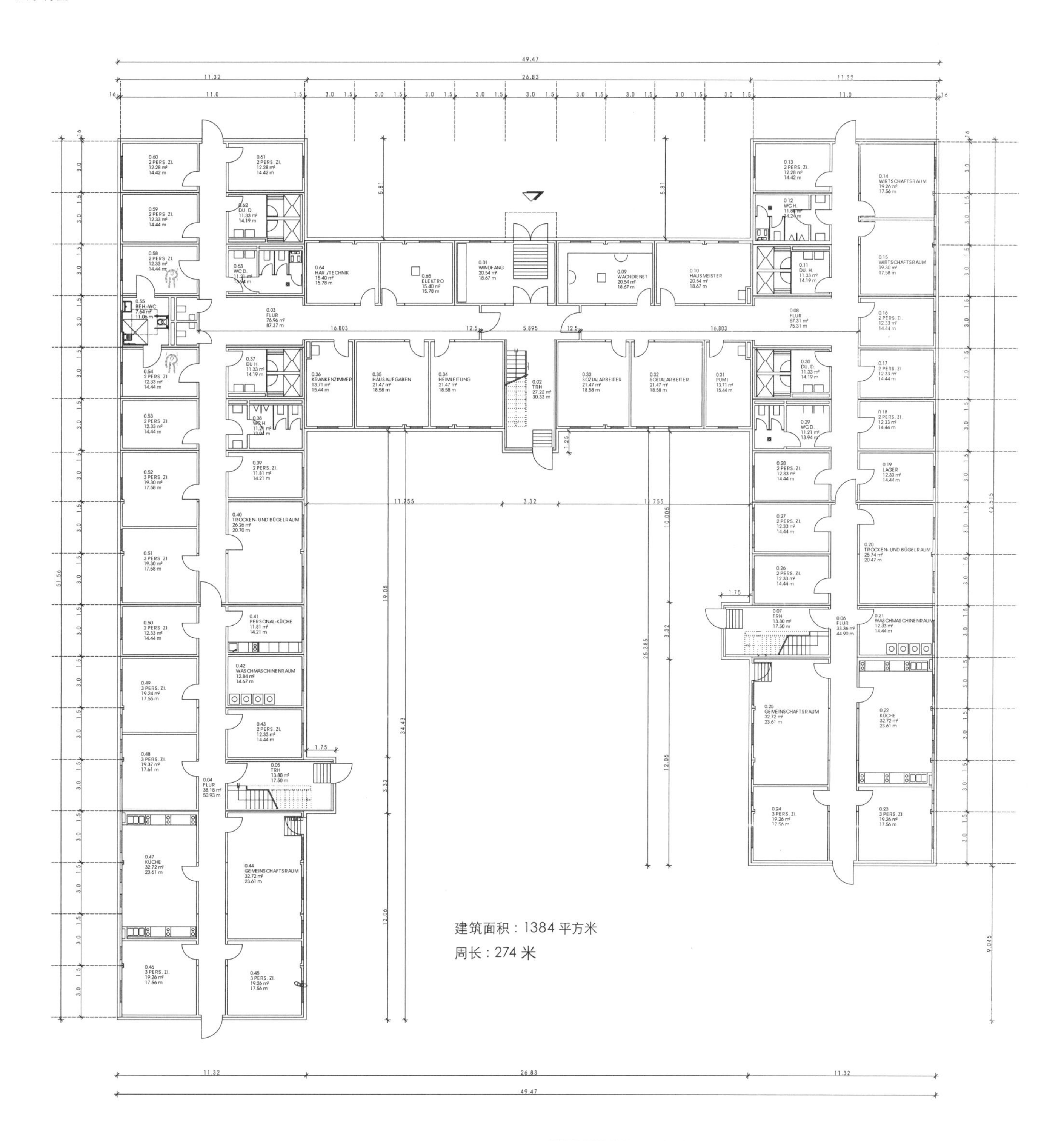

一层平面图

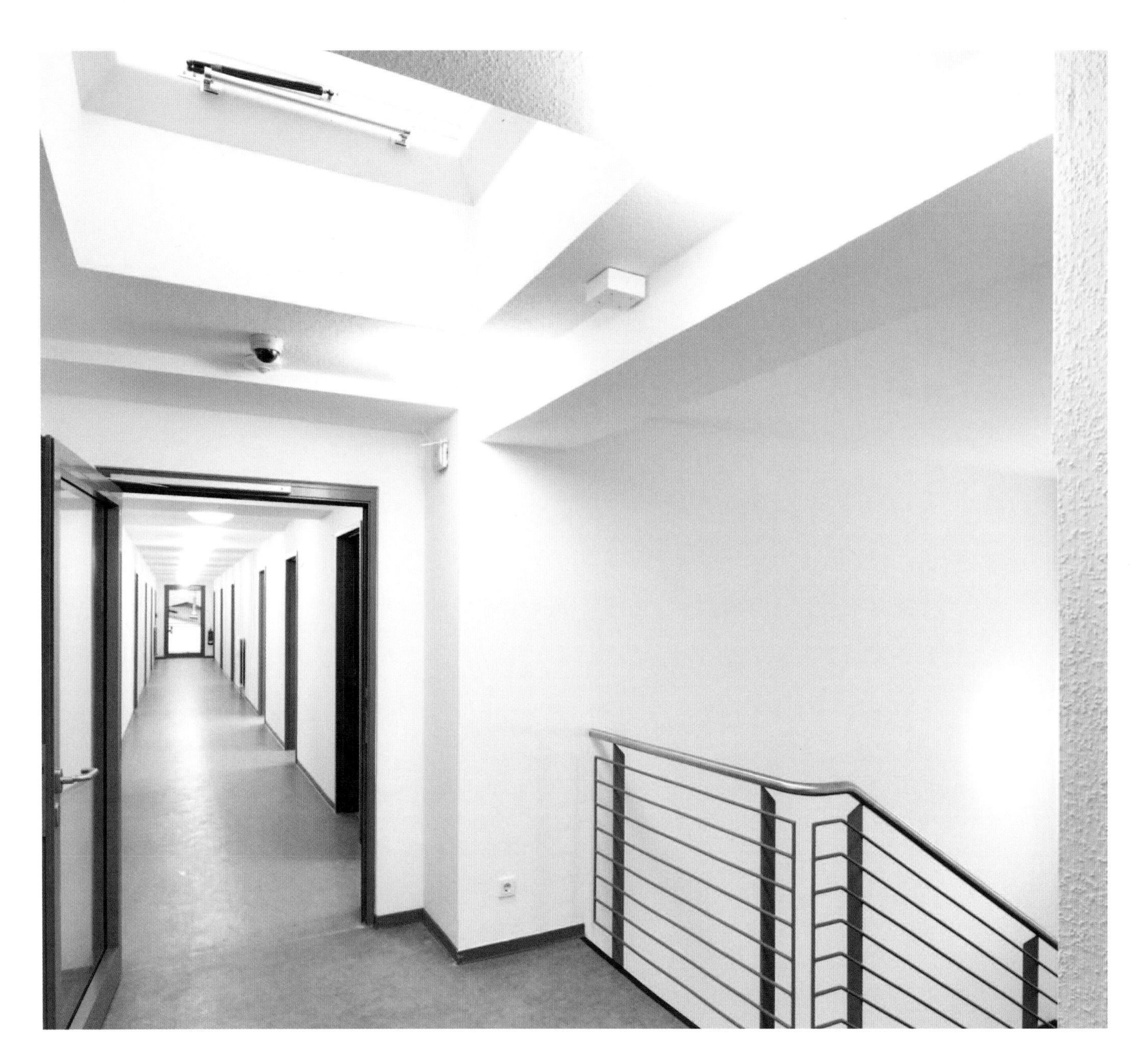

内景：难民营提供的房间宽敞明亮，还包括公用区域，例如自习室等（上图）

图片来源：马丁·拉西格

13
思乐办公楼

建筑功能
办公室

建筑设计
穆泽建筑事务所

标准模块规格
5.25米×11.8米

建筑材料
自承重钢框架空间模块

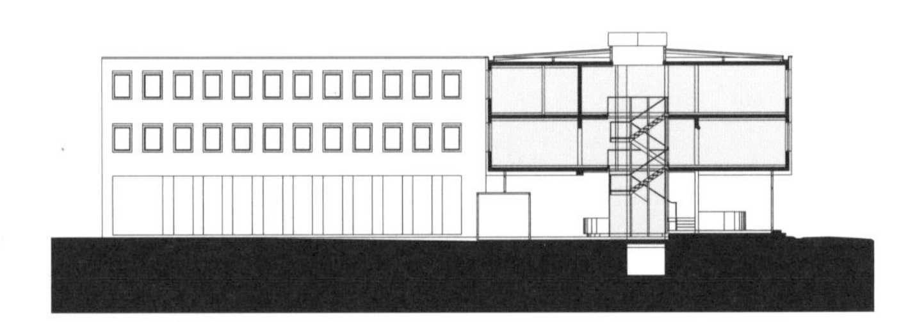

南侧立面

东侧立面

当一家公司在几十年内不断扩大规模时，新建筑就会在需要的时间、需要的地点涌现。极少有战略性总平面图能够预期可能的经济发展并谨慎考虑对生产和管理设施的不断增长的需求。这家玩具工厂也是如此，直到它最终找到一个长期解决方案。当需要建造一栋新建筑辅助钢筋混凝土老建筑时，新建筑规划是为了提供办公室空间，同时为分散的建筑提供一个精心设计的统一布局。因此，建筑师决定选择一种既实用又具有高质量的设计。它不仅从美学方面反映现场的工业性质，还应能够快速有效地实施。它应既简单又漂亮。而且当人们看到新建部分时，你不能让他们看出它是用集装箱建成的。从施工开始到建筑移交的整个施工过程仅花费了两个月时间。装饰覆面之下的新办公楼是一个镶板钢制集装箱和一个用于未来扩建的经济型布局。组合建筑的创造性在室内空间表现得尤为明显，墙体以大型动物剪影作为装饰（与乏味的装饰设计元素形成对比），自然光透过高窗倾泻而下，明亮的细节之处抓人眼球。

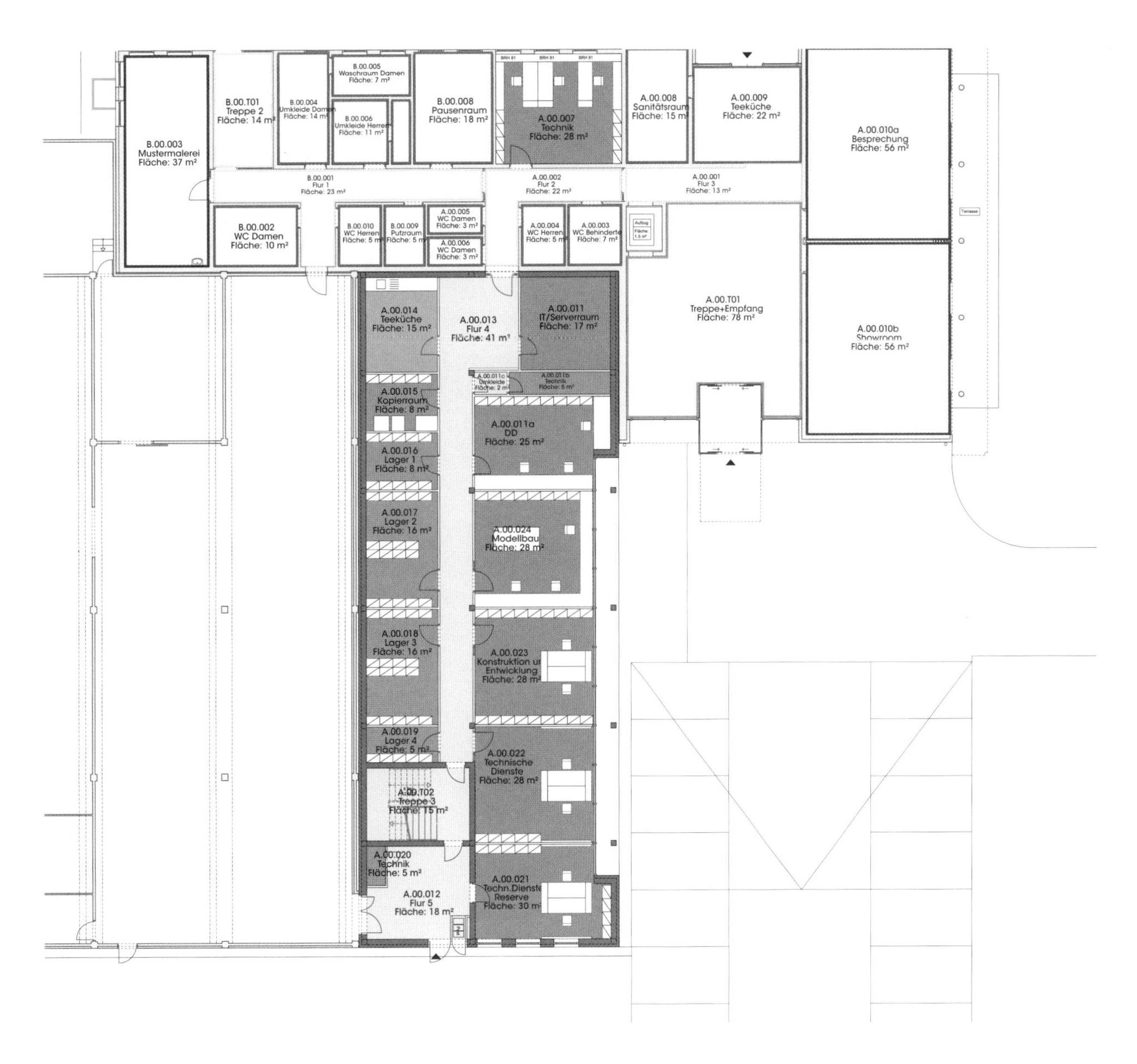

B.00.003
Mustermalerei
Fläche: 37 m²
B.00.T01
Treppe 2
Fläche: 14 m²
B.00.005
Waschraum Damen
Fläche: 7 m²
B.00.008
Pausenraum
Fläche: 18 m²
A.00.007
Technik
Fläche: 28 m²
A.00.008
Sanitätsraum
Fläche: 15 m²
A.00.009
Teeküche
Fläche: 22 m²
A.00.010a
Besprechung
Fläche: 56 m²
B.00.001
Flur 1
Fläche: 23 m²
A.00.002
Flur 2
Fläche: 22 m²
A.00.001
Flur 3
Fläche: 13 m²
B.00.002
WC Damen
Fläche: 10 m²
A.00.005
WC Damen
Fläche: 3 m²
A.00.006
WC Damen
Fläche: 3 m²
A.00.T01
Treppe+Empfang
Fläche: 78 m²
A.00.010b
Showroom
Fläche: 56 m²
A.00.014
Teeküche
Fläche: 15 m²
A.00.013
Flur 4
Fläche: 41 m²
A.00.011
IT/Serverraum
Fläche: 17 m²
A.00.015
Kopierraum
Fläche: 8 m²
A.00.011a
DD
Fläche: 25 m²
A.00.016
Lager 1
Fläche: 8 m²
A.00.017
Lager 2
Fläche: 16 m²
A.00.024
Modellbau
Fläche: 28 m²
A.00.018
Lager 3
Fläche: 16 m²
A.00.023
Konstruktion und
Entwicklung
Fläche: 28 m²
A.00.019
Lager 4
Fläche: 5 m²
A.00.022
Technische
Dienste
Fläche: 28 m²
A.00.T02
Treppe 3
Fläche: 15 m²
A.00.020
Technik
Fläche: 5 m²
A.00.012
Flur 5
Fläche: 18 m²
A.00.021
Techn.Dienste
Reserve
Fläche: 30 m²

一层平面图

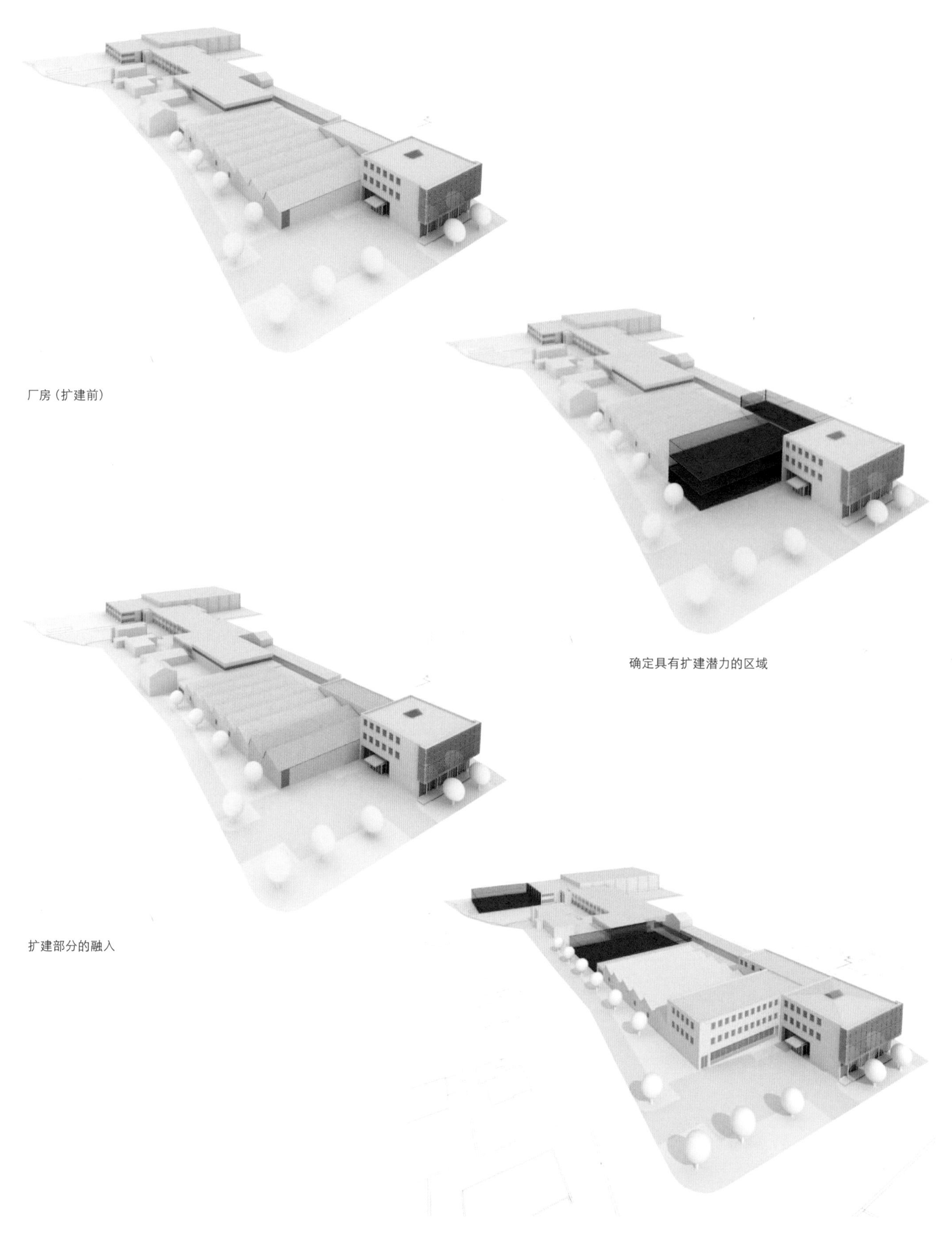

厂房（扩建前）

确定具有扩建潜力的区域

扩建部分的融入

未来扩建的潜力区域

图片来源：维尔纳·胡斯马赫

思乐办公楼外观：左侧为新建的集装箱建筑，右侧是现场浇筑混凝土的老建筑（上图）

扩建建筑与前院（下图）

图片来源：维尔纳·胡斯马赫

图片来源：詹妮弗·托波拉

思乐办公楼外观：立面毫不突兀地与景观融为一体（上图）从建筑外观来看，不太容易确定其中一部分是由集装箱组装而成的（左图）

图片来源：维尔纳·胡斯马赫

办公楼内景：墙体以大型动物剪影作为装饰，自然光透过高窗倾泻而下，细节之处抓人眼球

14 KODA模块单元

建筑功能
住宅、商用、办公室

建筑设计
Kodasema

标准模块规格
外部尺寸（包括混凝土露台）：
7.2米×3.9米×3.9米
内部尺寸：6米×3.6米×3.6米
占用面积：28平方米
内部容积：76平方米
重量：28吨

建筑材料
混凝土、木材、金属、玻璃

爱沙尼亚建筑工程公司 Kodasema 开发的 KODA 模块单元充分利用了小型空置城市空间。KODA 模块微型单元能够让使用者在选定的地点创造临时或永久生活或商业空间——可改造成酒店、住宅、商铺、咖啡馆和工作室、社区活动中心等。该模块单元不需要任何地基，只需具有足够承重能力的地面、填平的基础以及给排水和供电连接点，而智能供热、制冷和电源系统埋入地板、天花板和内墙内。因此，它能够轻松地在一天内完成安装并在必要时利用货车运输。

每个 KODA 单元都是由薄复合板建造的，复合板的外表面是混凝土，内表面是软木。复合板之间是硅粉中空保温层。这种材料组合构成了牢固耐用的外表面，同时保温层和木材又能按要求控制室内温度。正立面是四层钢化玻璃和一块混凝土遮阳板以及小露台。专门开发的混凝土具有耐用、零维护的特征，浇筑在晾干后的游艇帆上后能在面板上形成一种独特的纹理和图案。室内采用交叉叠层刷天然油脂并打蜡的云杉木板。

KODA 模块系统突出了环保特征：屋顶太阳能电池板、保温系统和四层玻璃立面。每个单元只需 9 立方米混凝土——比一座普通住宅的地基所需的还要少。而且在使用周期末期，构件还能轻松地拆卸下来并加以重复利用。该公司还希望创造更健康的室内气候和氛围，因而安装了大型前窗，以引入大量自然光，尽可能减少了室外噪音，另外还安装了嵌入式可调 LED 灯，并将二氧化碳控制在一定水平。

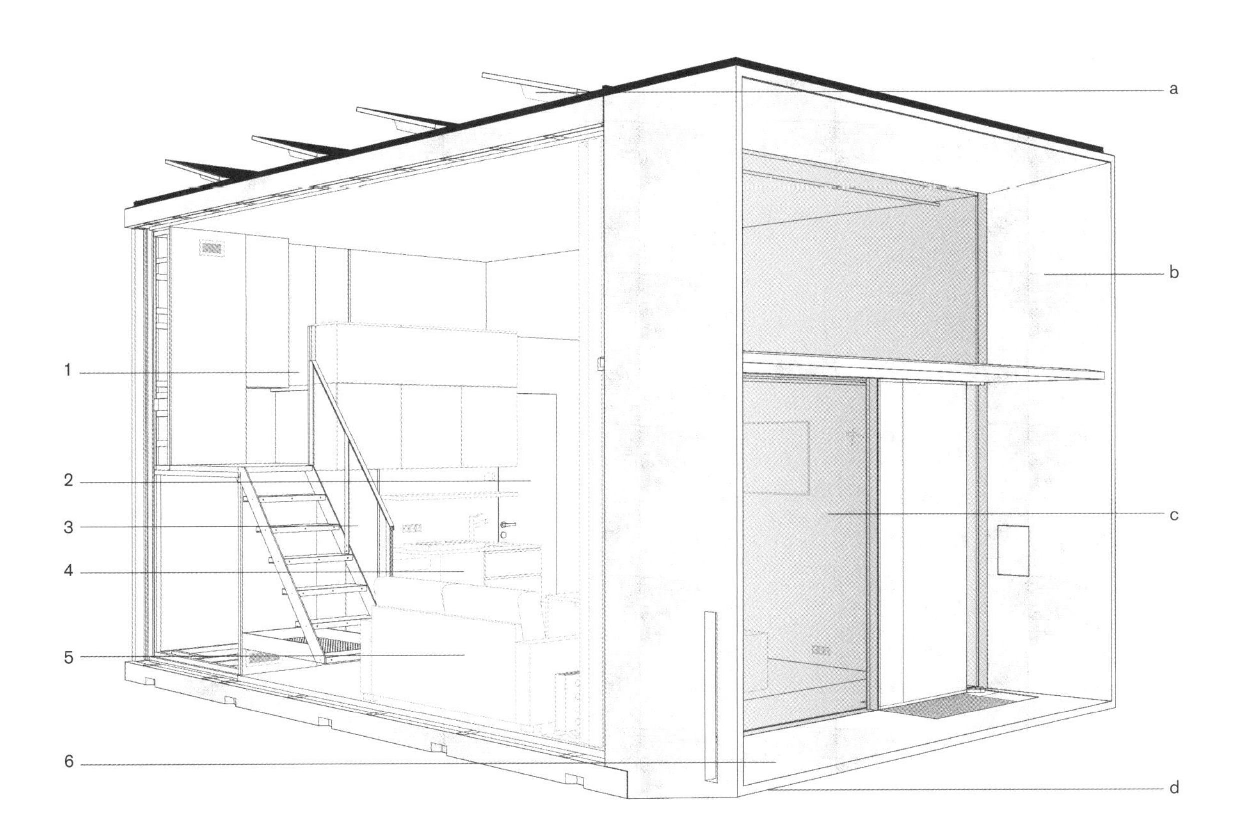

1 5.2 平方米夹层休息区
2 3.1 平方米淋浴间和厕所
3 开放衣柜
4 设施齐全的厨房
5 16 平方米客厅，天花板高度 3.5 米
6 3.5 平方米露台

a 太阳能电池板
b 混凝土外饰面
c 天然木内饰面
d 无地基

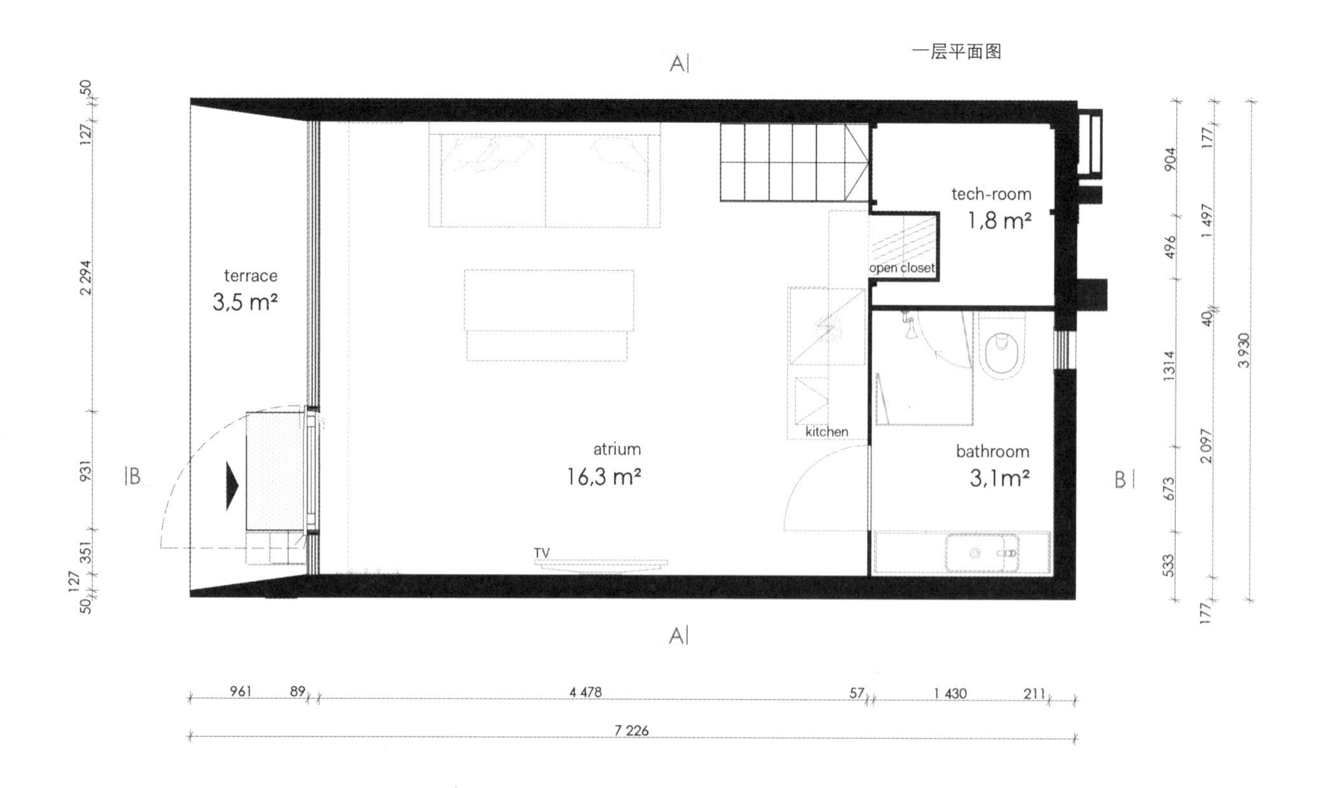
一层平面图
A
terrace
3,5 m²
atrium
16,3 m²
tech-room
1,8 m²
open closet
kitchen
bathroom
3,1m²
TV
B
961
89
4 478
57
1 430
211
7 226
904
496
1314
673
533
177
1 497
40
2 097
3 930
50
127
2 294
931
351

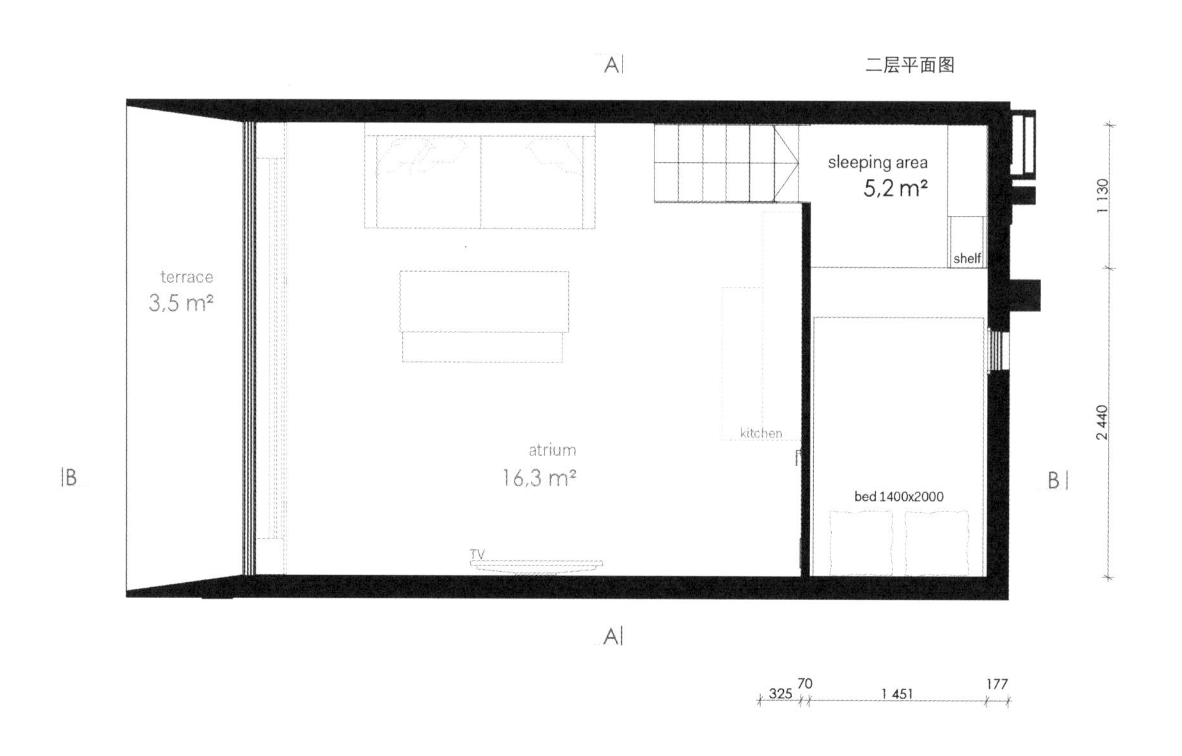
二层平面图
A
terrace
3,5 m²
atrium
16,3 m²
sleeping area
5,2 m²
shelf
kitchen
bed 1400x2000
TV
B
1 130
2 440
325
70
1 451
177

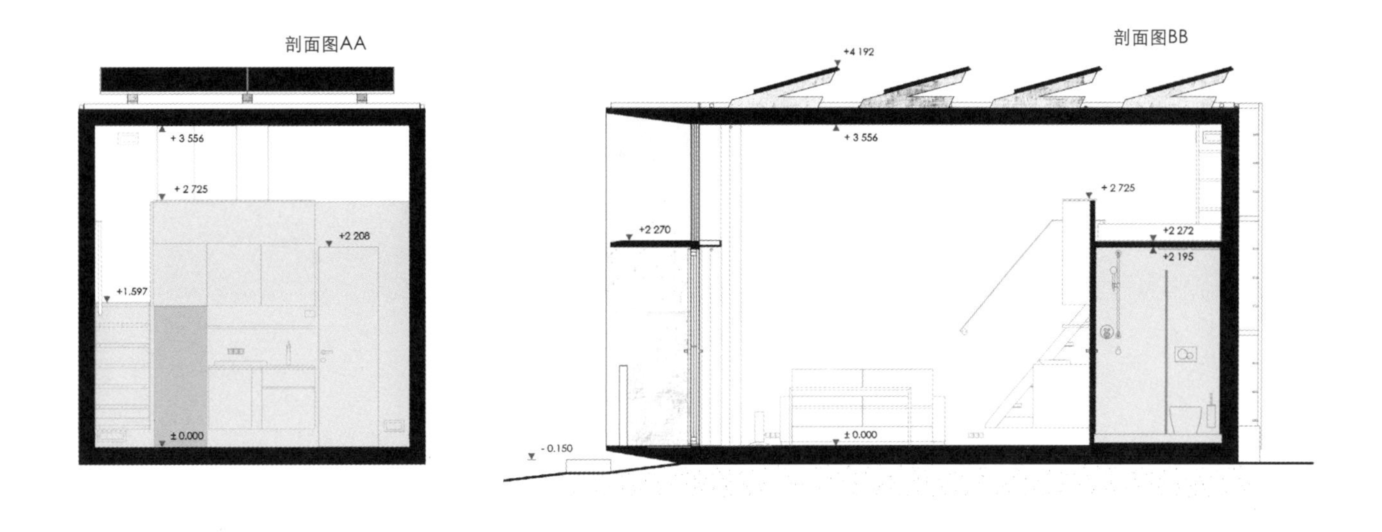
剖面图AA
+ 3 556
+ 2 725
+2 208
+1.597
± 0.000
剖面图BB
+4 192
+ 3 556
+ 2 725
+2 270
+2 272
+2 195
± 0.000
- 0.150

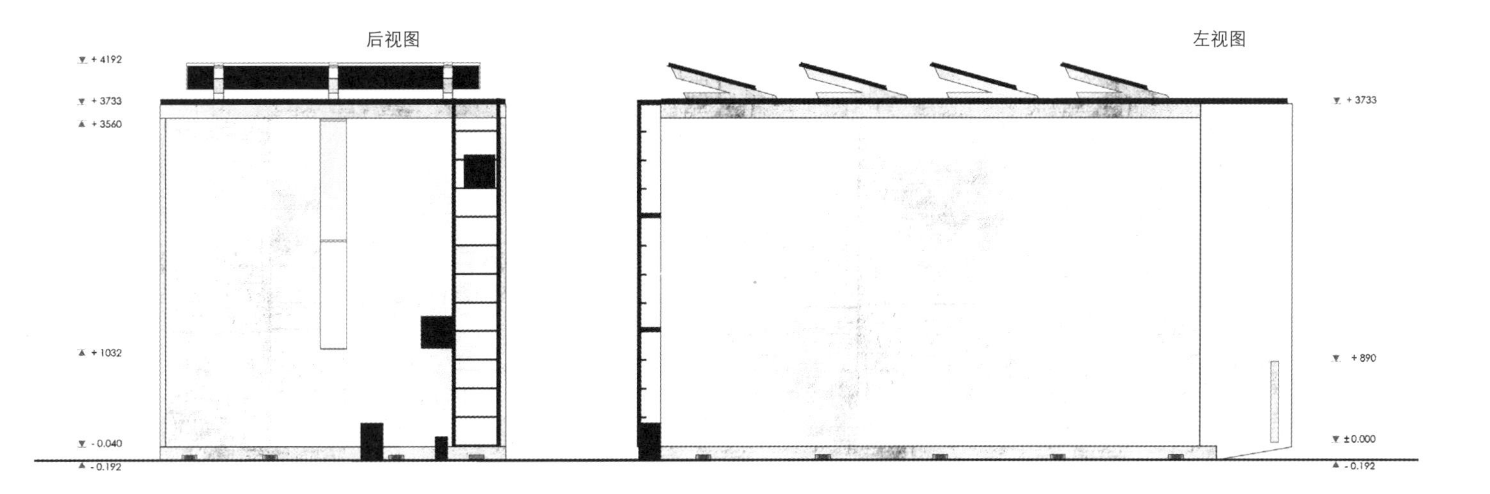
后视图
+ 4192
+ 3733
+ 3560
+ 1032
- 0.040
- 0.192
左视图
+ 3733
+ 890
±0.000
- 0.192

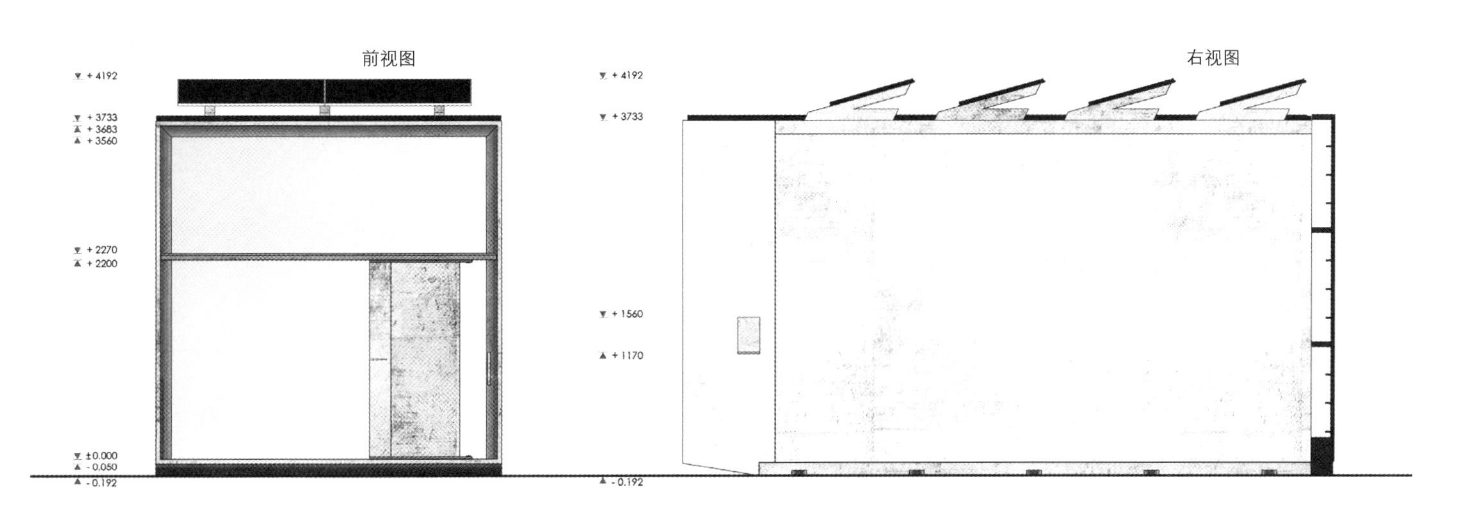
前视图
+ 4192
+ 3733
+ 3683
+ 3560
+ 2270
+ 2200
±0.000
- 0.050
- 0.192
右视图
+ 4192
+ 3733
+ 1560
+ 1170
- 0.192

图片来源：弗兰克·萨乌纳能/KODA

图片来源：托努·塔纳尔/KODA

运输与组装：
KODA模块单元可以通过卡车运送到装配了起重机的施工现场，然后在一天之内迅速组装完毕

图片来源：菲利普·穆泽

图片来源：弗兰克·萨乌纳能/KODA

图片来源：菲利普·穆泽

图片来源：托努·塔纳尔/KODA

图片来源：托努·塔纳尔/KODA

图片来源：阿妮卡·哈斯/KODA

材料与舒适性：KODA模块外皮为混凝土，前立面为四层玻璃，内部则为软木板条，具有很好的隔热性能

图片来源：托努·塔纳尔/KODA

图片来源：奥利佛·穆苏斯/KODA

图片来源：奥利佛·穆苏斯/KODA

图片来源：奥利佛·穆苏斯/KODA

图片来源：托努·塔纳尔/KODA

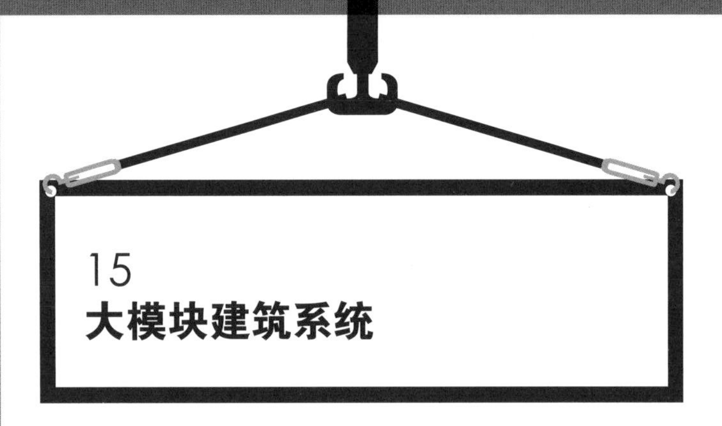

15
大模块建筑系统

建筑功能
住宅

建筑设计
Syntax建筑事务所/大博格集团

标准模块规格
6.4米×3.2米×3.2米
7.2米×3.2米×3.2米

建筑材料
混凝土

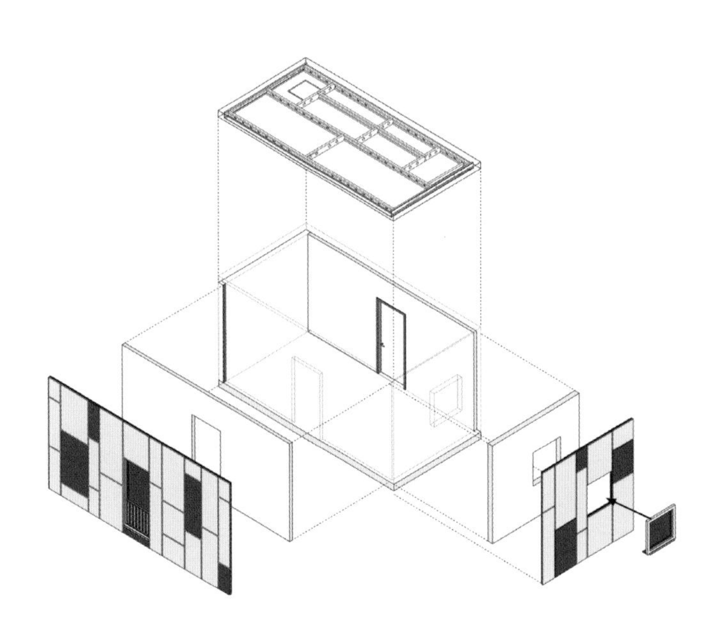

2015 年，大博格集团开始大力开发经济适用房，建立了一个基于实心构件的模块建筑系统，并因此而备受关注。2017 年，这家巴伐利亚公司建立了一条新产线，年产能达 10 万平方米。模块、立面和标准设计能以极其灵活的方式结合起来，大多数饰面工程都是在工厂完成。建筑服务设施协调一致地布置在横向和竖向井道中。工厂制作的模块具有集成卫生间、嵌入式窗户，以及可随时组装的成品门窗表面。该建筑系统的核心构件是一个由板块牢固地拼装而成的自承重混凝土立方块。立面墙可通过窗户大小、护栏元素、遮阳元素和纱窗的变化呈现个性。采用该施工方法利用两种标准化模块能够建造高达八层楼的建筑。“模块 6”的尺寸为 6.4 米 ×3.2 米 ×3.2 米，“模块 7” 的尺寸为 7.2 米 ×3.2 米 ×3.2 米。最小住宅单元的建筑面积为 20 平方米，最大的达到 260 平方米。该建筑系统可采用各种可以想象的城市形式，因此能高度兼容欧洲城市的类型。每栋建筑的楼层平面图都能像在俄罗斯方块游戏中一样通过组合不同大小的公寓进行布置。大博格集团采用由实心构件制作的空间模块，这一决定将大模块系统与上代系统清楚地区别开来，而上代系统包括采用混合木制作模块。

预制住房的历史如今可追溯至 100 年前。专家对其历史的研究发现，几乎没有预制三维元素能够比得上板块系统。这种差异是因为三维模块生产过程中的技术变化，其中一部分是因为此类模块的生产和运输更加困难、成本更高，因为与传统大型板块相比，需要运输的体量更大。但是，空间模块具有很高的预制程度，其组装速度比传统板块系统更快，这一事实足以抵消这种不足。

具有两个外立面的空间模块轴测图
及天花板结构图

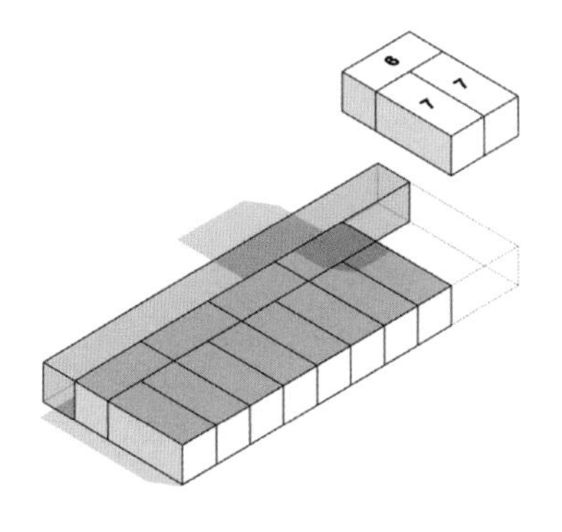

门廊式（出入步道）

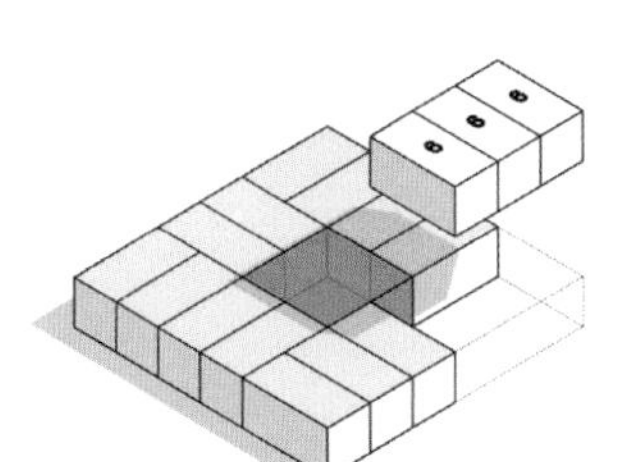

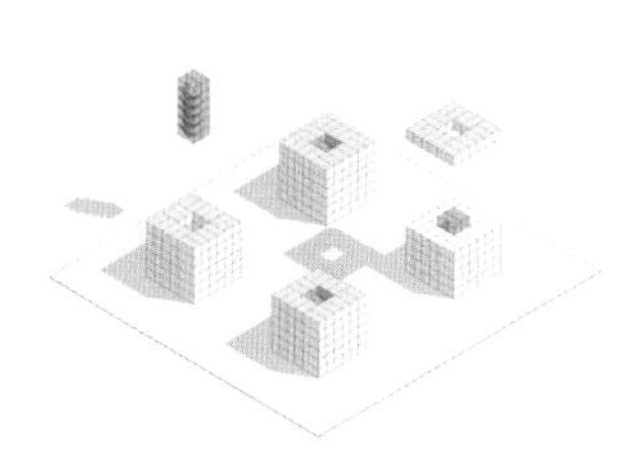

定点式（中心通行核心）

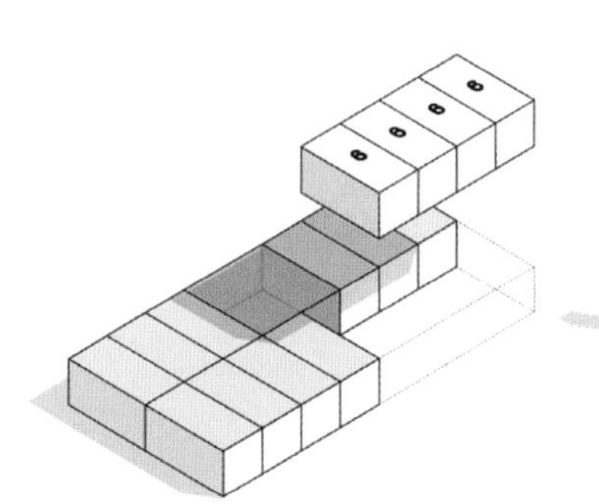

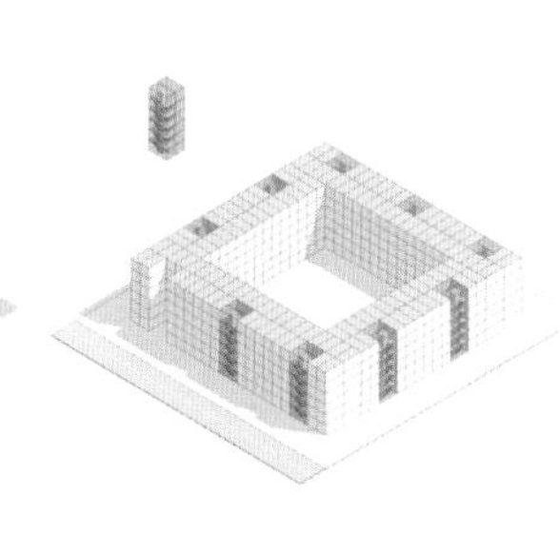

轭式（竖向周边楼梯）

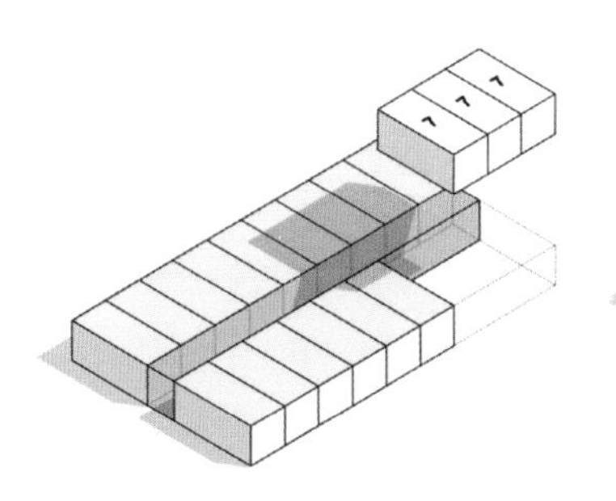

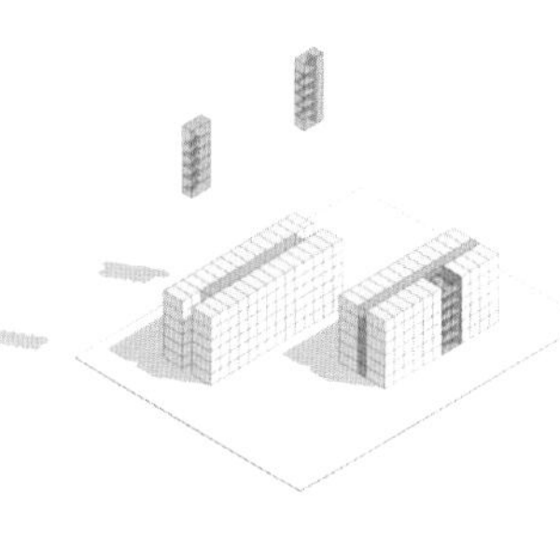

中心式（中心通行走廊）

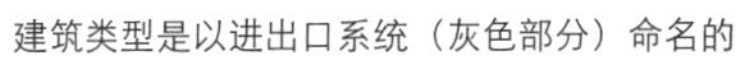

建筑类型是以进出口系统（灰色部分）命名的
来源：Syntax建筑事务所/大博格集团

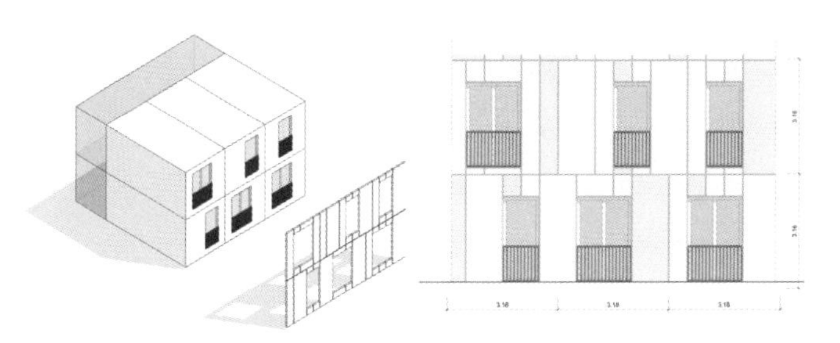

可变的毗邻阳台系统

该建筑系统使不同的立面系统具有
不同的设计选择

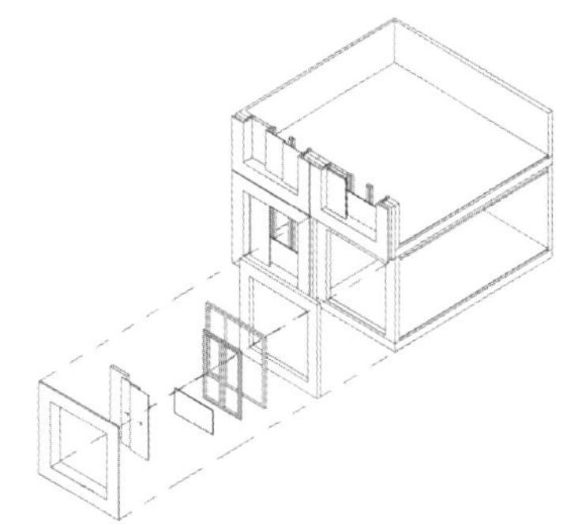

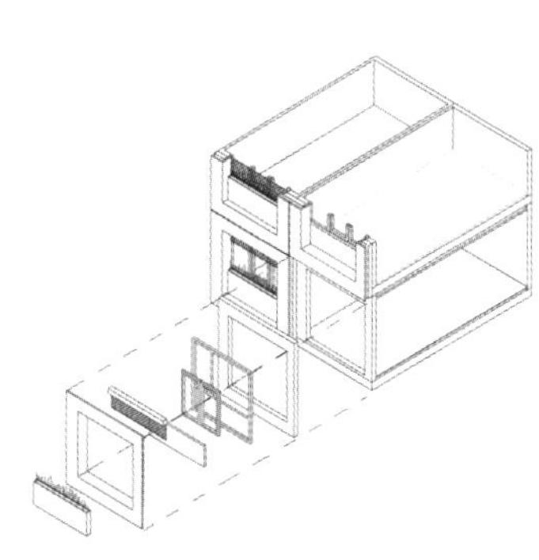

窗和平开门

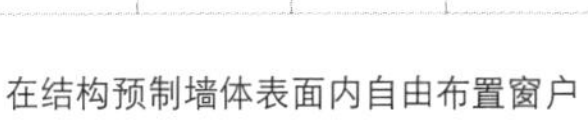

在结构预制墙体表面内自由布置窗户

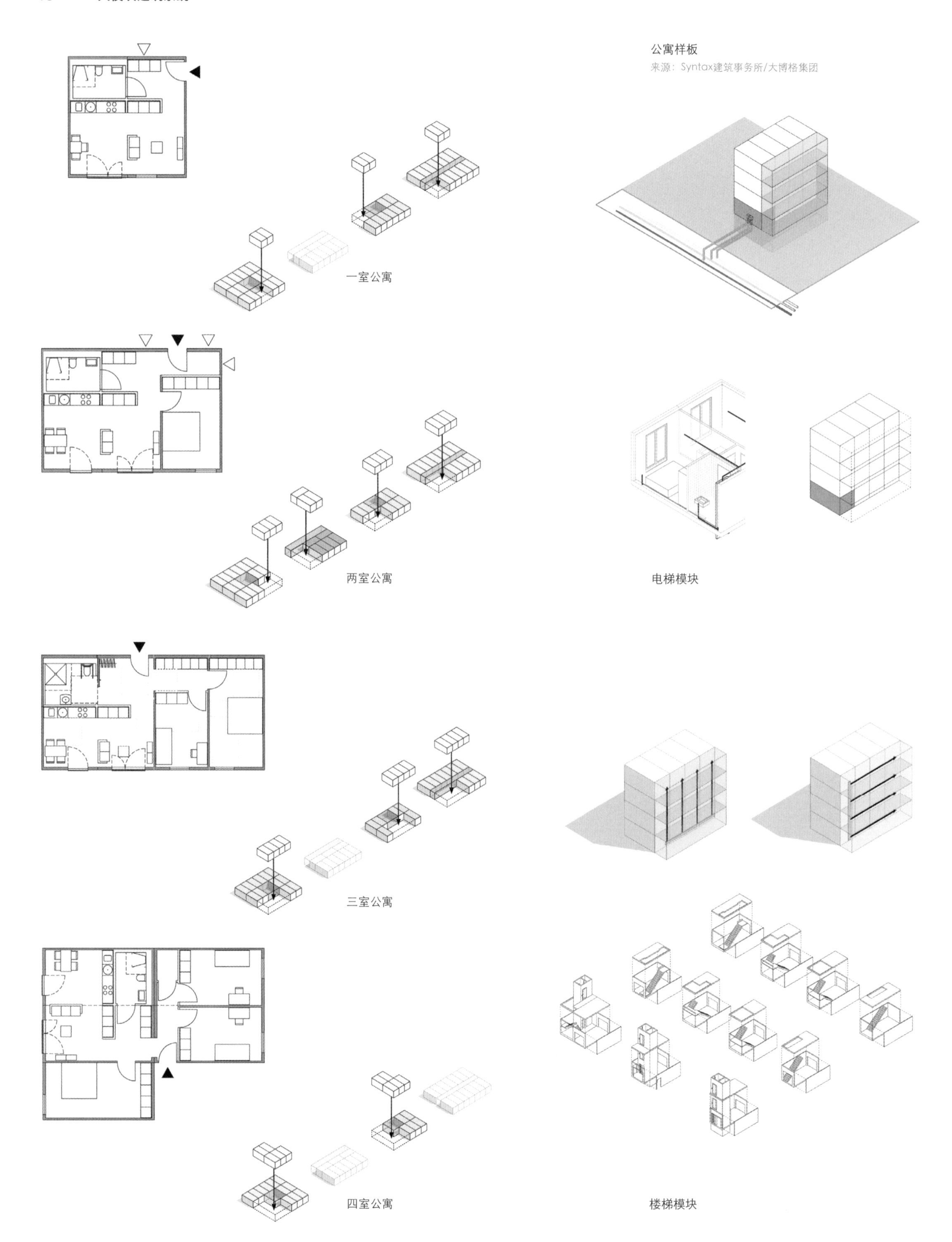
公寓样板
来源：Syntax建筑事务所/大博格集团
一室公寓
两室公寓
电梯模块
三室公寓
四室公寓
楼梯模块

钢筋和空管预先组装并预埋在混凝土中（上右）。模块用耐候保护层包装后进行运输

空间模块不是竖向浇注成整体元素（采用隧洞模板）。相反，是利用墙体和地面元素在工厂中组装而成的（上左）。模块在运送到施工现场的路上覆盖着一层防水薄膜（下左及下右）

图片来源：莱因哈德·麦德勒

16
千元低成本住宅

建筑功能
难民营

建筑设计
宜家

占地面积
17.5平方米

建筑材料
轻质半硬塑料

宜家基金会与联合国难民署合作开发了便捷组装住宅，以提供给战争流民居住。为此，在埃塞俄比亚、伊拉克和黎巴嫩等国家试验性地建造了许多紧急住宅。所有这些模块单元的造价约为1000美元(得名于此)，能够容纳一个多达五名成员的家庭。尽管外观朴素，但对很多难民来说，这些结构算得上不错的安全港湾，能够满足他们的基本需求。配备门锁的门也给使用者一种安全感。除了低成本之外，每栋紧急住宅还具有环保特征，因为它安装了一块太阳能电池板，能够为一盏灯和一个USB插座提供电能。一张金属遮阳网在白天能够反射热能，在晚上则保存热能。这些住宅的一个显著特征是耐用，因为屋顶和墙体被设计成至少可使用三年。这一数据与一栋住宅完成组装所需的时间即4~8小时构成了鲜明对比。因此如果需要，拆卸和重新组装紧急住宅也丝毫不费力。

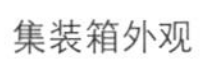
集装箱外观

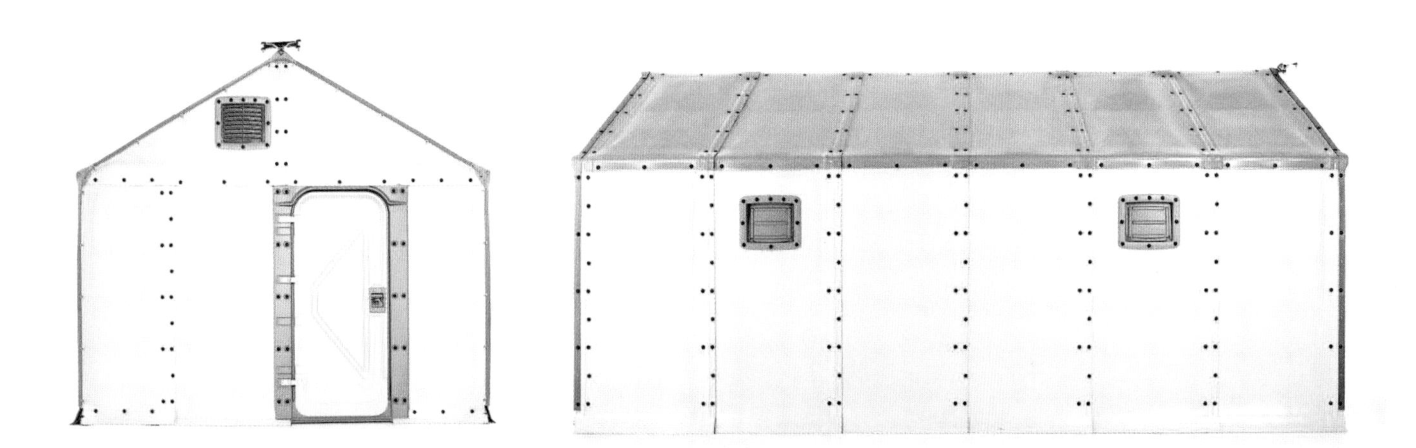

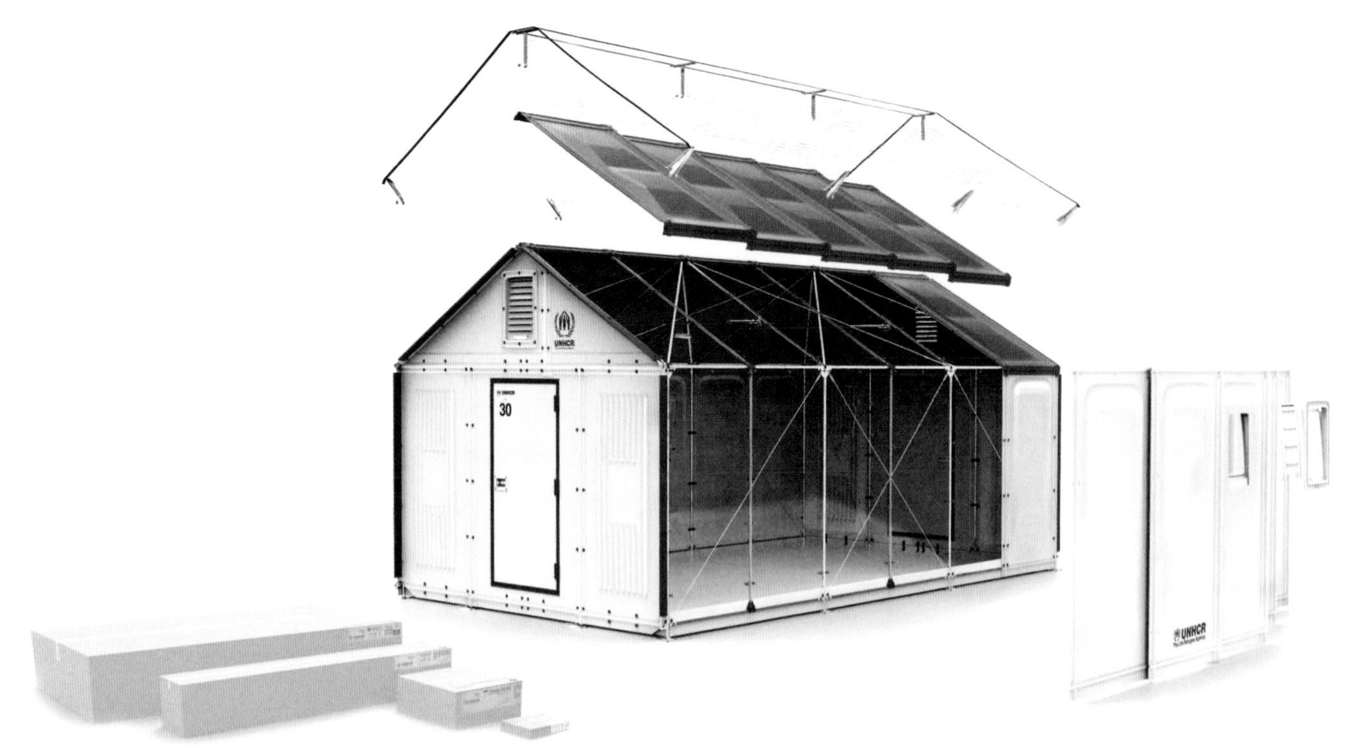

分解透视图

面板安装透视图

作为紧急避难使用，一座这样的住宅最多可以容纳一户五口之家，并且已经在埃塞俄比亚、伊拉克以及黎巴嫩投入测试使用

16
24

组装完成的模块（左图及下图）和组装过程（右图）

建筑功能
幼儿园和公益设施

建筑设计
穆泽建筑事务所

标准模块规格
3米×4.5米

建筑材料
钢筋混凝土框架结构和预制混凝土板

俄罗斯切伯克萨瑞的芬尼舍泛洪区住宅区幼儿园可容纳140名儿童。其主立面临街，后面有一个公园和游乐场。4个建筑体量分别具有不同的功能，并通过一个漂亮的两层楼玻璃门厅连接起来，构成一个36米×36米的正方形。其中一栋立方体建筑包括一个游泳池及配套的桑拿房和更衣室，另一栋建筑的一楼包括宽敞的烹饪设施和医疗区。二楼则是运动室和音乐室。8间幼儿园教室分别位于剩下的两栋东南向立方体结构内，每间教室又包括休息区和游戏区。一部敞开式楼梯从门厅通向二楼。在该案例中，灰色混凝土能够长出翅膀——这家幼儿园证明了这点。风格独特的蝴蝶是重复出现的母题——出现在3米×4.5米预制立面板、室内设计、墙纸和空间导向系统上。一群群的蝴蝶从临街的各个功能室里和运动设施内穿过宿舍和游戏室，翩跹飞到后面的花园。这栋趣味横生的简单建筑是一种系列结构的原型，旨在展示漂亮的儿童设计能够与工业预制融为一体。从二楼的走廊能够看到幼儿园的全景图。

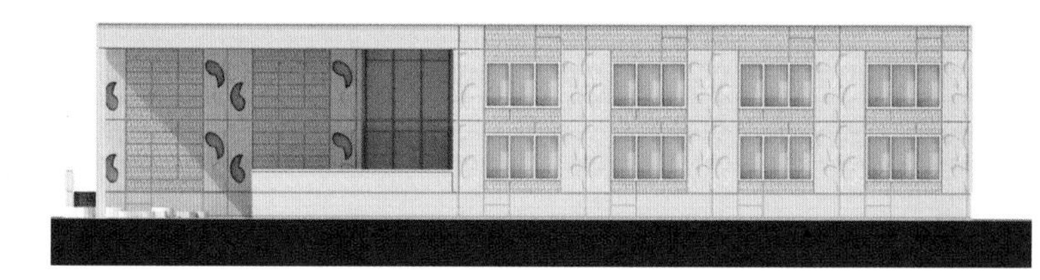
南侧立面

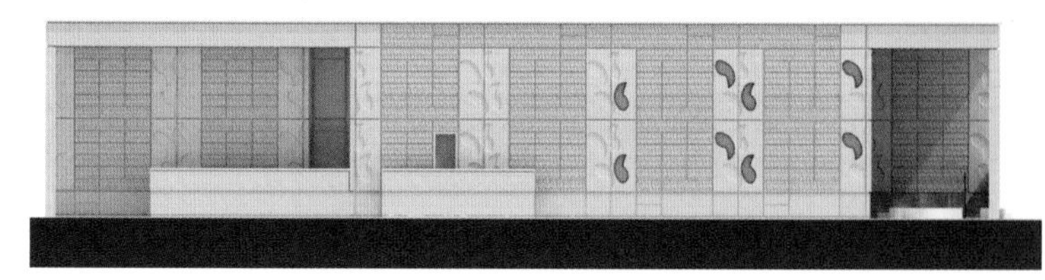
西立侧面

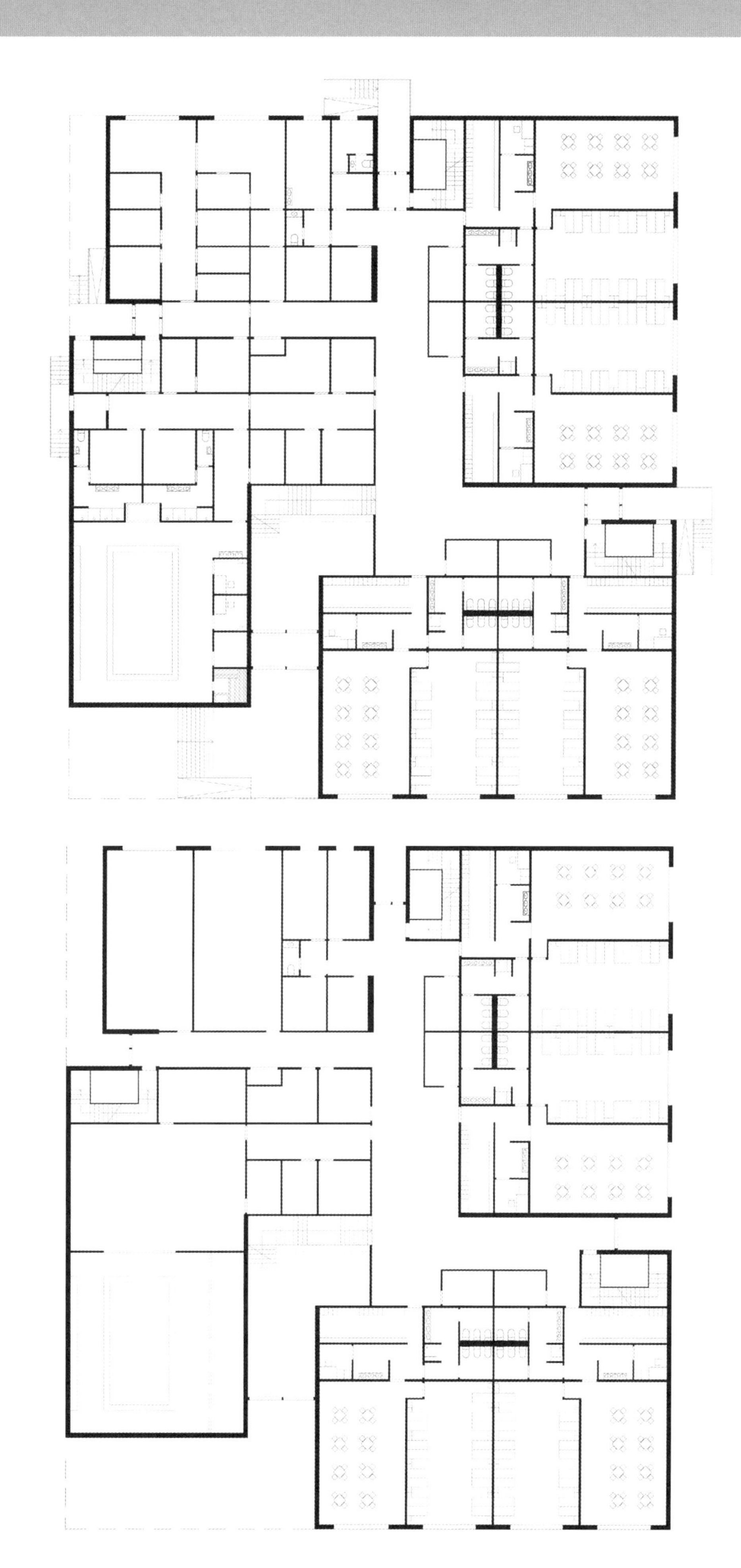

一层平面图

二层平面图

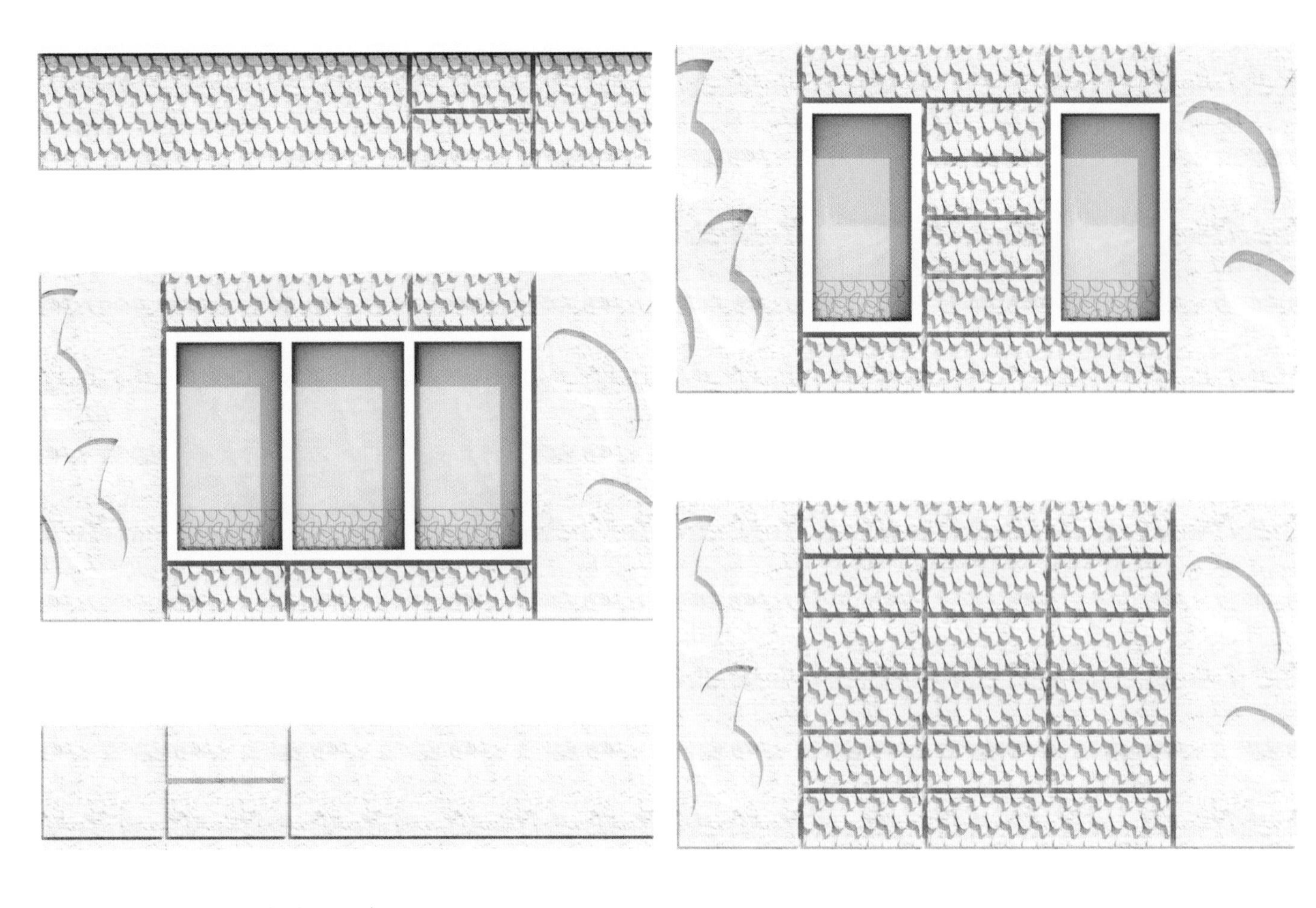

立面图（上左）；预制立面元素的施工图（右页上图）；
3D建筑模型（下图）；施工现场的结构构件（右页下图）

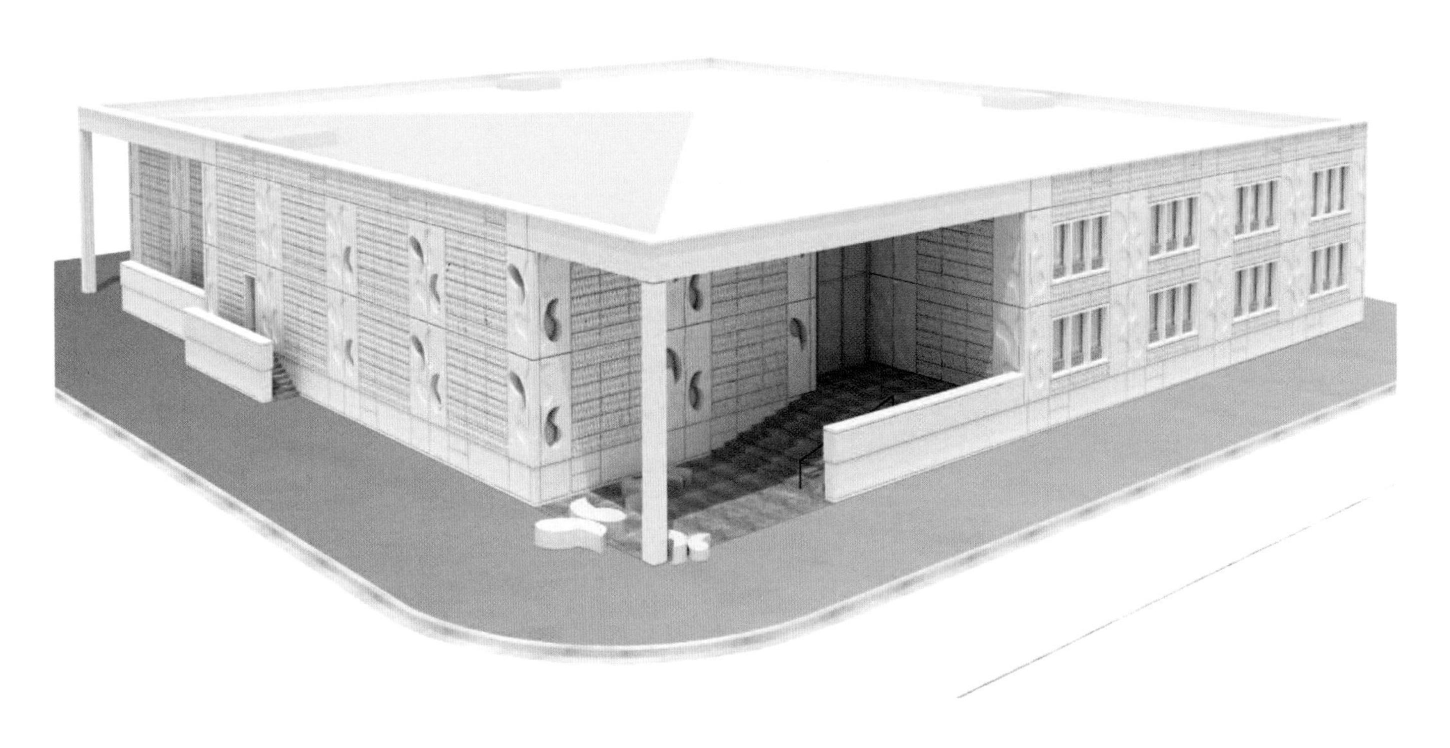

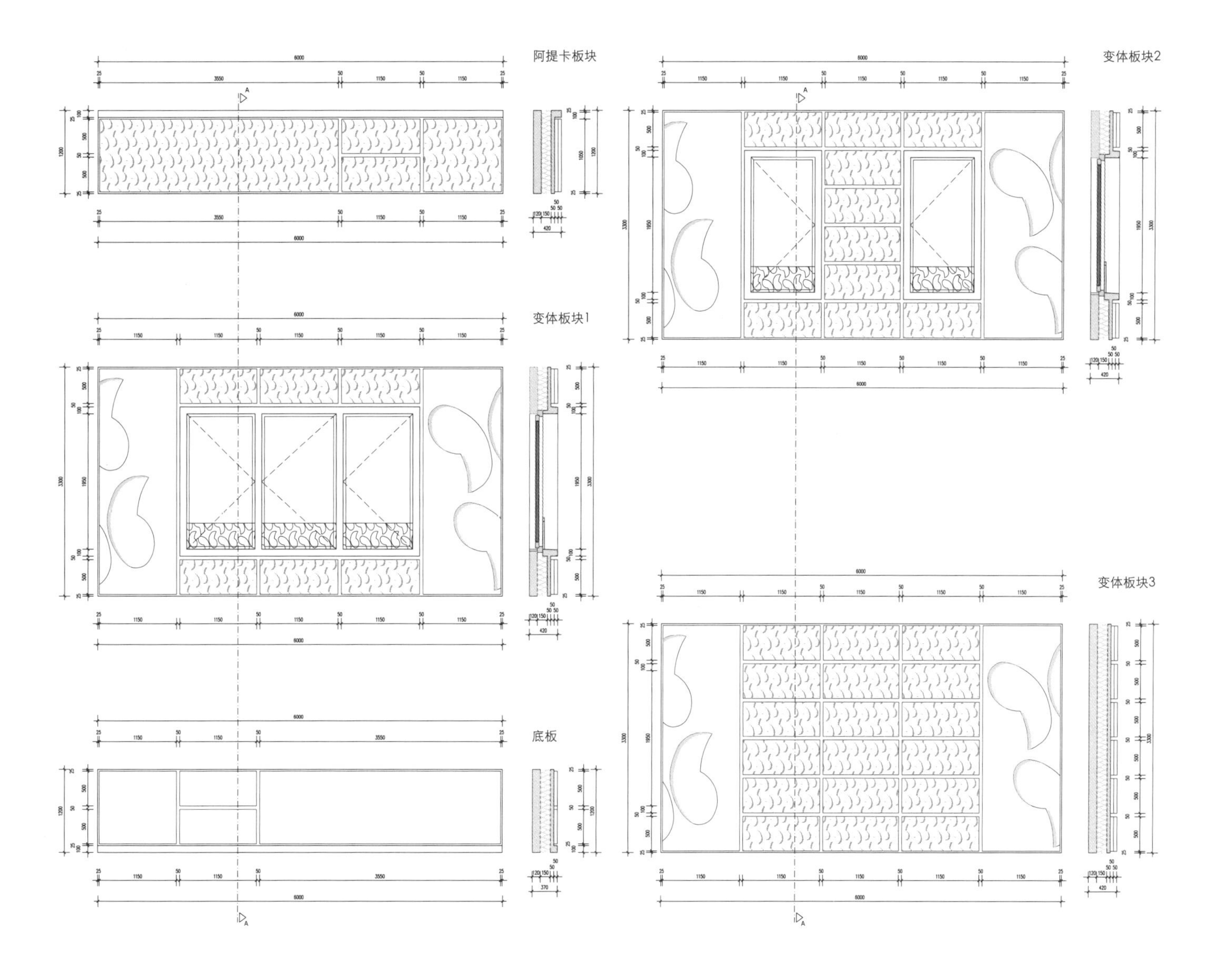
阿提卡板块
变体板块2
变体板块1
变体板块3
底板

建筑入口处在日间和夜间外观的对比

18
努瓦克肖特员工宿舍

建筑功能
住宅

建筑设计
弗兰克·惠尔斯梅耶教授

占地面积
9680平方米（地块）
1500平方米（建筑面积）
1656平方米（花园和露台）
933平方米（居住面积）

建筑材料
铝材、夹芯板和瓷砖

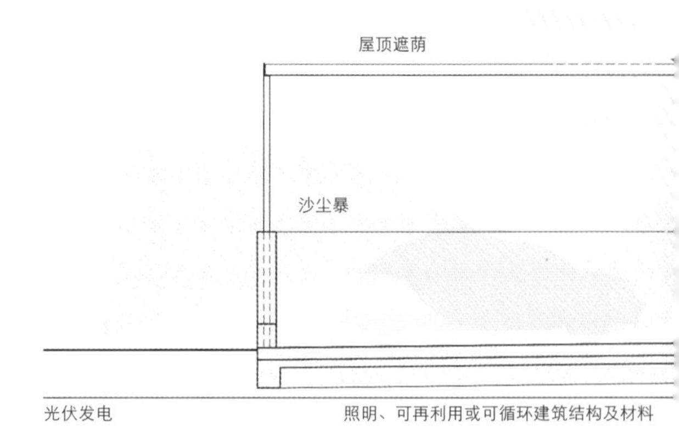

这些独立式住宅建筑采用当地围篱式单层庭院住宅风格。建筑周围的围栏将住宅楼群集中到一起，形成了一个统一的楼群，创造出一个包括一个停车棚、一个有顶住宅入口、多个储藏室和垃圾房、露台和花园的私人度假村。这种高质量现代设计是通过以黏土和钢材制作的耐用材料和结构实现的，且控制在预算成本内。没有承重墙的灵活楼层平面布局方便了空间的改变，允许变化。预制轻钢结构和干式墙结构因体量小而便于运输。因此，建筑能够在短短 3 个月内按时完成——即便当地条件非常艰苦。这种创新节能住宅概念融入了具有良好保温性能的结构、利用回收热能加热水的冷却系统以及光伏元素，因此成为首个在炎热潮湿的气候条件下也能应用的设计。如果应用这种设计概念，住宅单元能够产生超过家庭用电、制冷和加热水耗能的能量。此外，这种零排放住宅建筑还能作为“碳汇”。该住宅区的供水系统分为饮用水和生活用水（即浇灌花园、洗衣机等）系统。污水利用场外的一个配备喷水灌溉系统的独立生态污水处理厂处理。精选的建筑材料遵循“减能减排、重复使用和回收利用”的原则。轻量设计、用钢板和干式墙面板构成的可重复使用基本结构、可回收材料、高兼容性塑料制品如聚丙烯塑料管，以及由柔性聚烯烃和橡胶制作的密封板共同构成了该生态概念的基础。

剖面图

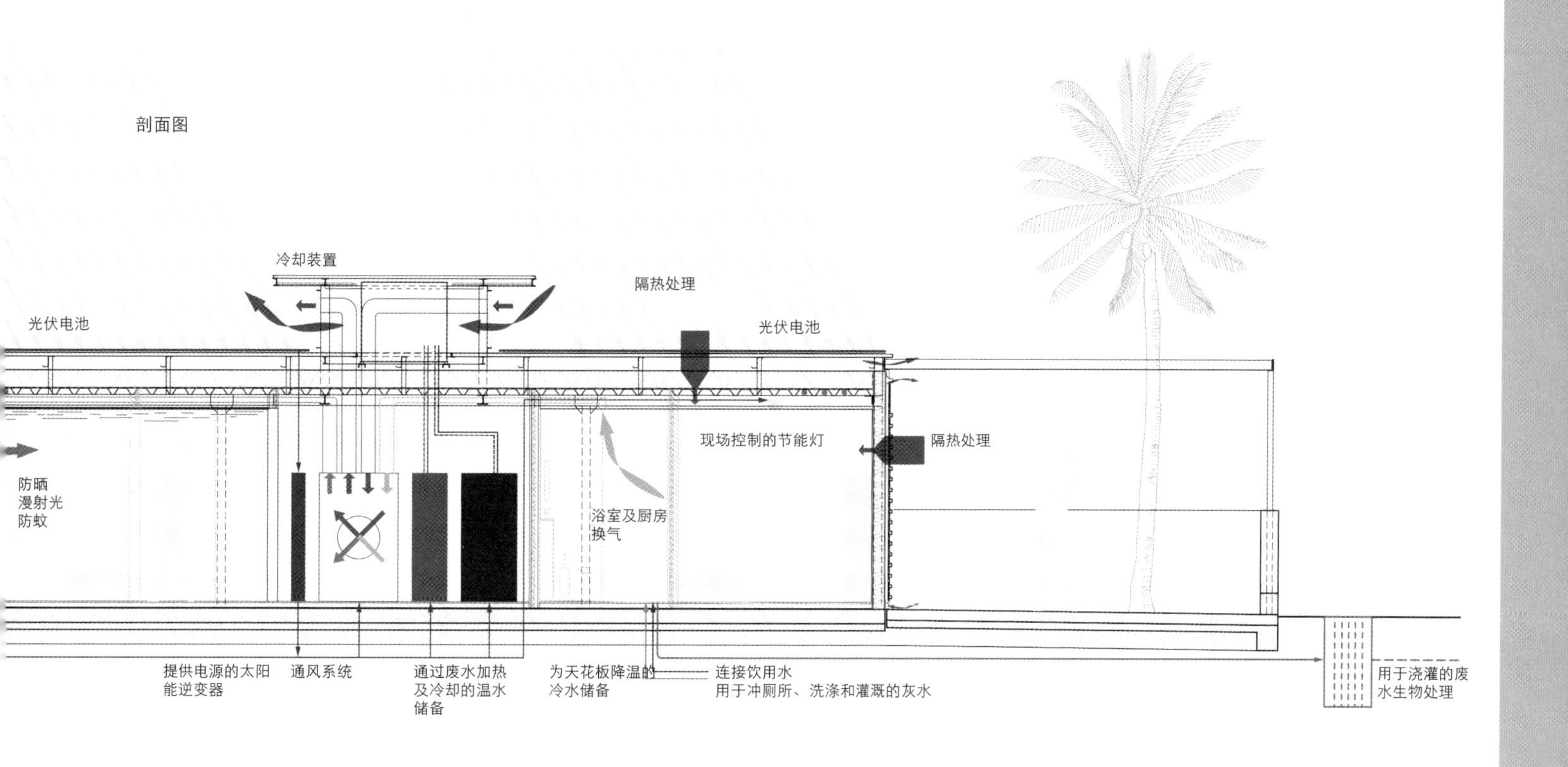
冷却装置
隔热处理
光伏电池
光伏电池
现场控制的节能灯
隔热处理
防晒
漫射光
防蚊
浴室及厨房
换气
提供电源的太阳
能逆变器
通风系统
通过废水加热
及冷却的温水
储备
为天花板降温的
冷水储备
连接饮用水
用于冲厕所、洗涤和灌溉的灰水
用于浇灌的废
水生物处理

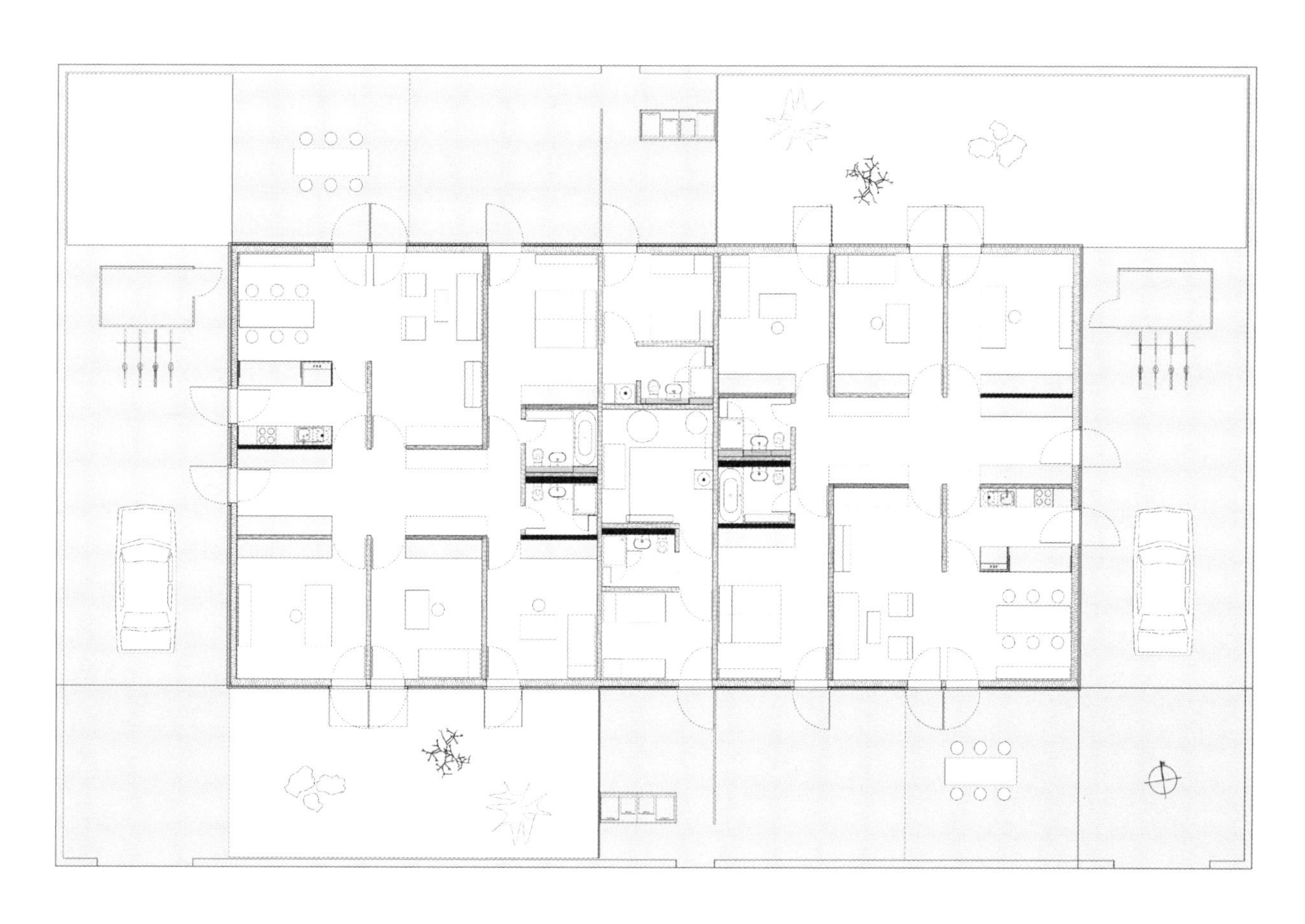

平面图

不同阶段的施工过程：在施工现场将住宅单元组装成统一的楼群
图片来源：弗兰克·惠尔斯梅耶教授

住宅单元外观整洁统一，采用了中性色彩；立面开口与整体设计和谐相容，拐角细节处理得整齐细腻

19 太阳能房

建筑功能
住宅

建筑设计
由达姆施塔特技术大学不同学院的学生组成的德国团队

总面积
72平方米

建筑材料
自承重木框架结构空间模块

一个国际公认的成功案例是德国团队参加美国能源部举办的太阳能十项全能竞赛时提交的作品。参赛的这座太阳能住宅原型探索了未来居民生活的前景。该作品从来自其他世界闻名的国际性大学（大多为美国大学）提交的19个参赛作品中脱颖而出，荣获了一等奖。克劳斯·丹尼尔斯担任该学生团队的导师，在建筑技术方面给出建议，引进了热能反应建筑构件，如相变材料（PCM）、最新高性能真空保温材料（VIP）以及一个墙体和屋顶集成太阳能发电系统（光电板）。后者非常充分地展示了丹尼尔斯的基本方法：建筑系统，比如在采用光电板的情况下，应融入结构，作为结构的一部分，而不是作为独立的、非配合性工程设备附加在其上。这种集成概念将建筑设计与技术系统融合在一起，从最终结果来看本质上非常简单，但其设计过程却极其费时费力，同时对能力和组织也提出了挑战。不证自明的是，该作品是高强度的准备、协调和创造活动的结果。入围太阳能十项全能竞赛的达姆施塔特作品是一栋单层住宅建筑，建筑总面积为72平方米，其中50平方米为机械制冷室内空间。该建筑的重心放在以下方面：

· 建筑设计
· 保温
· 立面系统
· 玻璃类型和窗户技术
· 日光设计
· 自然通风和热量回收
· 主动制冷
· 再生和被动制冷
· 热激活建筑构件制冷
· 热泵技术
· 热和冷储存
· 建筑管理系统和控制
· 建筑自动化
· 太阳能
· 光伏能源（太阳能）利用
· 生物质利用
· 建筑材料生态

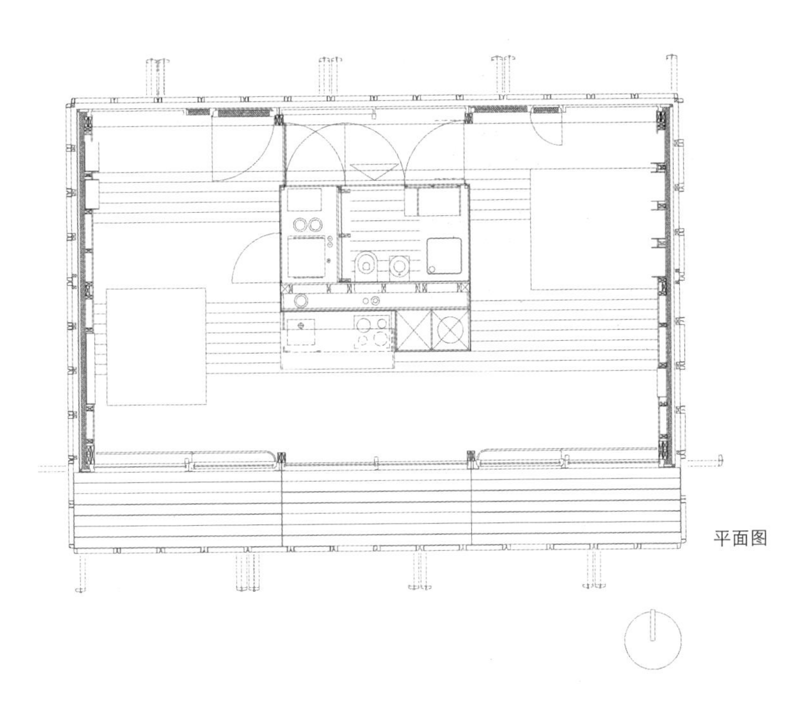

平面图

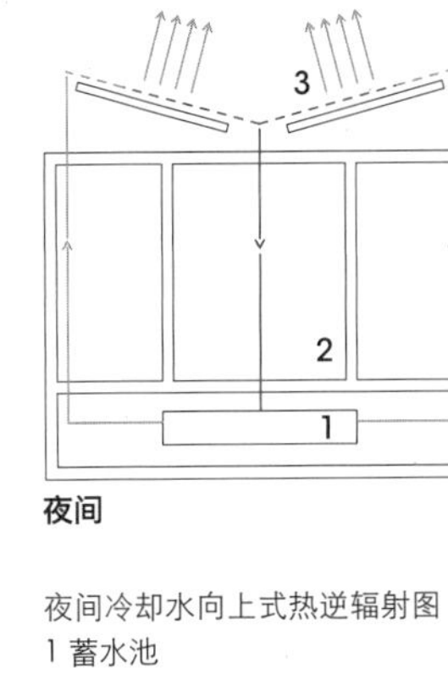

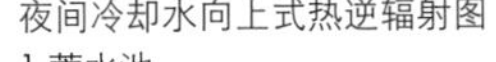

夜间

夜间冷却水向上式热逆辐射图
1 蓄水池
2 分布核心
3 逆辐射

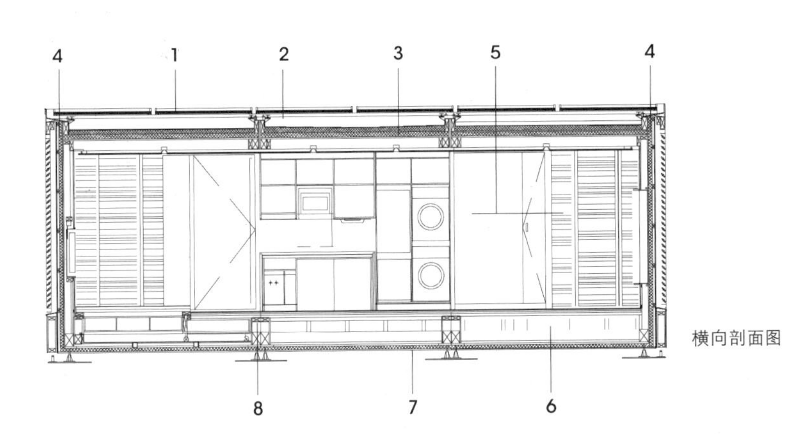

横向剖面图

1 蒸发冷却系统
2 屋顶真空保温（VIP）
3 冷却天花板
4 东西墙体PCM
5 东西墙体真空保温
6 地面嵌入式技术平台
7 地面真空保温（VIP）
8 地板辐射采暖

平面图

来源：2007太阳能十项全能竞赛，达姆施塔特技术大学，2007年10月

图片来源：拉尔夫·哈曼

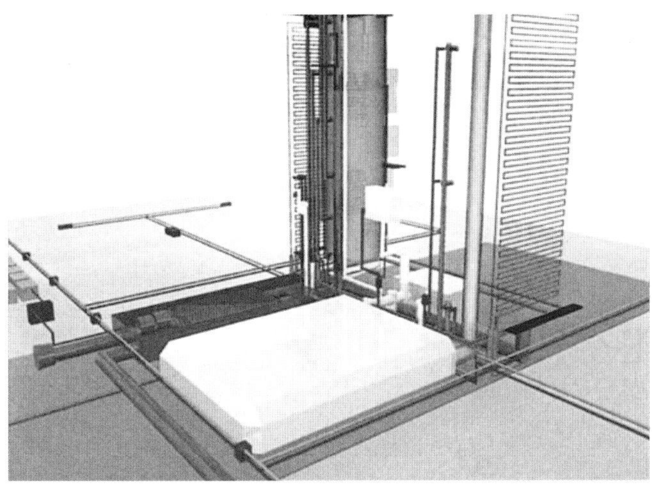

图片来源：达姆施塔特技术大学

南侧立面前面的光伏屋顶游廊及可开关的大型百叶窗（左页及上图）。带有下沉式座椅区的客厅：自然光可以根据用户需要进入客厅空间，也能够通过微调利用灯光或自然光获得采光

20
住房4.0模块系统

建筑功能
多功能

制造商
阿克曼股份有限公司

建筑设计
罗森海姆应用科技大学

标准模块规格
5米×2.5米

建筑材料
OSB（定向刨花板）

住房 4.0 模块系统基于原本用于家具结构的定向刨花板耦合系统。该系统的原理是一种本质上非常容易理解的技术，即木制扁平构件能够组装成三维墙体部分。表面通过鸠尾榫连接，转角通过雌雄榫连接。该系统可被视为一个个性化结构套件。实际上，任何建筑形式都能分解成不同的独立模块，然后利用激光切割或通过数据手段在施工现场进行组装。以这种方式创造的结构在包覆饰面板后具有耐候性，因此可以进行定制。基本模块可以转变成任何角度的正交扩建的盒状建筑。墙板利用支柱连接到一起，因此具有保温性。墙体、地面和天花板部分都基于同一系统。首批此类建筑已经在罗森海姆应用科技大学的协作下建成。

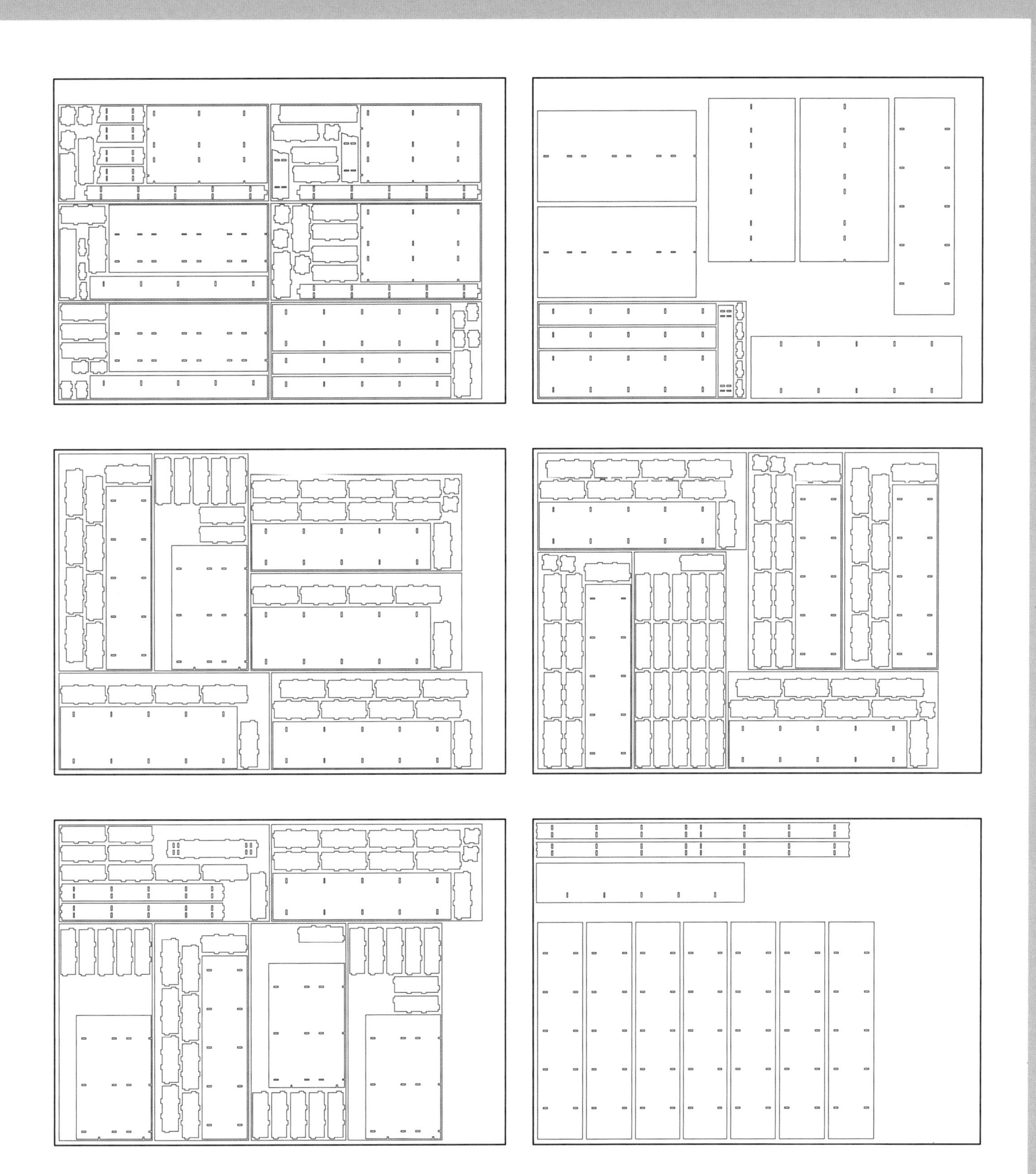

独立构件是在排料过程中利用激光切割定向刨花板制作的，在组装之前一直放在“巢”里

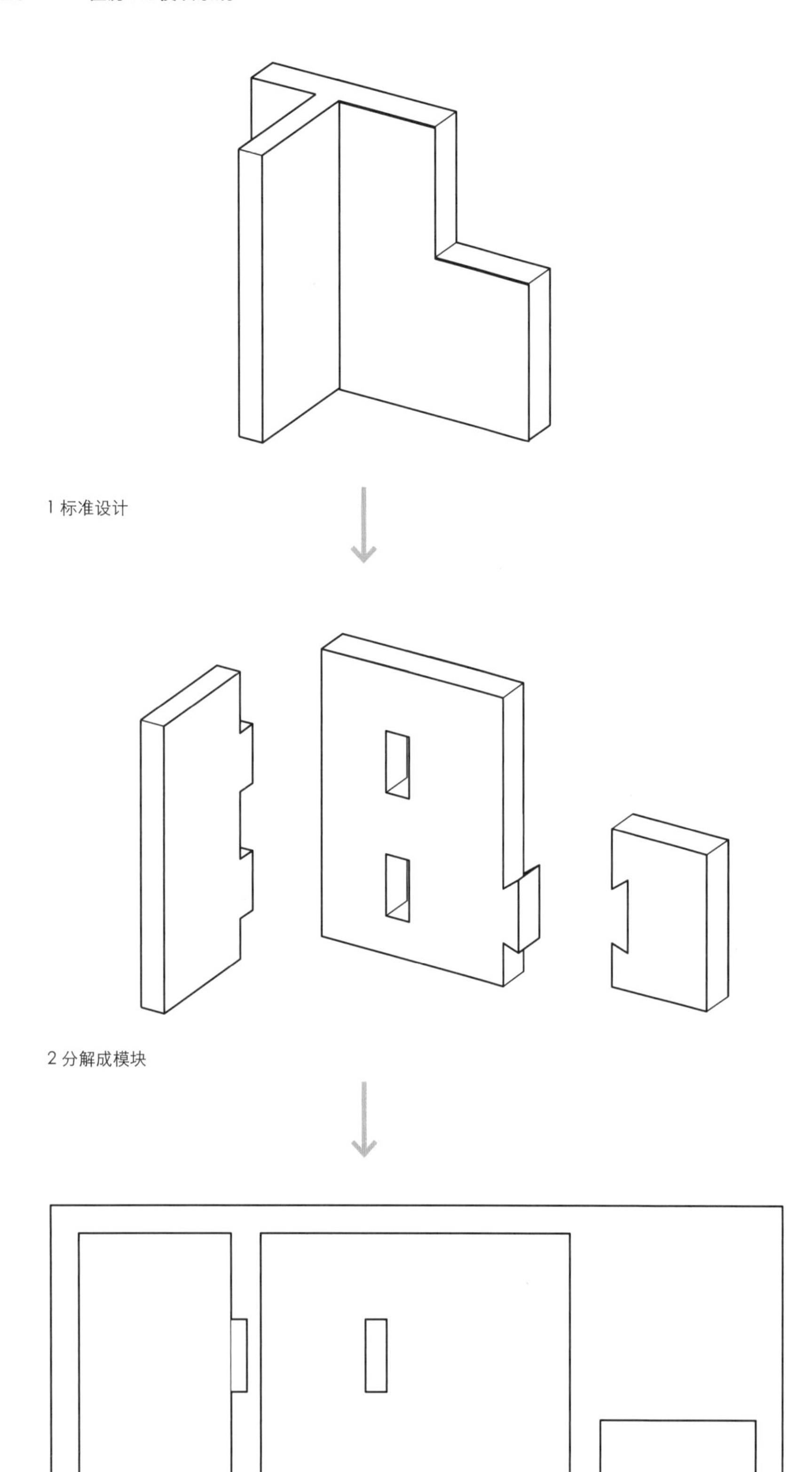

1 标准设计

2 分解成模块

3 排料

模型

分解成数据:
1.25米×2.8米
40千克
50欧元

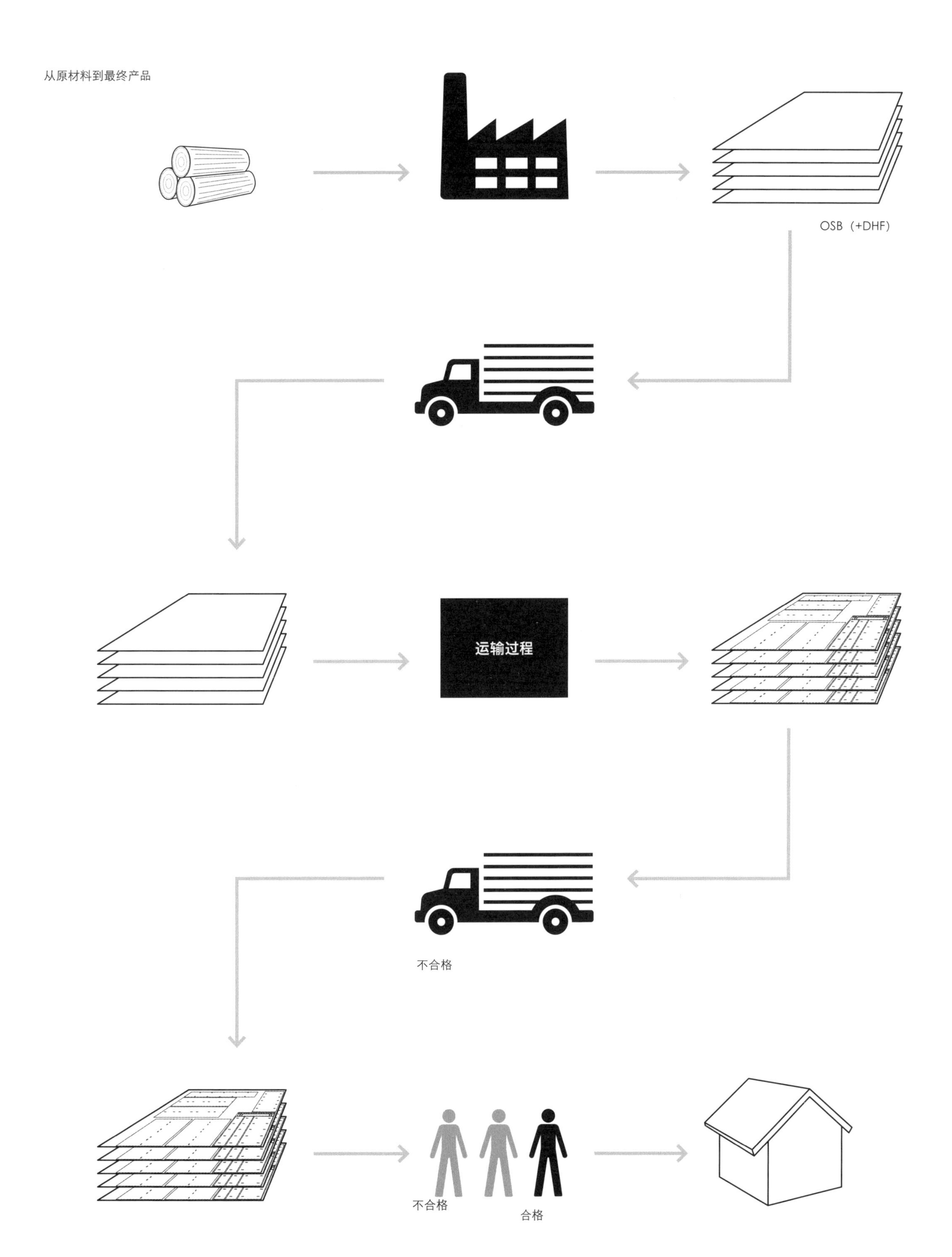
从原材料到最终产品
OSB（+DHF）
运输过程
不合格
不合格
合格

将木制扁平构件组装成三维墙体。定向刨花板是采用可再生速成木如白杨木的原木制作的

图片来源：延斯·凯斯特勒/菲利普·穆泽

角榫

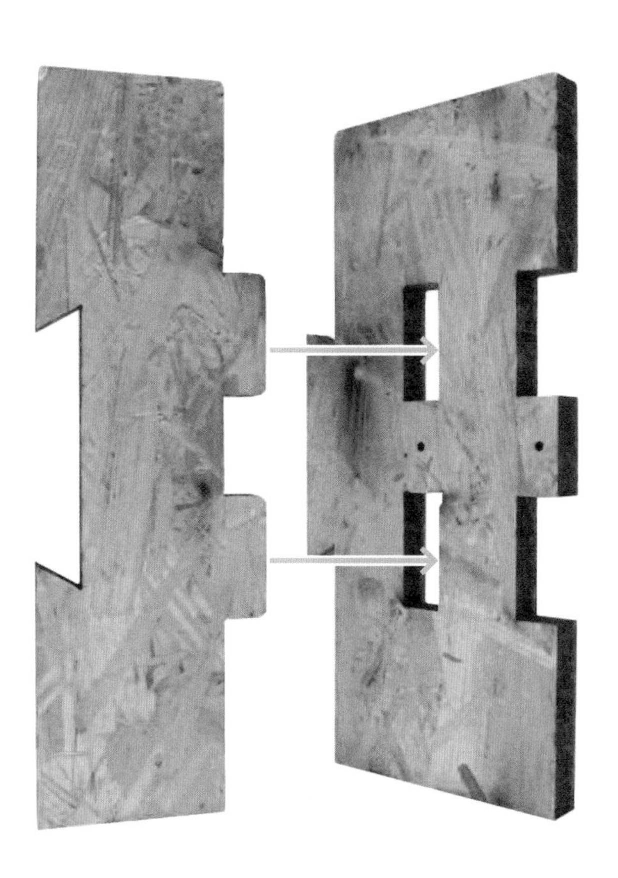

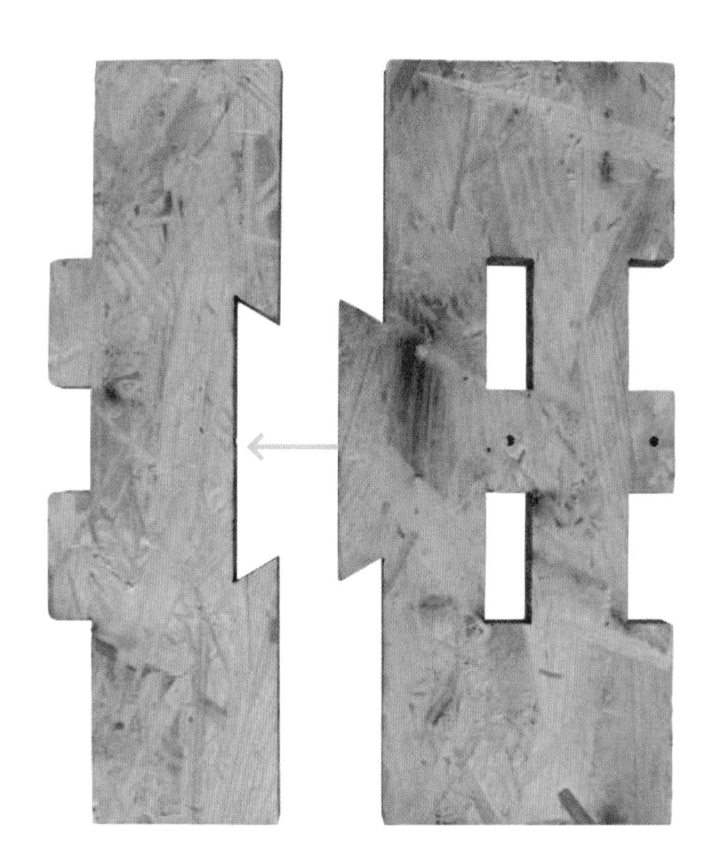

鸠尾榫

雌雄榫

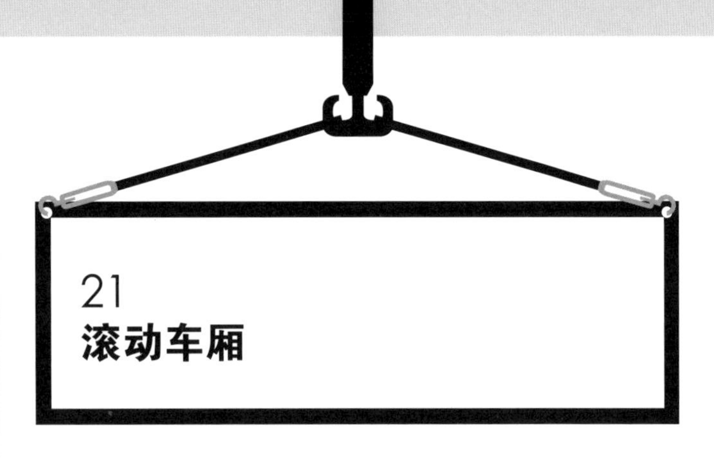

21
滚动车厢

建筑功能

住宅、办公室、酒店等

建筑设计

卡尔·贾格尼法尔特、康拉德·弥尔顿

标准模块规格

3.2米×3.2米×3.2米

建筑材料

交叉层压木板

翁达斯内思的铁路轨道是一道阻碍，给人们前往市中心带来了不便。但是，为了改善翁达斯内思市的交通运输服务设施，使其变成一个独特而充满魅力的目的地，可以在铁轨上增建小型灵活建筑，这种建筑能够根据不同情形及需要开关和重新布局。更大的灵活性将给这座城市注入活力，而轨道车厢将有力地推动这座城市往正确的方向前进。目前的凸式码头在南面增加了露台和三个游泳池。这里还有一栋16米高的大楼，建在码头尽头，顶楼是一个餐厅，攀岩者和潜水者常常光顾。码头上的轨道将旋转餐厅与其他服务设施如音乐厅连接起来。通勤者也可变换客舱，前往其他设施，如滚动式公共浴室。一架桥梁从码头通向广场，桥梁部分浸入水里，有时候会被潮水淹没。广场直接与公交车站连接。港口服务设施在淡季时还能推走，为扩建后的停车场让出空间。轨道车厢可通过翁达斯内思尖端的一段缓坡进入海湾或绕行。在这个交叉点，汇集了大量提供购物设施和其他服务设施的轨道车厢。

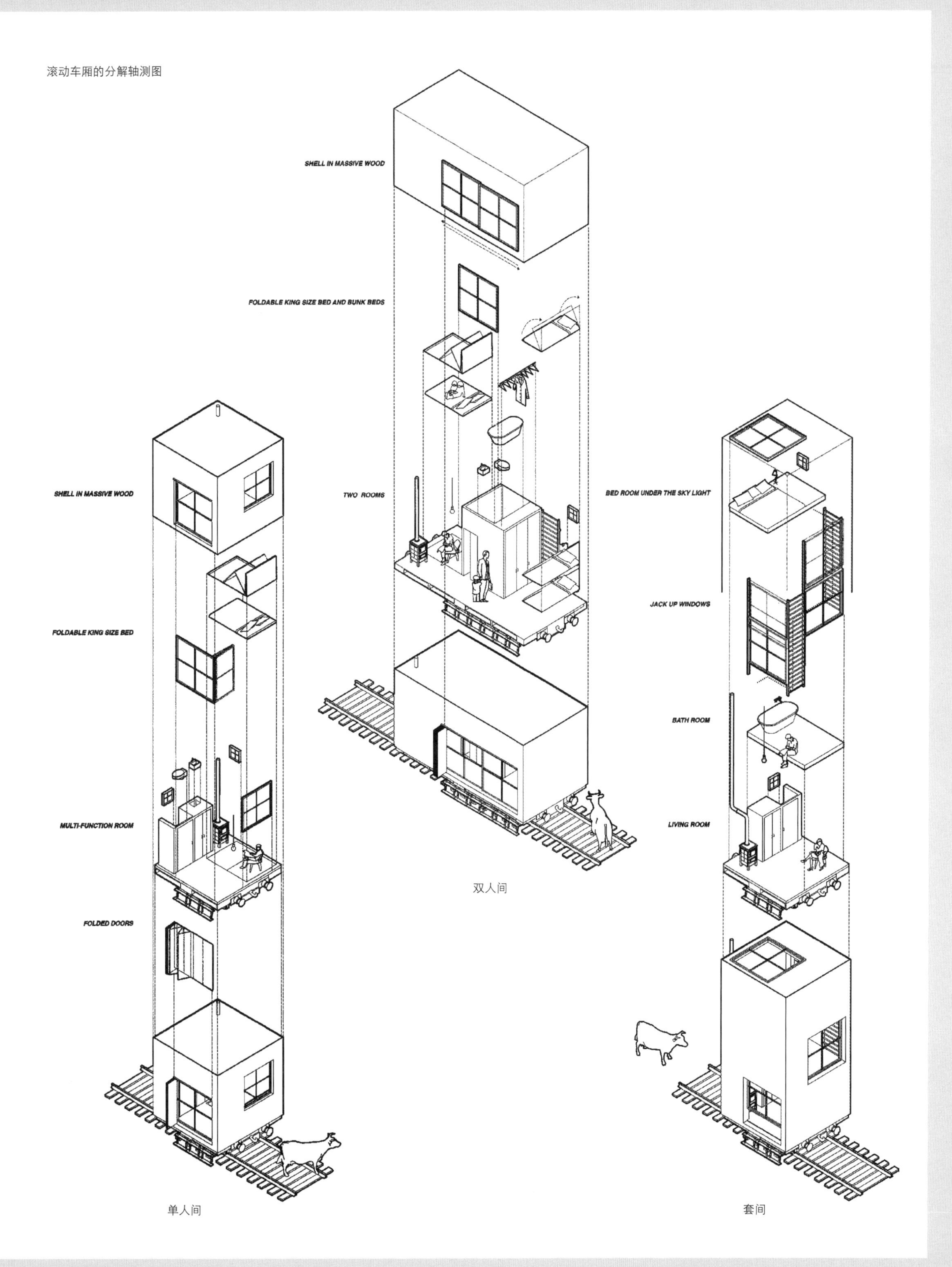
滚动车厢的分解轴测图
SHELL IN MASSIVE WOOD
FOLDABLE KING SIZE BED AND BUNK BEDS
TWO ROOMS
SHELL IN MASSIVE WOOD
FOLDABLE KING SIZE BED
MULTI-FUNCTION ROOM
FOLDED DOORS
BED ROOM UNDER THE SKY LIGHT
JACK UP WINDOWS
BATH ROOM
LIVING ROOM
双人间
单人间
套间

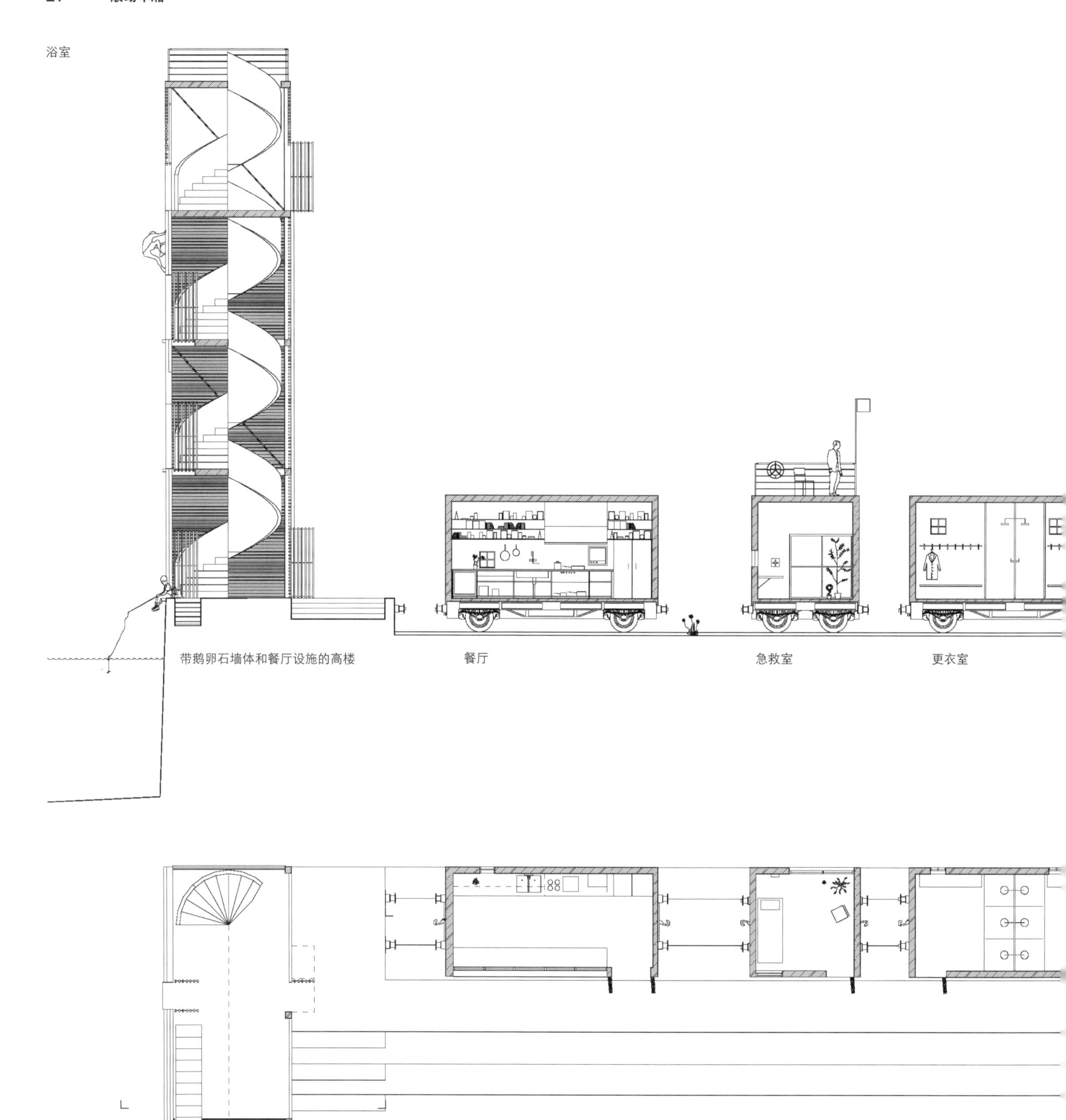
浴室
带鹅卵石墙体和餐厅设施的高楼
餐厅
急救室
更衣室
游泳池
桥

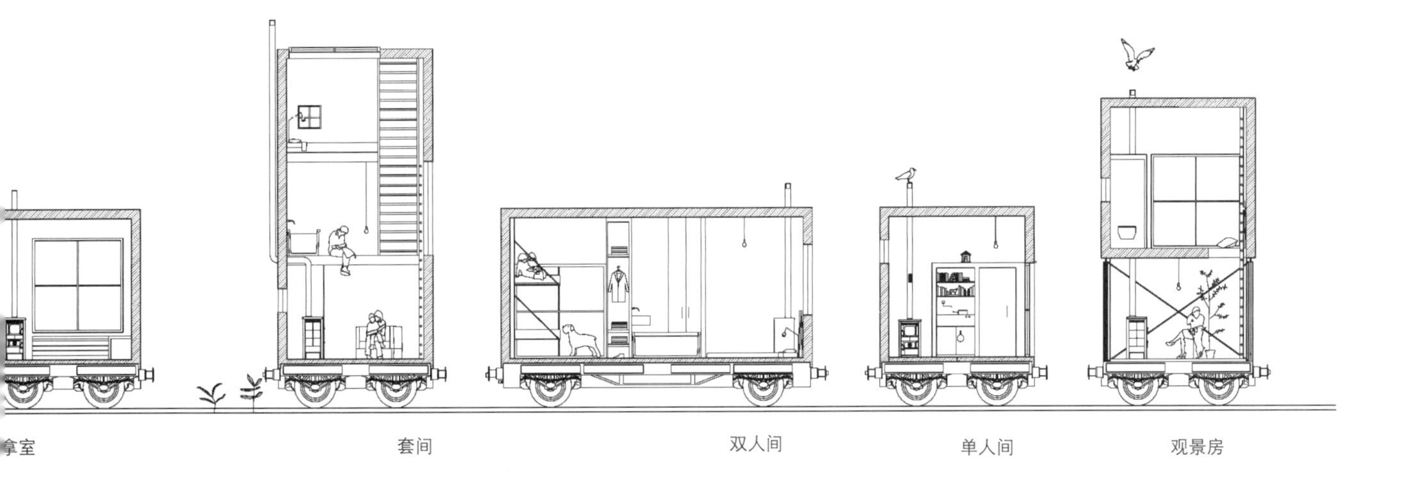
拿室
套间
双人间
单人间
观景房

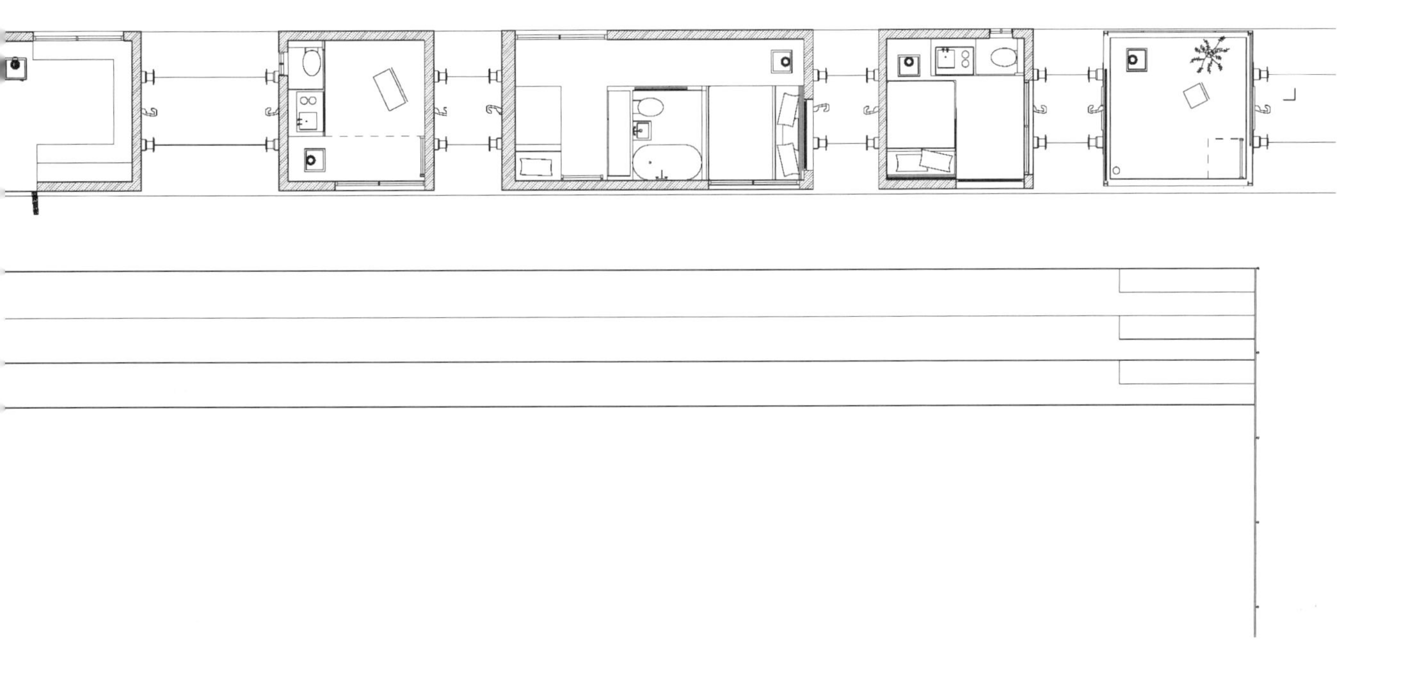

3D效果图：小巧灵活的设计可以根据地形等条件自由调整。该设计促进了翁达斯内思城的交通服务

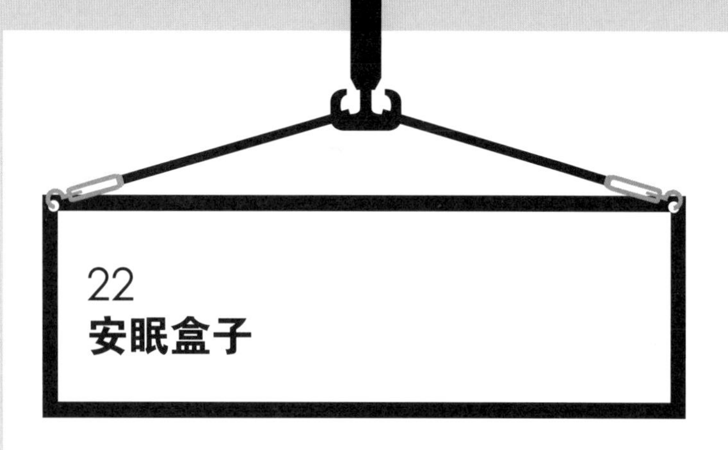

22
安眠盒子

建筑功能
私人休息站

建筑设计
阿里克谢·格里埃诺夫、米克黑尔·克里莫夫

标准模块规格
2.5米×1.4米×2.5米

建筑材料
铝材、人造理石

想象一下这样的情形：你身处一座现代城市，你不是当地居民，也没有预订酒店。这种情形不会太愉快，因为你可能没法立即在一座不太友好的现代城市里停下来休息。如果你想在等待飞机或火车的期间休息一会儿，你可能会因为安全和卫生相关问题而无法这样做。建筑师一直认为，城市基础设施应该设计成为人们提供最大可能的舒适感，因此，他们发明了一种被称为安眠盒子的装置，这种装置为人们提供了享受珍贵的休息时刻而无须浪费时间寻找酒店的机会。能够找到安眠盒子的可能地点包括：

· 火车站
· 机场
· 会展中心
· 购物中心
· 气候温暖的国家的住宿设施（安眠盒子可以安装在街道上）

安眠盒子的主要功能元素是尺寸为 2 米 ×0.6 米的床。床上用品在使用者使用后会自动更换。床本身是柔软灵活的泡沫增强聚合物条形结构，表面蒙浆纸。如果使用者希望在最舒适的条件下休息，他或她在支付额外费用后可以选择普通床上用品。安眠盒子配备一个通风系统、声音警报器、一台嵌入式液晶电视、WIFI 以及笔记本电脑和手机充电插座。还有一个存放行李的空间。当客户离开后，床上用品被更换，一盏石英灯被点亮。客户可通过一个共享终端付款，该共享终端会提供给客户一把电子钥匙。使用该设施的时间可在 15 分钟到几小时之间。安眠盒子的主要目的是履行其主要功能——让客户享受安静的睡眠，远离周边环境的喧嚣。但是，它也能为通勤者提供一个安静的地方，让他们能够在里面的办公桌前专心工作。

SLEEPBOX
SLEEPBOX
221

sleepbox.com
01

安眠盒子的正面和剖面：该设计为使用者提供休息和行李存放空间

安眠盒子的内部布置

这种类型的安眠盒子是为在旅馆内使用设计的。它提供最简单的功能，仅装备了电源插座和灯具。它利用软管与一个通用通风系统连接。这个胶囊结构采用叠层防水中密度板包覆在木梁框架上构成。旅馆安眠盒子提供一张双层床，其设计概念如下：在一个大型无墙室内空间内提供安眠盒子，而不是建造单独的设施，即房间。这能够减少建造和装饰成本，极大地缩短施工时间。此外，它还能让可用空间得到有效使用，如果必要，还能快速变换平面布局。采用这种方案还能轻松地增加座椅数量，不会给顾客造成不便

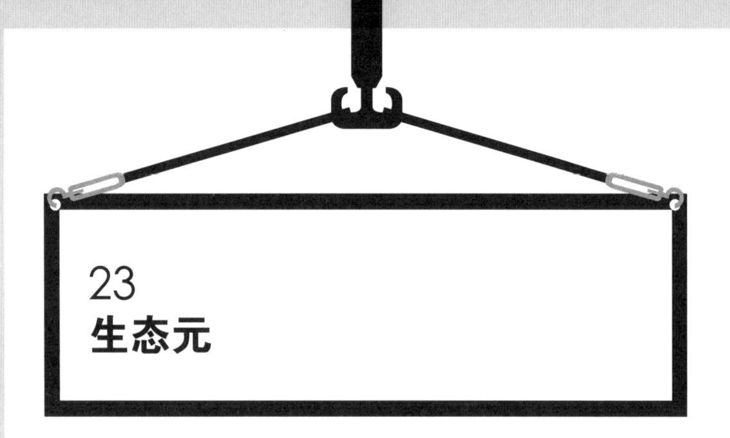

23
生态元

建筑功能
移动卫生设备

建筑设计
阿尔图罗·维托里、安德里亚斯·福格勒
（建筑与视野建筑设计事务所）

标准模块规格
2.5米×2.5米×3米（打包后）
7米×10米×3.8米（安装后）
重量：600千克

建筑材料
铝材、木材、ETFE氟塑膜

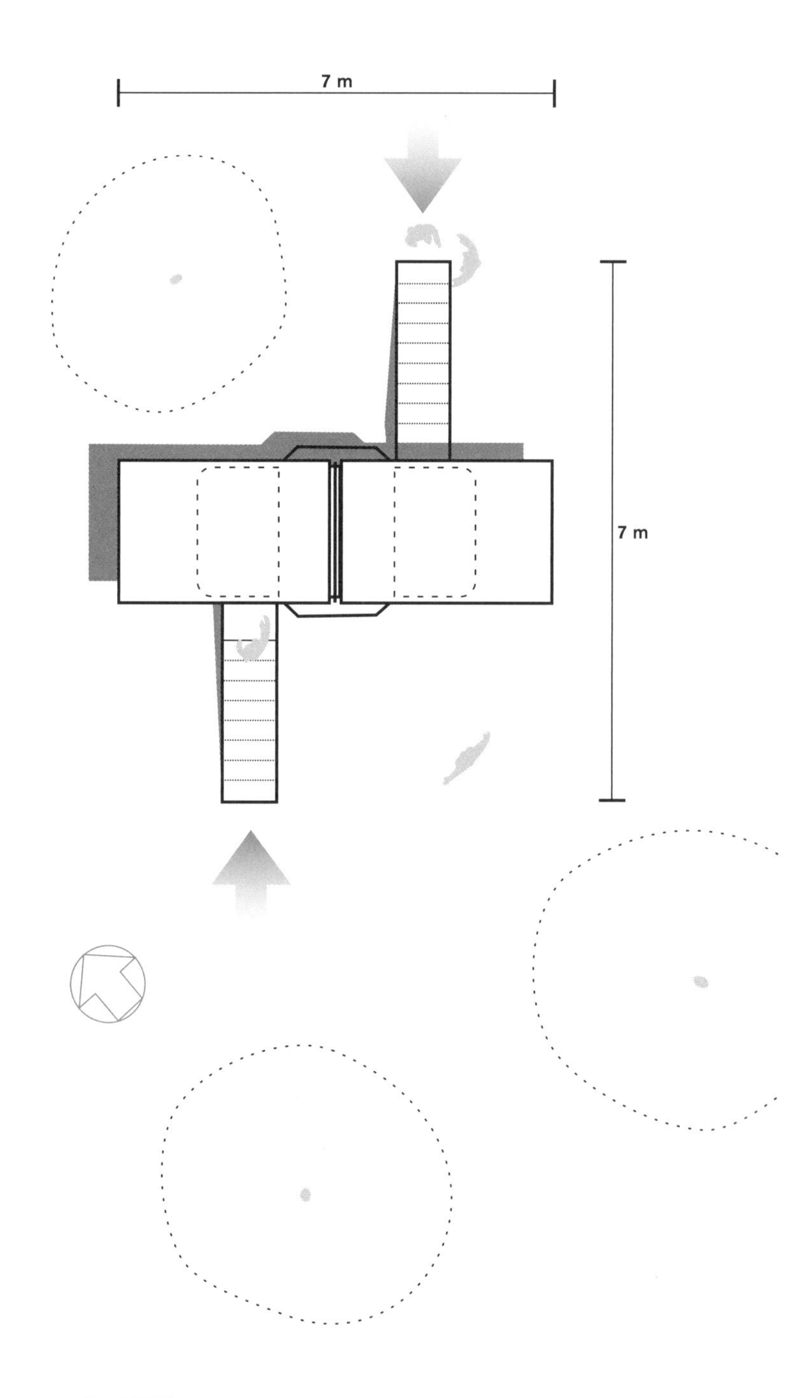

屋顶平面图

卫生设备仍然是发展中国家面临的一个主要问题。生态元作为一种移动部署系统能够安装在医疗设施旁边或任何需要的地方。它采用为国际空间站开发的水净化循环系统。生态元旨在提供一个水收集、回收、人类排泄物的卫生和控制处理的公共单元，就像宇宙飞船所用的一样。屋顶倾斜，方便下雨时收集雨水，并为太阳能电池板收集阳光创造一个好角度。它还能促进凉爽新鲜空气的流入。这个盒状结构的运输宽度为2.5米，安装后将安装充气墙体。太阳能电池板和人类排泄物生成的沼气将为饮用水和厕所用灰水的供应提供电力。对贫穷落后国家的大多数乡村来说，大型水回收基础设施的造价过于高昂。而生态元提供了一种节省成本并改善生活条件的分散系统。它将解放发展中国家的女性和儿童——因为他们需要去很远的地方取水。

1 支撑系统
2 屋顶
3 光伏电池
4 储水箱
5 充气元素
6 推拉门
7 地面
8 坡道
9 轮子

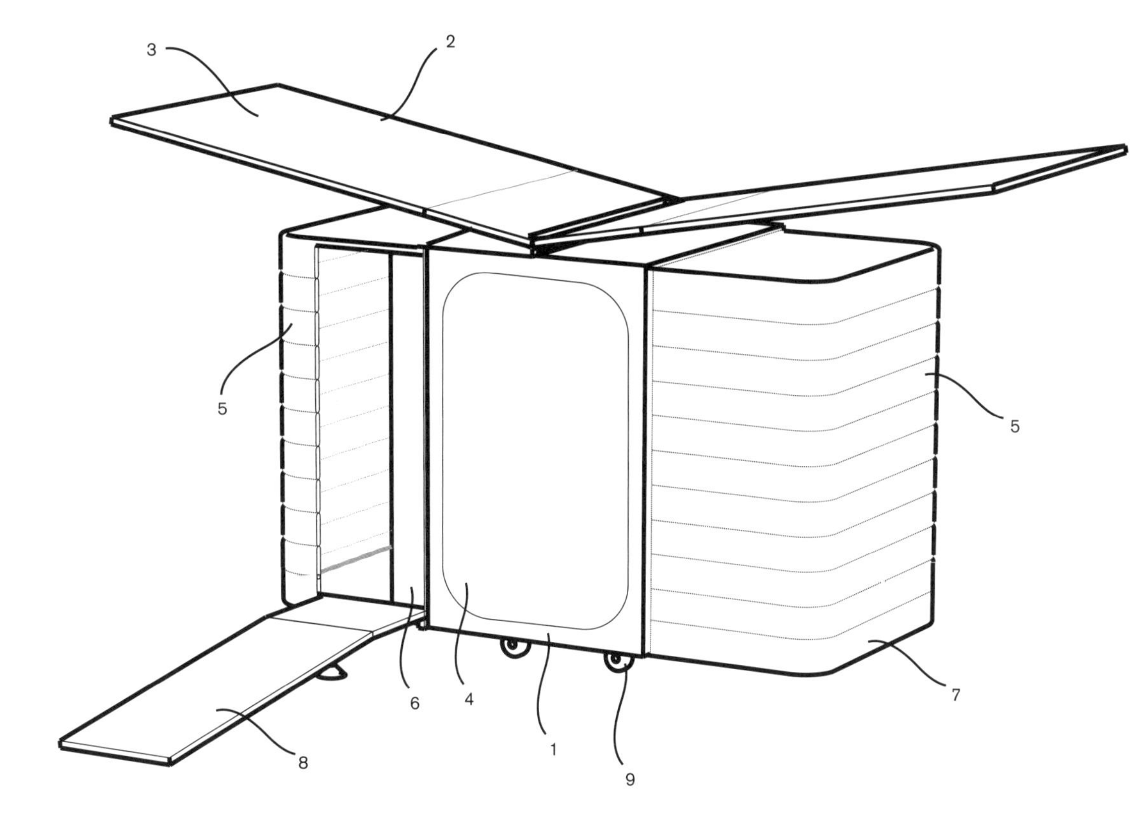

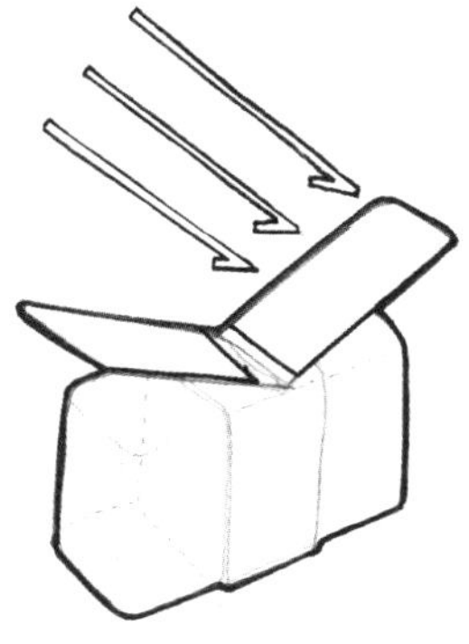

太阳能
太阳能电池板能够为电气系统提供需要的能量

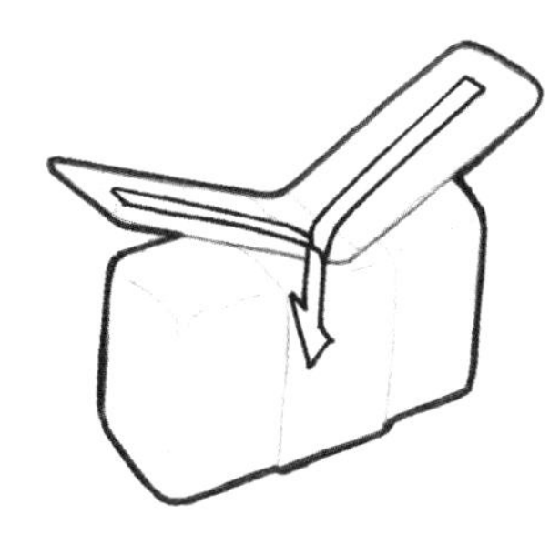

天然水
收集雨水是利用自然和免费资源的最好方式，不会产生垃圾，也不会浪费能量

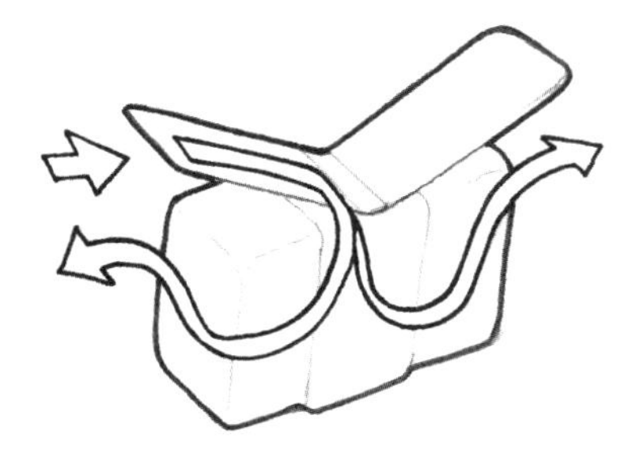

通风
在沙漠地区，从地面到3米高度的空间的温差大约为15摄氏度：该设计概念就是从屋顶吸入空气，促进盥洗室内的空气流动

运输和安装：
两人花费三小时就能完成组装

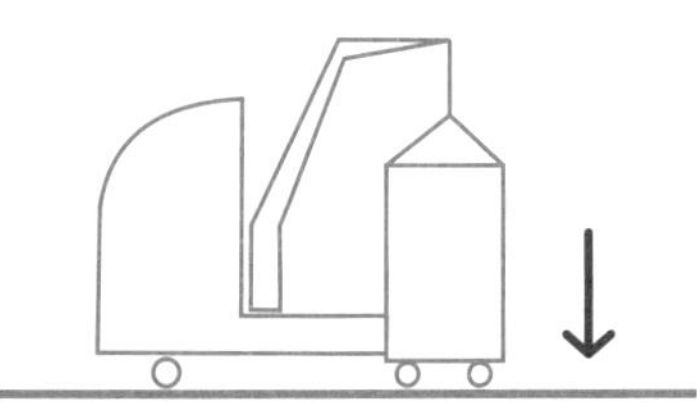

运输和安装

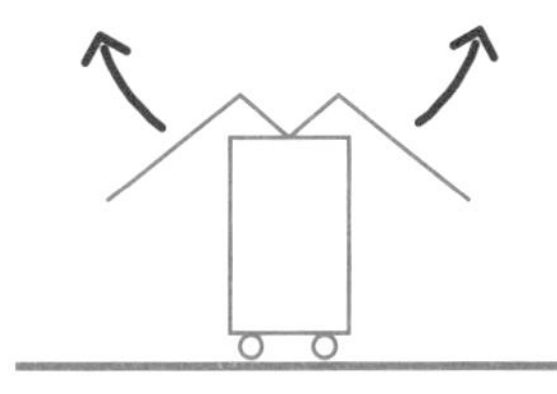

屋顶安装

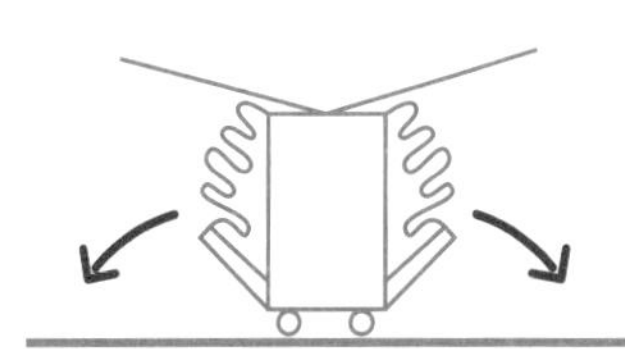

地面安装

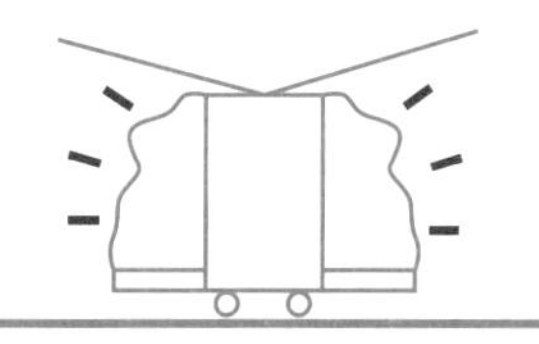

充气

立面图

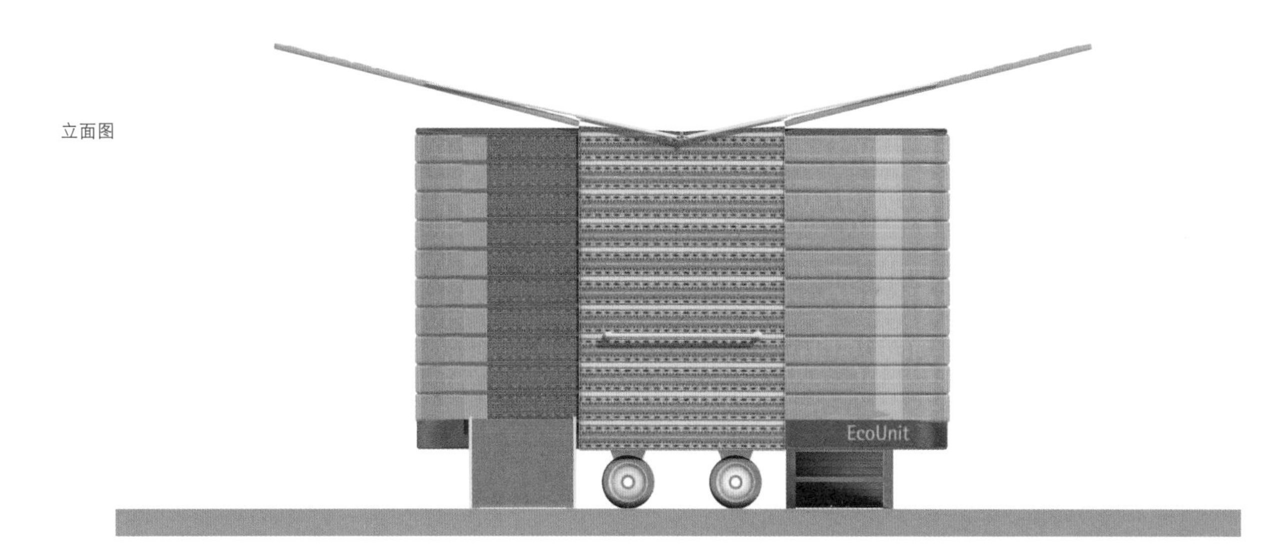

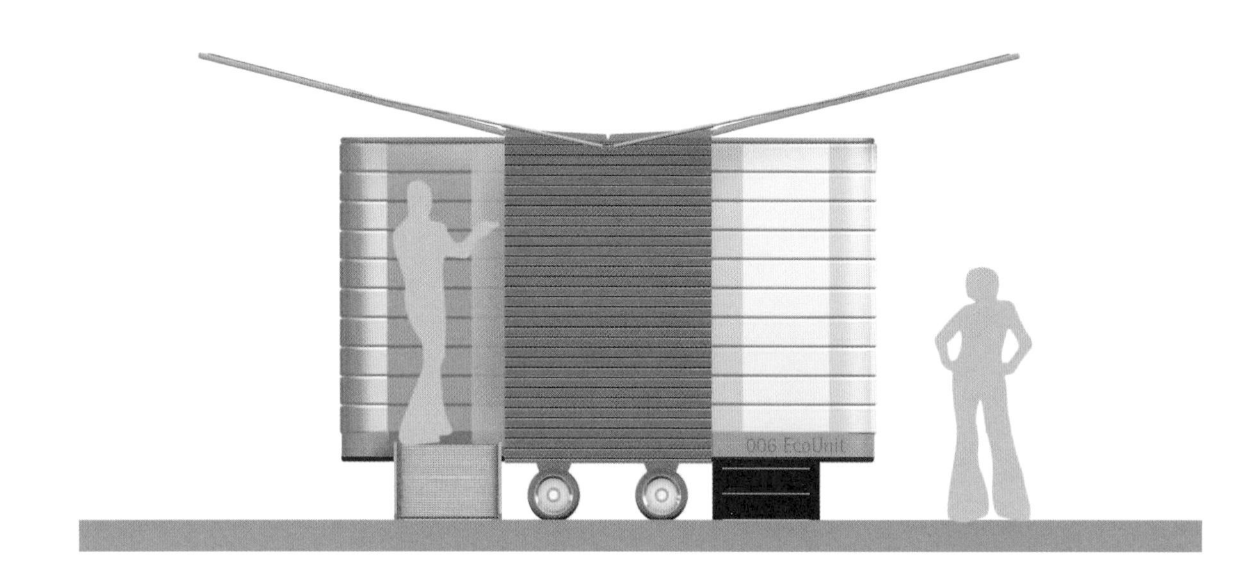

俯瞰图

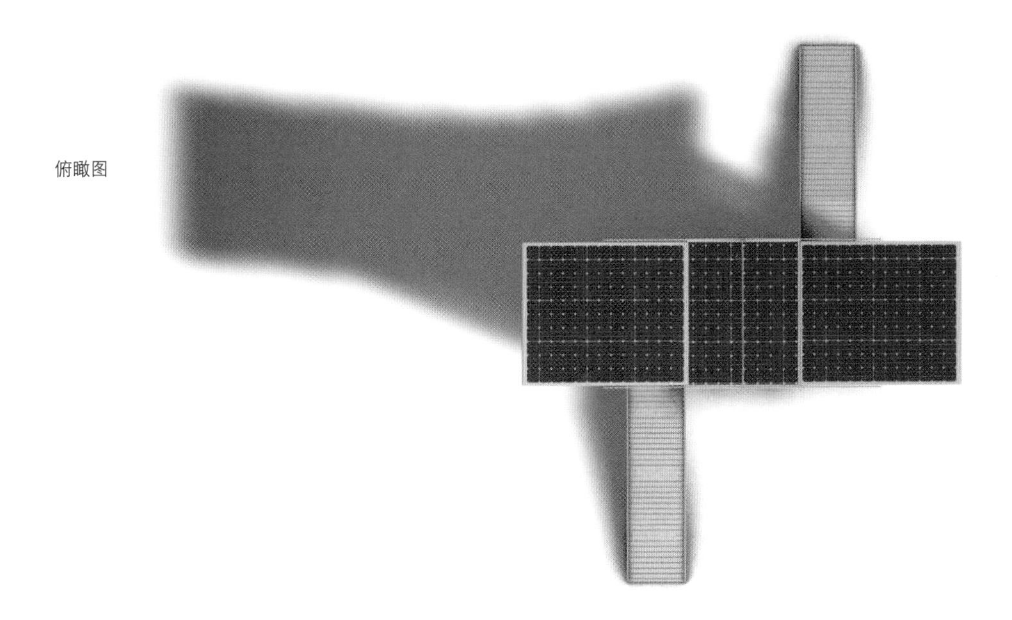

3D透视图

3D透视图

不同角度下的生态元

3D建模：朱塞佩·葵塞提

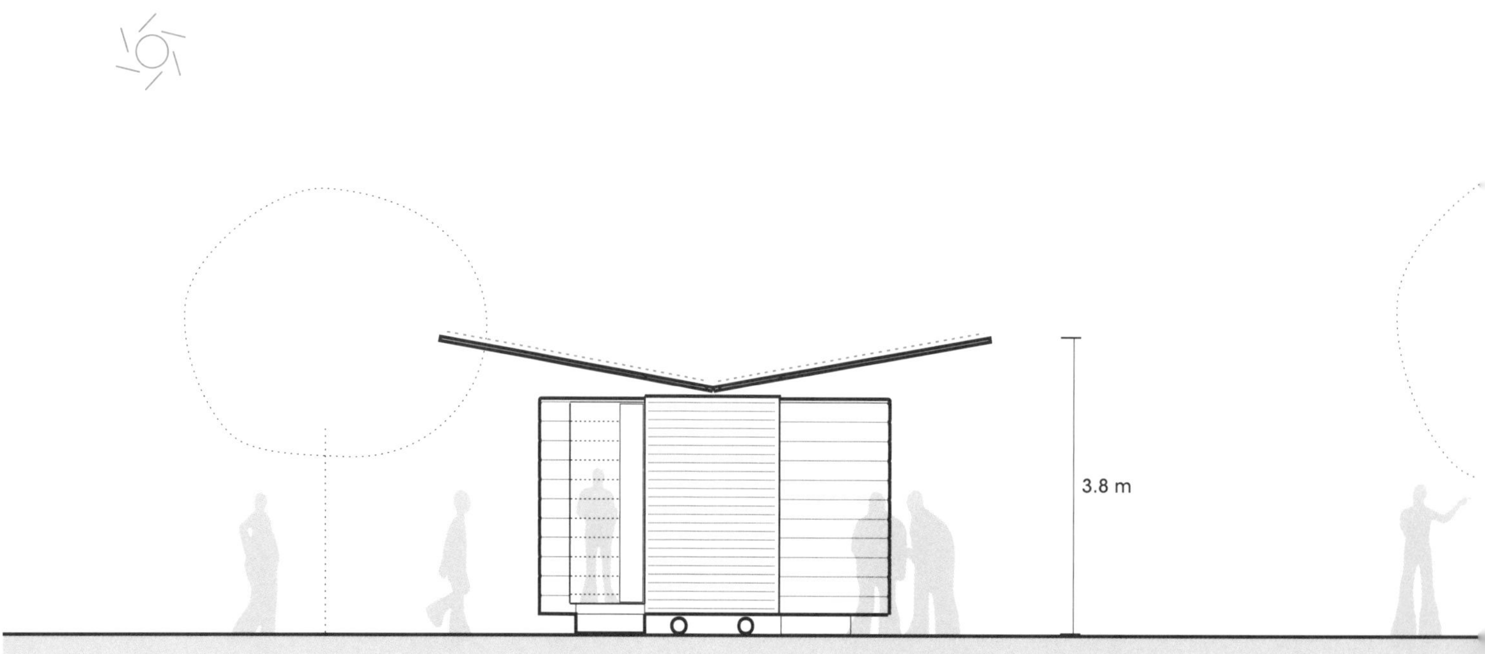
3.8 m

效果图与立面图

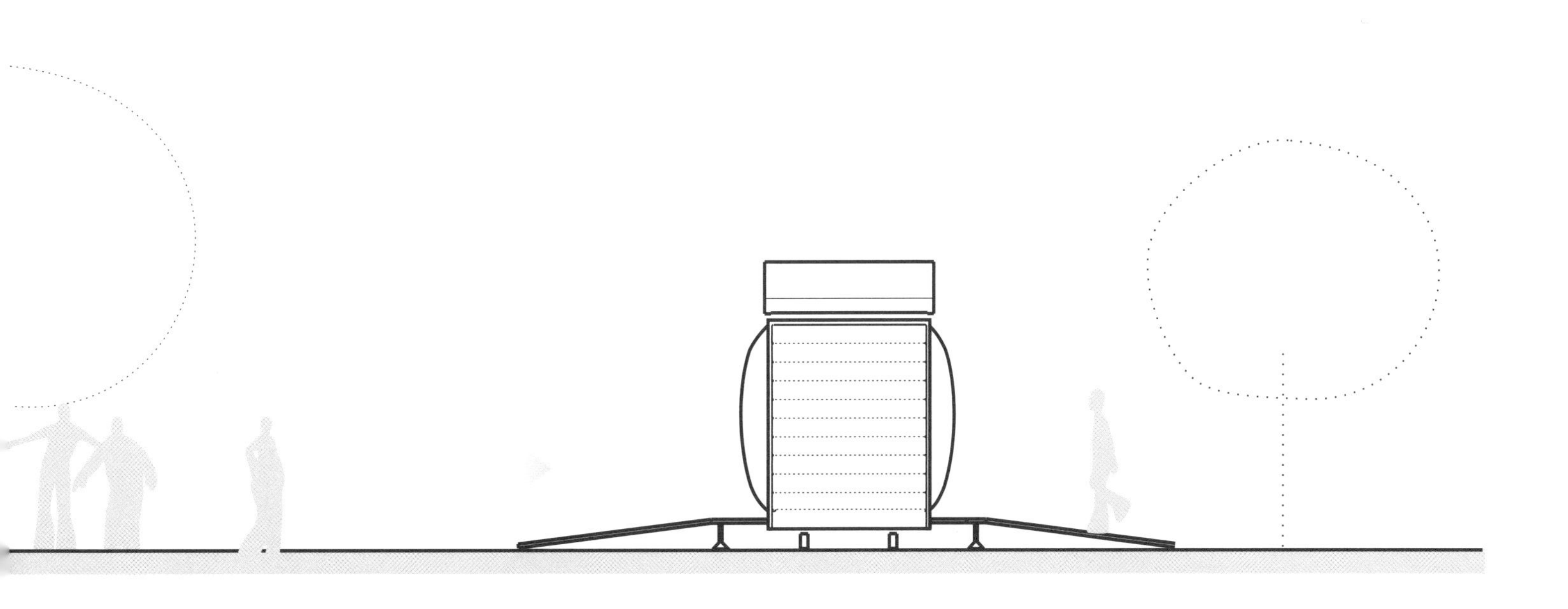

EcoUnit

生态元的使用

3D建模：朱塞佩·莫塞提

24
水星家园1号

建筑功能
移动休息室

建筑设计
阿尔图罗·维托里、安德里亚斯·福格勒
（建筑与视野建筑设计事务所）

标准模块规格
4.5米×8.8米×3.4米
重量: 4500千克

建筑材料
铝材、玻璃纤维、亚克力、理石覆面

水星家园1号是一个完全由太阳能板供电的移动生活舱。它是为人们在现代背景下体验周边城市和自然环境而设计的。其外形从自然吸取灵感，展现了一滴水的美。“大嘴巴”是博马尔佐的一个巴洛克式公园——怪物公园中的一座雕塑，也是这个未来主义风格舱体结构的灵感来源之一。这种未来主义的深刻精髓还表现在包覆了一层超薄白色理石外壳的玻璃纤维硬壳式结构主体上。从采光方面看，由浅色透明亚克力制作的大型洞口将内部空间开向周边环境，在夜间则面向繁星点缀的天空。该空间因此能够给使用者带来身心和灵魂的升华。该舱体结构距离地面90厘米，通过一个坡道通往作为入口的大窗户。坡道是遥控的，可以利用电动装置向上升起。有机形态空间和洞口意味着使用者在远眺的时候，能够产生一种更加自然的体验。该建筑的有机形态也使得它能够完美地融入自然环境或特定的城市环境。从里面看，这种凹面形状创造出一种蚕茧般的保护性开放空间。其外壳的前面和后面共有两扇大窗，两侧各有两个舷窗。此外，日光也能透过两扇天窗的太阳能电池板进入室内。窗户的安装和尺寸创造了一种介于隐蔽和暴露于外部空间的有趣平衡。椭圆形的楼层平面图包括一个大沙发和两个侧柜，侧柜嵌入舱体，不妨碍表面的流畅线条。浅蓝色配色方案缓和了内部的炫光，呼应蓝色的天空，再次烘托了这种效果。软地毯和有机矮沙发同样设计成浅蓝色，营造出一种柔和、轻松的氛围。爬底板平面图提升了空间的形状美。灯光、影像和音响设备嵌入舱体，可通过现代手机进行遥控操作。侧柜为临时存放个人设备提供了足够空间，方便人们在房内生活一两天。正如动态设计所示，临时移动空间的概念解放了建筑，建筑因此而成为一种工具，人们可以通过这种工具探索周边景观。它还能增进人们对环境的认识，改善人类与环境的关系，这就是水星家园1号背后的设计概念。

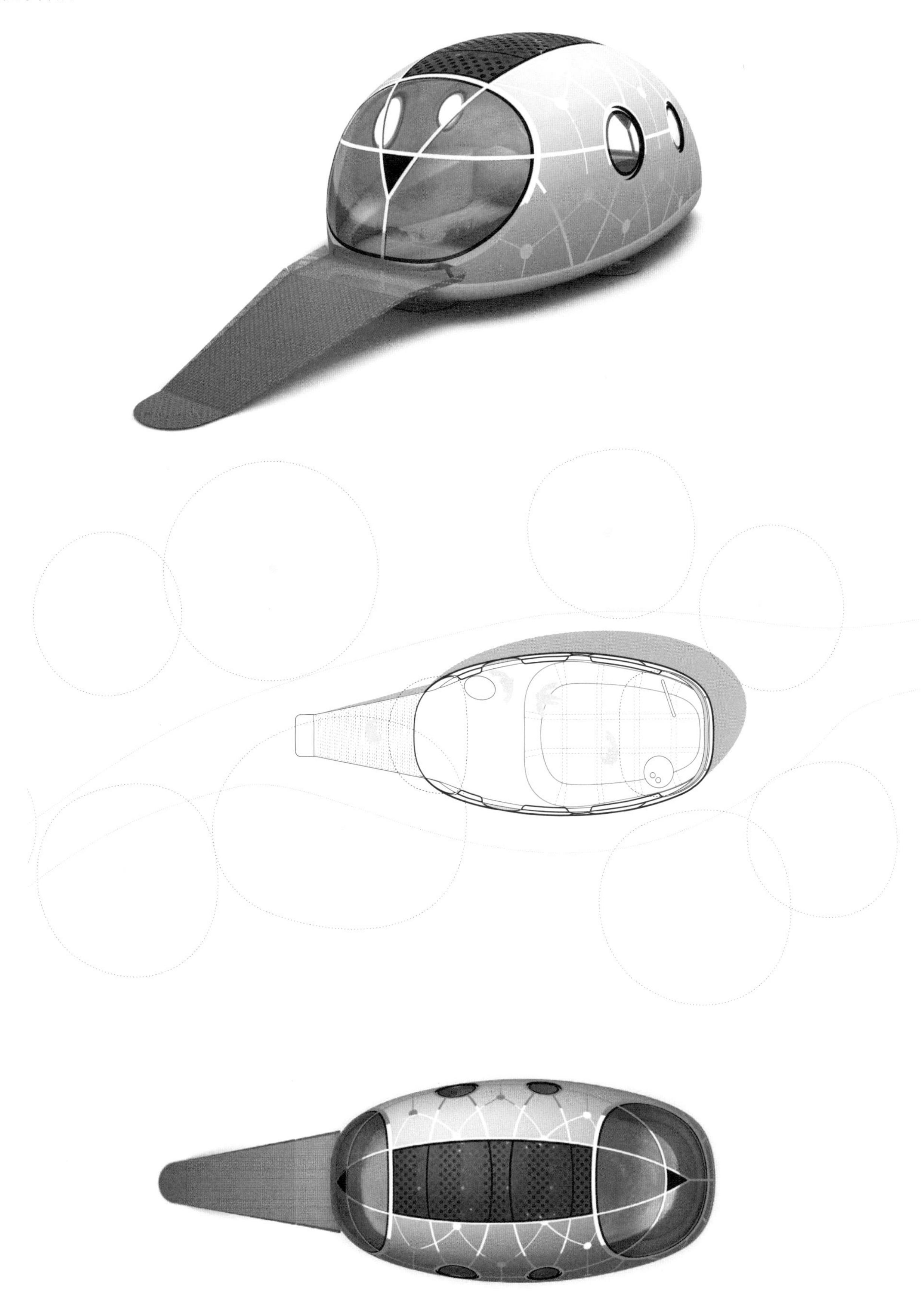

置于安静环境中的胶囊结构

从胶囊内部看到的户外景观

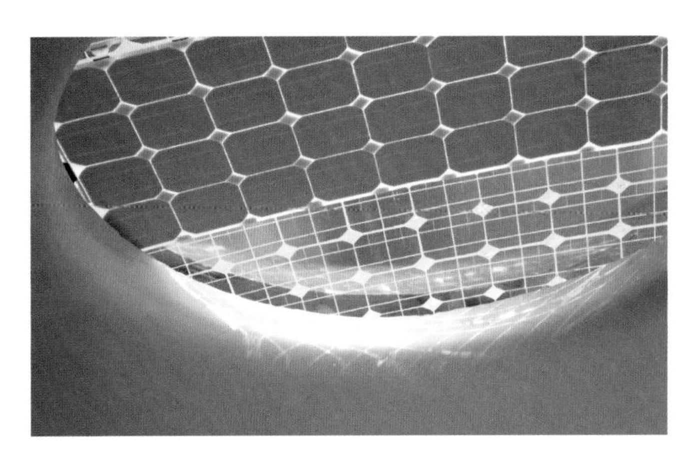
嵌入窗户的太阳能电池板

胶囊结构的纵向剖面图

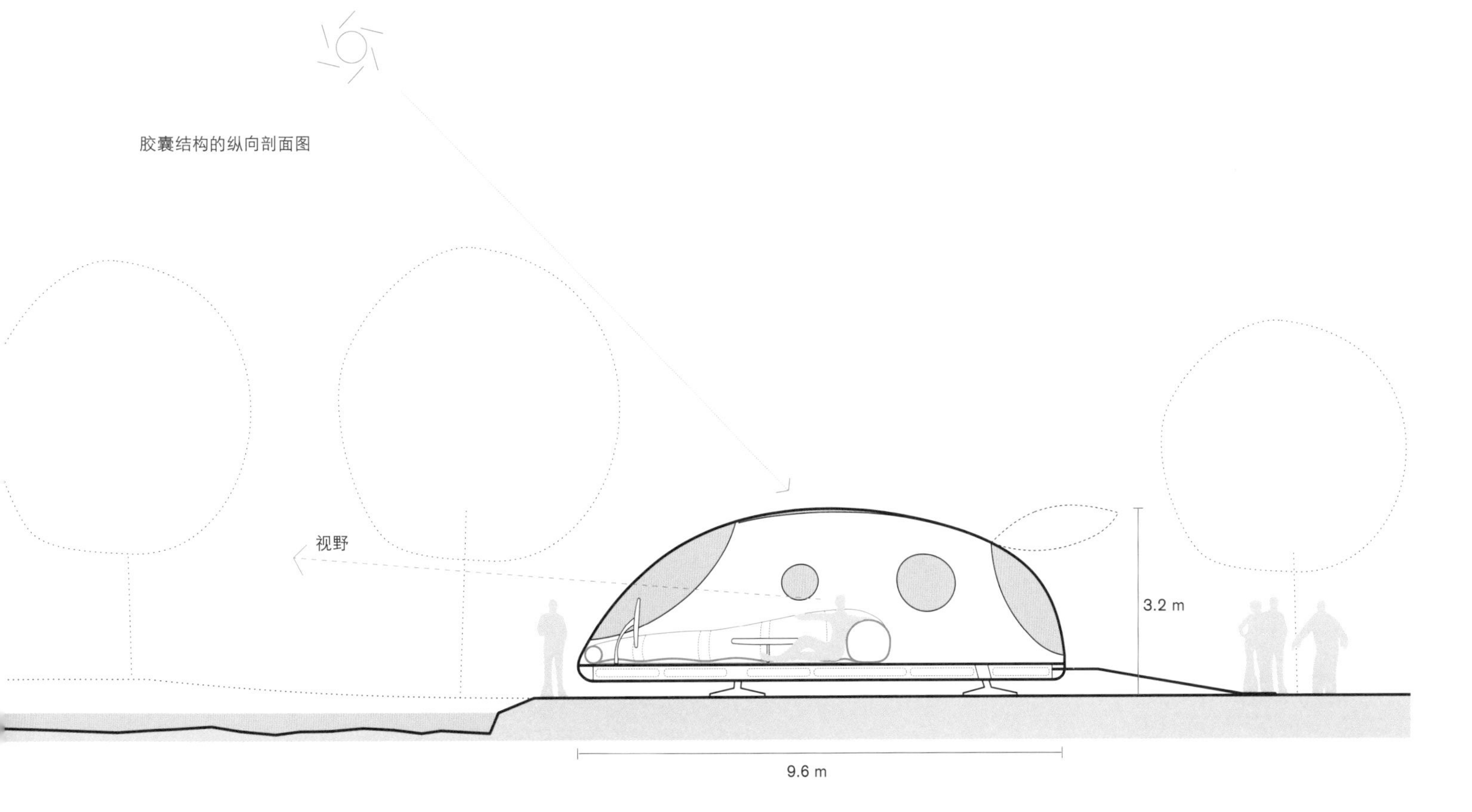

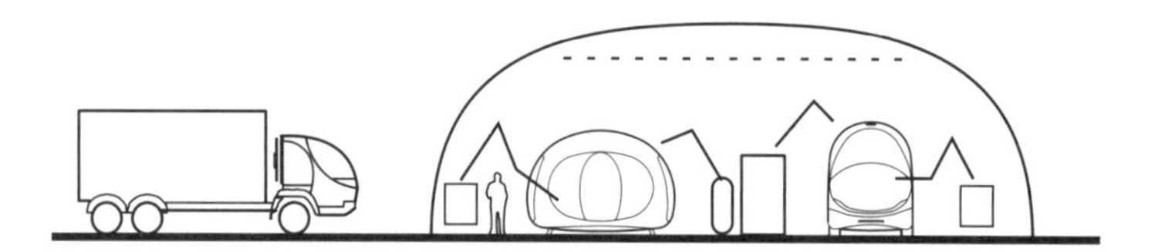

工厂流水线

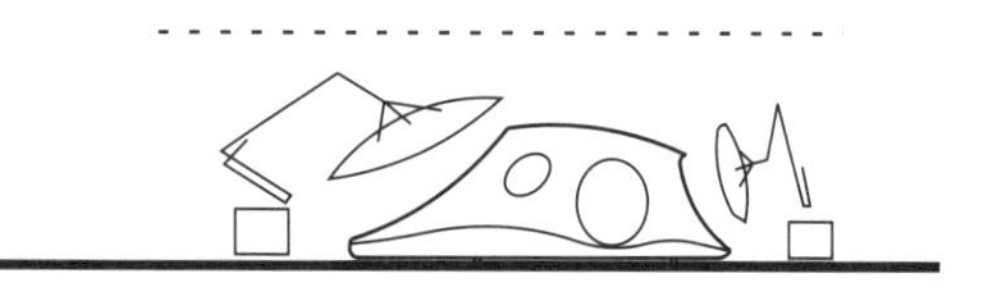

机器人建造

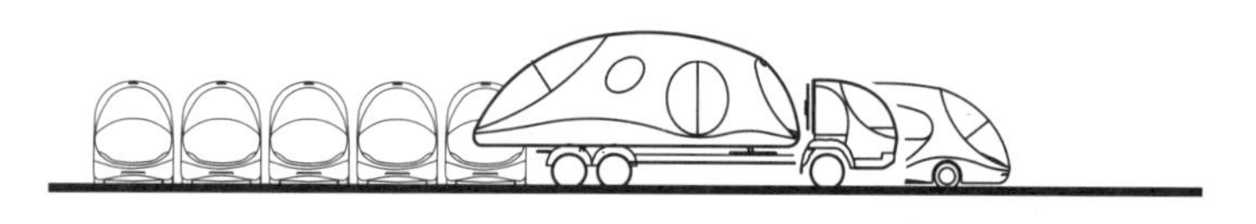

自驾运输

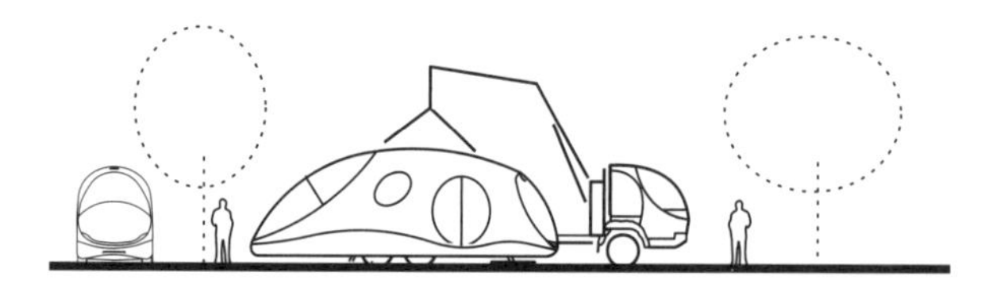

现场安装

沙发与侧壁板的设计在颜色上与整体的蓝色色调非常协调，为小屋营造了一种流动、柔软、放松的氛围

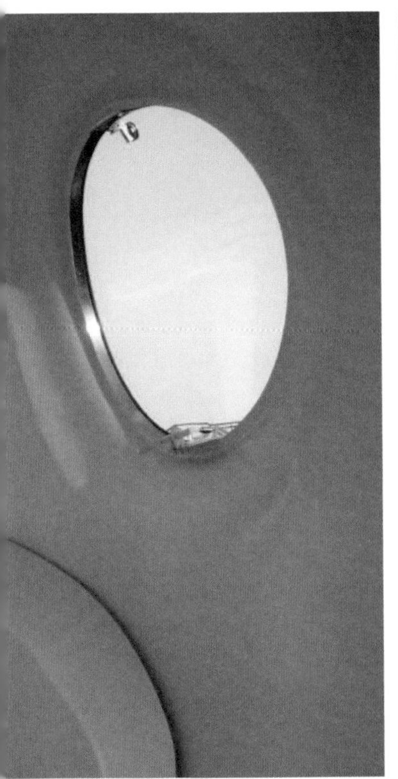

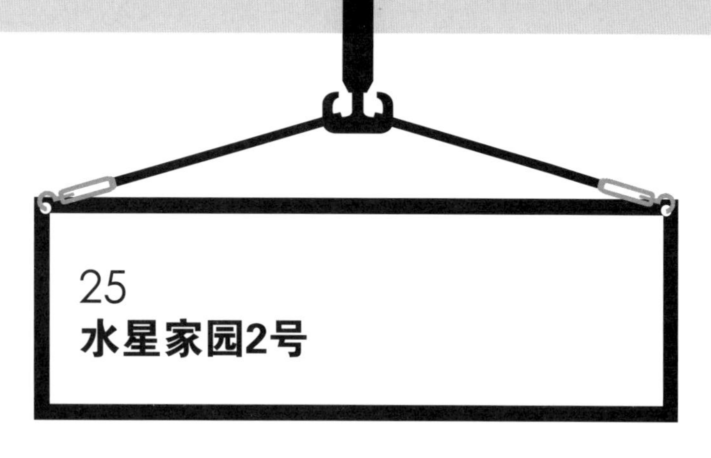

25
水星家园2号

建筑功能
单一家庭住宅

建筑设计
阿尔图罗·维托里、安德里亚斯·福格勒
（建筑与视野建筑设计事务所）

标准模块规格
3.6米×7米×13米
重量: 14 000千克

建筑材料
玻璃钢、铝材、玻璃

水星家园 2 号是一种可运输的垂直式单体住宅，是为成批生产而设计的，能够定制。它呈现出一种批判性的姿态，直面现代住宅开发工业常见的空间和资源浪费问题。纳米技术玻璃涂层使得人们能够调控太阳辐射，利用热能。该住宅还可以连接一间充气式的自动温室，以帮助满足居民的日常食物需求，同时清洁住宅空气和水。这个机器人管理结构的目的是栽种新鲜蔬菜，从而使人们没有必要前往食品杂货店。该设计方案为展望未来。由纳米技术引起的材料发展势必促进建筑的发展以及标准住宅模式的变化。在 20 年内，人们将通过应用纳米技术和嵌入系统控制材料性能，使建筑覆膜发生颠覆性的改变。甚至在今天，氧化钒膜能够如此之薄，玻璃覆膜后仍然可以保持透明，还能够按照预设的温度有效地控制红外线的通过量。太阳能电池板也将会是透明的。住宅采用垂直式组织结构，就像一棵小树，带一部微型电梯。所有家具以一种适合飞行器的风格嵌入结构内部。该住宅是在工厂预制的，大轮子方便了结构的运输和在紧急情况下的快速转移。舱体在现场安装后灌满水，以增加重量抵御风力。还嵌入了小型儿童监控系统，以满足他们长大后攀爬和探索的欲望。

运输与布置：
两个人花费两小时便能完成组装

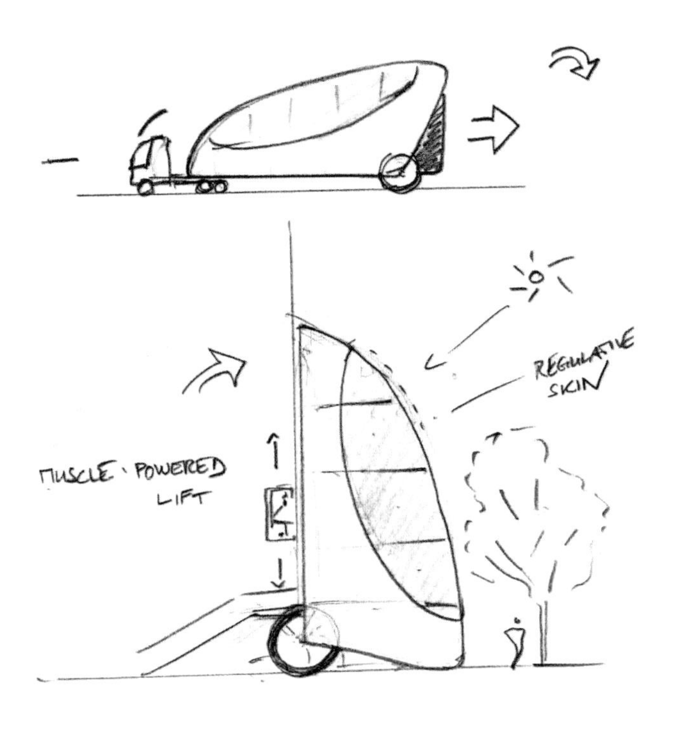

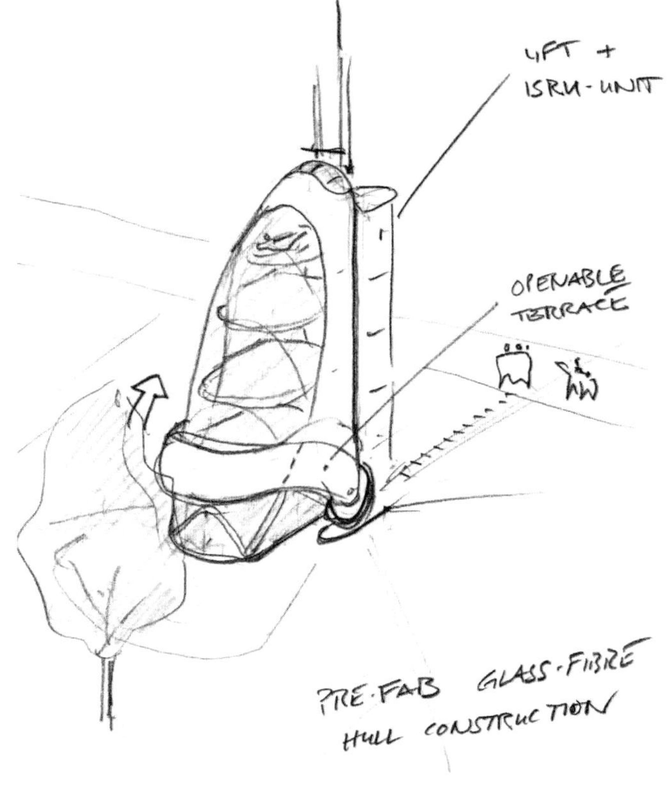

运输与组装

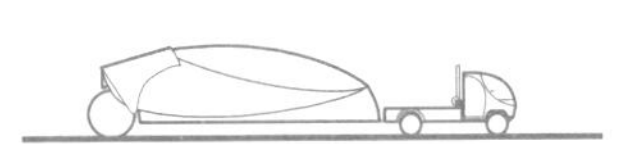

街道运输模式

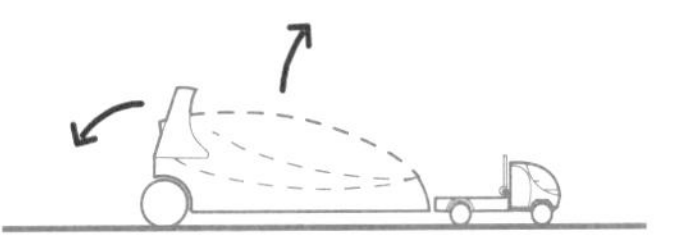

调度

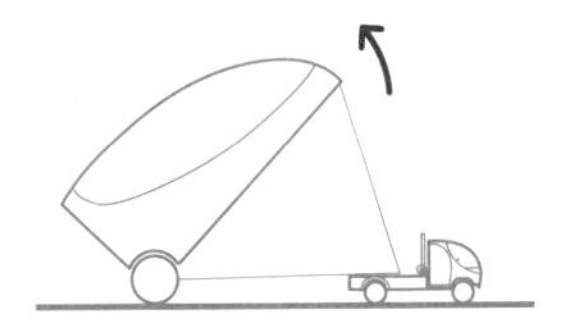

用绳索控制上拉

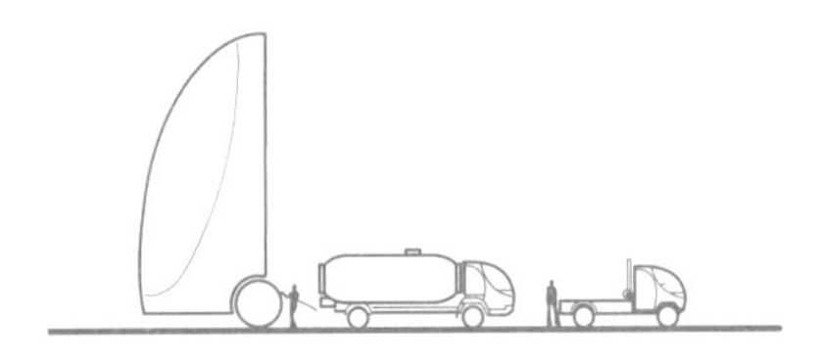

往舱体灌水

生活舱定义了周边景观

效果图：让-弗朗西斯·雅克

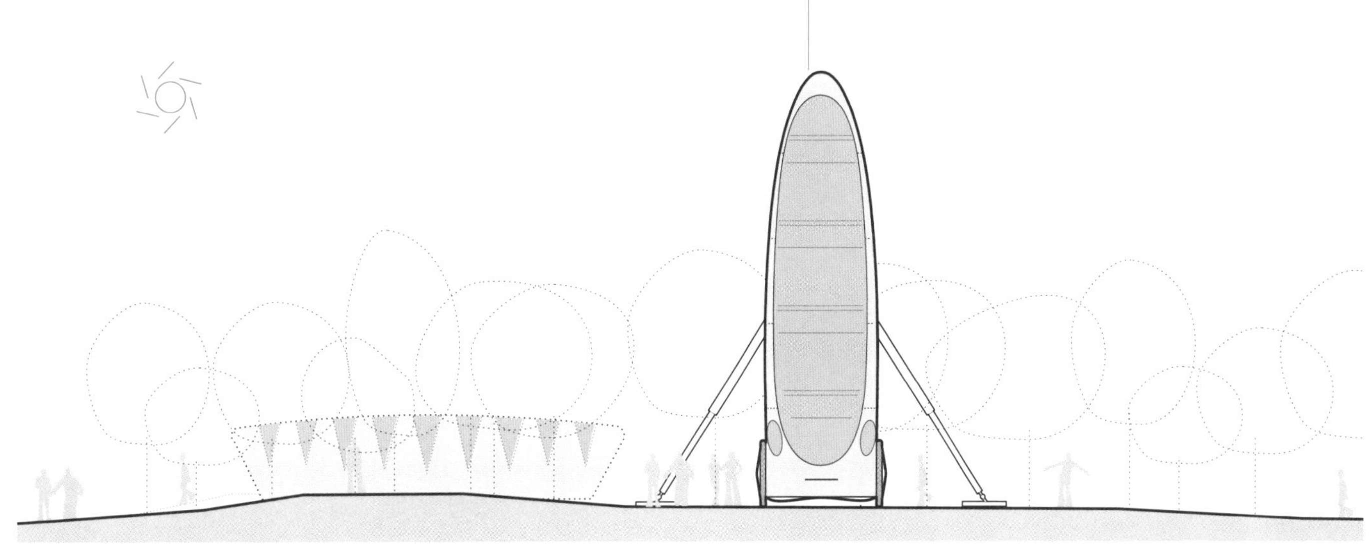

剖面图与平面图

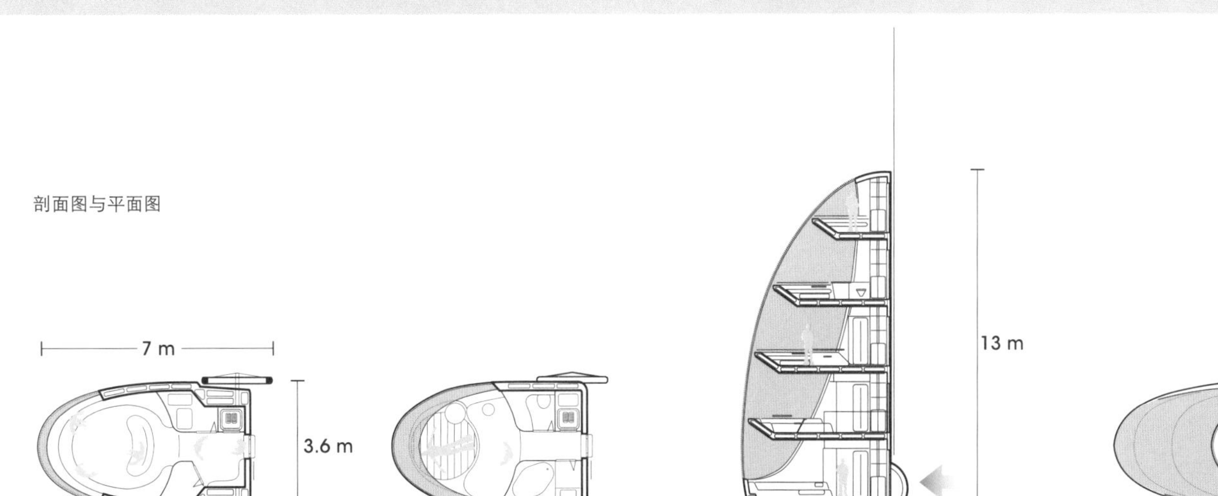

一层

三层

顶层

著作权合同登记号桂图登字：20－2019－137

图书在版编目（CIP）数据

集装箱与预制建筑设计手册/（德）科妮莉亚·多利斯，（德）莎拉·扎拉德尼克编著；贺艳飞译.— 桂林：广西师范大学出版社，2019.4

书名原文：Container and Modular Buildings

ISBN 978－7－5598－1643－6

Ⅰ.①集… Ⅱ.①科… ②莎… ③贺… Ⅲ.①集装箱－建筑设计－手册 ②预制结构－建筑设计－手册 Ⅳ.①TU29－62

中国版本图书馆 CIP 数据核字（2019）第 038247 号

出 品 人：刘广汉
责任编辑：肖　莉
助理编辑：季　慧
装帧设计：吴　迪

广西师范大学出版社出版发行

（广西桂林市五里店路 9 号　　邮政编码：541004
网址：http://www.bbtpress.com）

出版人：张艺兵

全国新华书店经销

销售热线：021－65200318　021－31260822－898

深圳市泰和精品印刷有限公司印刷

（深圳市龙岗区坂田街道坂雪岗大道 4034 号　邮政编码：518129）

开本：635mm × 965mm　　1/8

印张：32　　字数：240 千字

2019 年 4 月第 1 版　　2019 年 4 月第 1 次印刷

定价：258.00 元